低共熔溶剂与生物质精炼

Deep Eutectic Solvents & Biomass Refinery

于海鹏　刘永壮　夏芹芹
余燕燕　童志函　马　越　著

李　坚　审

科 学 出 版 社

北 京

内 容 简 介

林木生物质精炼是国际前沿科学研究领域，也是“十四五”生物质科学和技术发展的重要方向之一。其目标是以林木生物质资源为对象，根据其结构和组分构效特点，通过化学、物理、机械、生物以及组合的方法来进行炼制，发展将纤维素、半纤维素和木质素定向转化为高值化、功能性产物的精炼策略及科学方法。聚焦于此，本书以新型绿色的低共熔溶剂体系为主线，介绍将林木生物质组分解聚分离并转化为生物基纳米材料、能源和化学品的研究成果。本书的内容较新，特点是以不同的研究实例为代表，对了解或开展相关研究具有很好的参考价值。

本书可作为林业工程一级学科下林产化学加工工程、木材科学与技术、生物质能源与材料、生物质复合材料等方向的专业课程教材，也可供从事生物基材料、轻化工程、高分子科学、绿色溶剂等领域研究院所的科研和工程技术人员使用。

图书在版编目（CIP）数据

低共熔溶剂与生物质精炼 / 于海鹏等著. —北京：科学出版社，2022.9

ISBN 978-7-03-072901-9

Ⅰ. ①低…　Ⅱ. ①于…　Ⅲ. ①溶剂–研究 ②生物质–研究

Ⅳ. ①TQ413 ②TK62

中国版本图书馆 CIP 数据核字（2022）第 150506 号

责任编辑：贾　超　孙静惠 / 责任校对：杜子昂

责任印制：吴兆东 / 封面设计：东方人华

科学出版社 出版

北京东黄城根北街 16 号

邮政编码：100717

http://www.sciencep.com

北京中科印刷有限公司 印刷

科学出版社发行　各地新华书店经销

*

2022 年 9 月第　一　版　开本：720 × 1000　1/16

2022 年 9 月第一次印刷　印张：12 1/4

字数：250 000

定价：98.00 元

（如有印装质量问题，我社负责调换）

前　言

植物可以通过光合作用将太阳能和二氧化碳转化为化学能储存在植物的细胞壁结构中，是一种蕴藏量丰富的碳中性可再生资源。当前，倡导对生物质资源的高效利用和高附加值转化呼声日益高涨，在政策层面和科技层面都已成为热点。生物质精炼是采用一定的科学方案以及技术手段将生物质资源转化为高附加值的材料、燃料和化学品，生物质资源具有替代部分化石资源的潜力。相关主题的发展，对于推动我国林业产业结构调整、实现国家碳中和目标和可持续发展战略具有重要的意义。

林木是典型的生物质资源，其种类多样且结构复杂，转化利用的步骤烦琐且难以控制，导致基于传统方法对其直接处理的实施效果以及附加值不甚理想。低共熔溶剂是一种新兴的绿色溶剂，具有原料丰富、成本低、无毒性和可降解等优点，可以灵活设计合成，原子经济性高，兼具离子以及分子的溶剂特性，已在生物质原料萃取、纯化、预处理、解聚转化等方面展现出巨大的应用潜力，具有应用于生物质精炼的显著优势。但其发展还受限于相关研究开展时日尚短，核心科学问题和关键技术的研究尚不深入，多领域技术手段的交叉融合以及系统整合比较缺乏。此外，此方面的著作和教学资料比较匮乏，不利于培养高层次的科技人才。

本书正是结合低共熔溶剂与林木生物质精炼的发展问题，根据著者课题组多年来通过多项研究所取得的成果进行撰写，力争拓展读者对这一新兴绿色溶剂用于生物质精炼的了解。本书介绍了低共熔溶剂的基本原理、制备及物理化学性质，在化学组分和分子层面对木质纤维进行了认知解构，厘清了三大素组分间的聚集态结构与键合特征，进而立足于重要化学键的优先断裂及精准转化机制，设计出不同类型和特点的低共熔溶剂,发展了系列林木生物质组分解聚和定向转化方法。内容包括微波辅助低共熔溶剂的生物质组分超快速解聚分离、路易斯酸结合低共熔溶剂高效溶解木质素、双供体功能性低共熔溶剂对木质素的精炼转化调控、微波辅助低共熔溶剂结合超声制备纳米纤维素晶体、水合金属盐类低共熔溶剂室温高效溶解纤维素等，建立了具有普适性的林木生物质高效高值转化利用平台。

科学内涵前沿性、知识体系新颖性和内容较全面性是本书的主要特色，书中绝大多数内容都具有自主知识产权，具有较高的学术价值。我们真诚地将本书奉献给大家，希望起到抛砖引玉的作用，促进相关知识传播和技术应用拓展，提升我国在该领域的科技创新水平和国际竞争力。

本书所列内容的研究过程中，得到了国家自然科学基金(31925028、31670583和31622016)等研究经费的资助。在此致以衷心的感谢！

鉴于作者的水平有限，疏漏之处在所难免，恳切地希望得到各方面的及时批评和宝贵意见。

作　者

2022年8月

目　　录

第 1 章　绪　　论

生物质精炼是采用一定的技术手段将生物质原料转化为多元化产品、高附加值燃料和化学品的统称[1,2]。近年来，随着人们对环境问题的关注，生物质精炼技术的研究也趋向于高效、可控、低污染和低能耗等，在提高资源利用效率的同时减少环境污染，从而获得最大经济和环境效益。低共熔溶剂(deep eutectic solvent，DES)是一类新兴的绿色溶剂，具有合成方法简单、可设计性强、成本低、原子经济性高、生物相容性好和可降解等优点，已在生物质原料预处理、解聚转化、萃取、纯化、合成等方面展现出巨大的应用潜力[3,4]。

1.1　低共熔溶剂的概念及由来

低共熔溶剂由 Abbott 等于 2004 年首次报道定义[5]，是指由一定化学计量比的氢键受体(HBA，如季铵盐等)和氢键供体(HBD，如酰胺、羧酸和多元醇等化合物)组合而成的两组分或三组分具有较低共熔点的混合物。由于氢键供受体间的氢键离域作用，其凝固点显著低于其单个组分纯物质的熔点，其形成原理如图 1.1 所示。低共熔溶剂的物理化学性质与离子液体有相似之处，因此早期也有学者把它归为一类新型离子液体或离子液体类似物，但是低共熔溶剂本质上与离子液体并不相同，不仅富含离子的特性，同时也包含分子基团的反应特性。

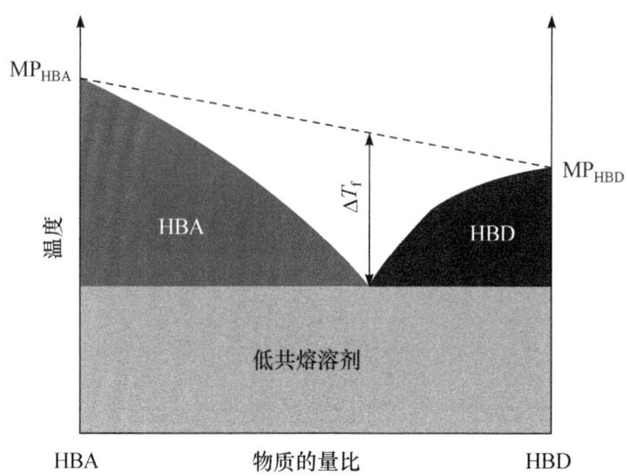

图 1.1　低共熔溶剂形成原理[5]

1.2 低共熔溶剂分类

用来表述低共熔溶剂的通式为

$$Cat^+X^-zY$$

其中，Cat^+通常为铵盐、磷盐等的阳离子；X^-为路易斯碱，通常为卤素阴离子；Y 通常代表路易斯酸或质子酸；z 为其数量。X^-与 zY 之间易形成复杂的复合阴离子，其中 Cat^+最常用的为季铵盐正离子。根据离子和分子构成的不同，低共熔溶剂可以分为四类，如表 1.1 所示。

表 1.1 不同低共熔溶剂分类及通式

种类	通式	具体解释
第Ⅰ类	$Cat^+X^-zMCl_x$	M = Zn, Sn, Fe, Al, Ga, In
第Ⅱ类	$Cat^+X^-zMCl_x \cdot yH_2O$	M = Cr, Co, Cu, Ni, Fe
第Ⅲ类	Cat^+X^-zRZ	$Z = CONH_2$, COOH, OH
第Ⅳ类	$MCl_x + RZ = MCl_{x-1}^+ \cdot RZ + MCl_{x+1}^-$	M = Al, Zn；$Z = CONH_2$

在上述四类低共熔溶剂中，第Ⅲ类低共熔溶剂近些年来被广泛研究应用，其中氢键受体最具代表性的为氯化胆碱；氢键供体最具代表性的主要分为胺类、羧酸类和醇类等。常见的氢键受体有季铵盐(如氯化胆碱)、两性离子(如甜菜碱)等季铵盐或季磷盐(图 1.2)；常见的氢键供体有尿素、硫脲、羧酸(苯乙酸、苹果酸、柠

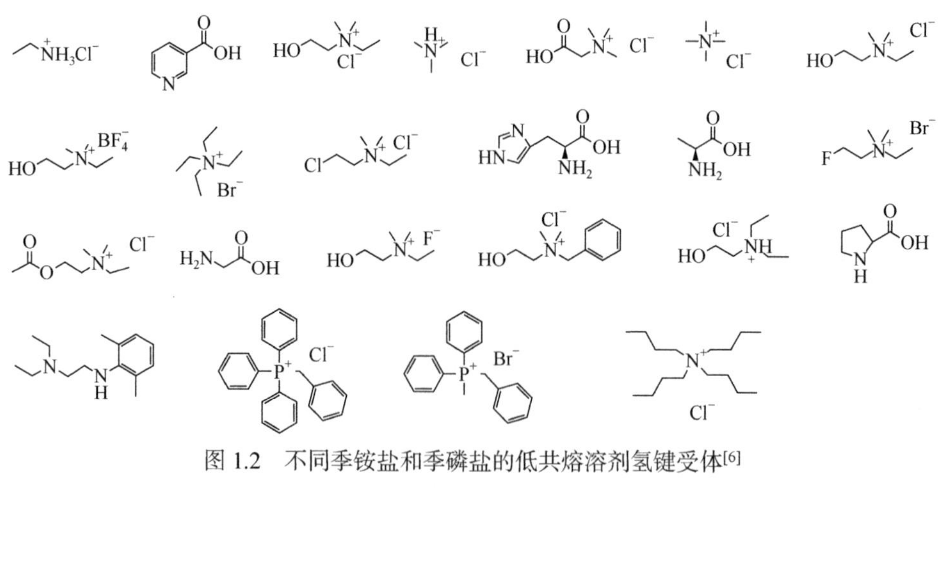

图 1.2 不同季铵盐和季磷盐的低共熔溶剂氢键受体[6]

檬酸、丁二酸等)、多元醇(乙二醇、甘油、丁二醇、木糖醇等)、氨基酸、糖类(葡萄糖、果糖)、三氟乙酰胺等(图 1.3)。除了上述典型组成以外，低共熔溶剂的组成还可以是糖+氨基酸、羧酸+多元醇、糖+糖等。大部分低共熔溶剂是两组分混合物，少数低共熔溶剂是三组分混合物，特别是水分子可作为某些低共熔溶剂的组分之一，用以调节低共熔溶剂的物理化学性质。

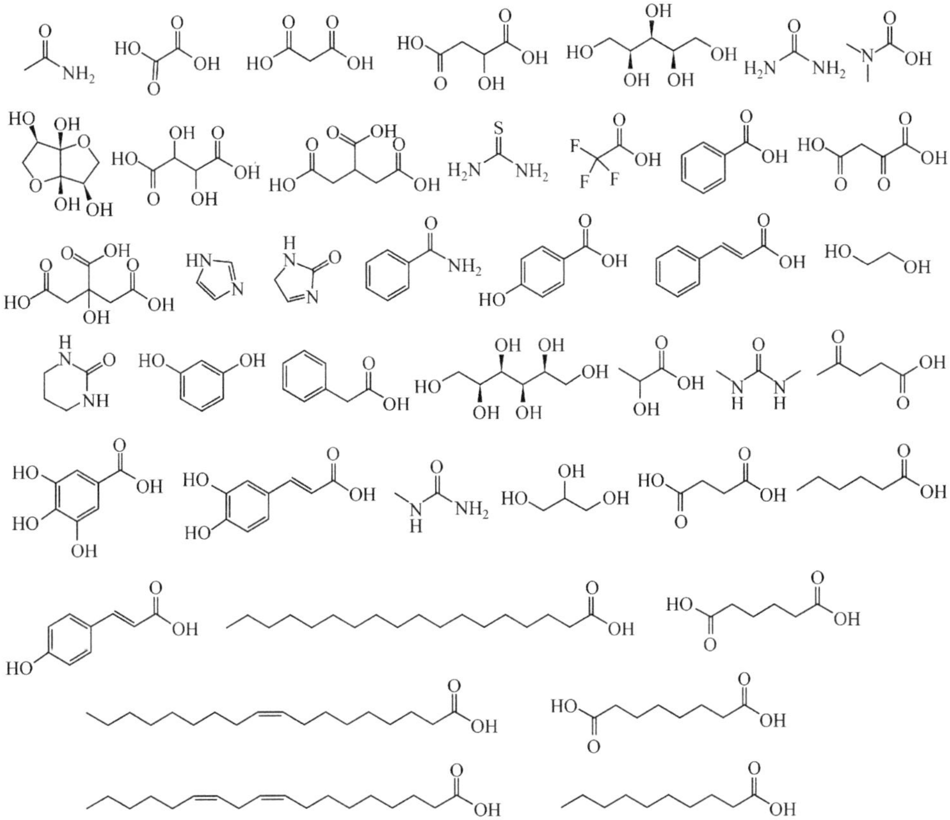

图 1.3　不同胺类、酸类和醇类的低共熔溶剂氢键供体[6]

1.3　低共熔溶剂发展及应用

从图 1.4 所示的低共熔溶剂研究的时间发展线来看，在低共熔溶剂概念提出之前，对于共溶剂就已有研究[7-9]。自 1994 年起，共溶剂分别被应用到酶催化、分子纯化、电化学等领域。至 2004 年低共熔溶剂的概念正式被提出和拓展用于流变学、物理学等领域的研究，低共熔溶剂开始被认为具有替代离子液体的潜力[5]。2006～2010 年，低共熔溶剂被广泛应用于沸石合成、电化学、生物催化，相关研究发展迅速，其中以氯化胆碱作为氢键受体的低共熔溶剂的研究最为广泛。2011年以后，低共熔溶剂开始被应用于生物质处理、有机合成、气体存储和生物质精炼等领域，一直保持较高的研究热度，相关理论和技术手段也逐渐深入，如密度泛函理论、分子动力学模拟等手段均被用来揭示低共熔溶剂中分子、离子的作用机制[10-12]。

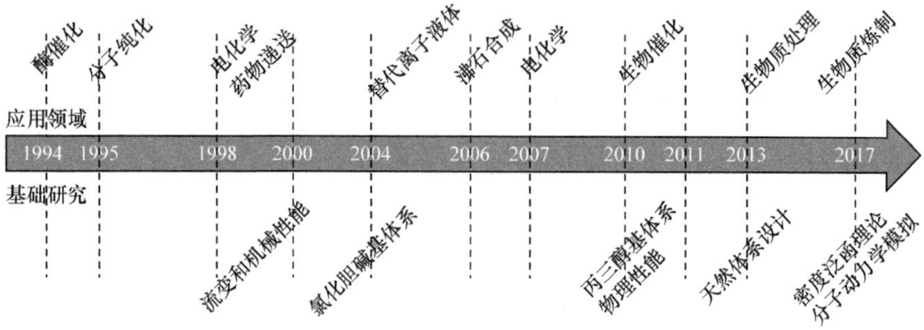

图 1.4 低共溶溶剂的基础研究和应用领域时间发展线

从发表学术论文方面来分析，以“低共熔溶剂”为主题在 Web of Science 检索，结果表明(图 1.5)：低共熔溶剂受到众多学者的关注，至今共发表论文 6256 篇，被引用次数达 13.9 万次，近 10 年来的论文发表数量和引用量更呈显著增长趋势。关于低共熔溶剂的综述已有很多，除英国 Abbott 教授等研究了一系列低共熔溶剂的物性及应用以外，张清华等对低共熔溶剂的合成、性质及应用也做了介绍和分析[13,14]。近年来低共熔溶剂在金属处理[13]、捕集分离气体[15]、太阳能电池[16]、新型电解液[17]、生物催化[18]、有机反应[19]和活性物质提取[20]等中均有应用。

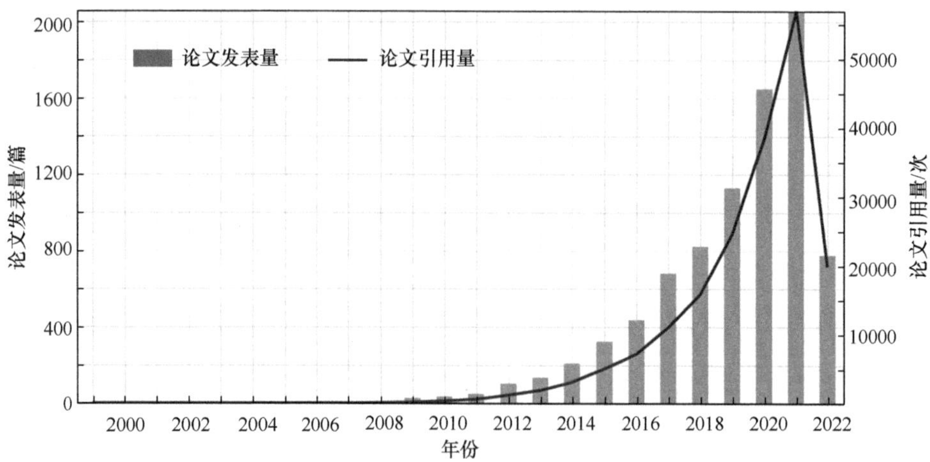

图 1.5 低共熔溶剂相关论文逐年发表量和引用次数

来源于 Web of Science，至 2022 年 6 月

1.4　低共熔溶剂与生物质精炼

Francisco等于2012年报道了低共熔溶剂对木质素具有较高的溶解性而对纤维素的溶解性较差，因此其展现出对木质原料脱木质素的潜在能力[4]。在随后的几年中，许多研究报道了采用不同低共熔溶剂体系对生物质原料进行预处理，进而将碳水化合物组分转化为高质量的燃料和化学品。例如，Alvarez-Vasco教授等报道了采用氯化胆碱/乳酸低共熔溶剂可以从木质原料中分离低分子量和高纯度的木质素[21]；Chen 等报道了一系列低共熔溶剂预处理木质原料的相关研究[22]；Guo 等[23]和 Shen 等[24]报道了氯化胆碱/乳酸低共熔溶剂对生物质进行预处理，提高了木质原料酶解糖化的效率；Kim 等报道了木质素平台化合物基低共熔溶剂的制备及木质原料预处理，邻苯二酚、香草醛和对香豆酸等被用作氢键供体[25]；Kim 教授和其共同研究者开发了酚醛基氢键供体的低共熔溶剂处理改良木质原料，提出了潜在的封闭链的生物质精炼概念[26]。最近，Soares 等也报道了木质素及其模型物在低共熔溶剂溶液中的溶解特性和机理[27,28]。此外，国内外也对低共熔溶剂处理生物质进行了综述报道，例如，Vigier 等报道了低共熔溶剂在生物质溶解、纯化生物基化学品及碳水化合物转化为呋喃类化学品方面的研究工作，讨论了低共熔溶剂在应用过程中的关键作用和未来挑战[29]；Tang 等对低共熔溶剂解聚生物质、预处理制备纳米纤维素和碳水化合物转化进行了综述报道[30]。

1.4.1　低共熔溶剂处理木质纤维

低共熔溶剂中的强氢键作用力使其成为溶解各种材料的良好溶剂，尤其是对含有大量氢键网络结构的木质纤维组分具有明显的解离效果，因此已经逐渐成为预处理木质纤维破解其抗解聚屏障的重要绿色溶剂。Xia 等[31]采用多种离子液体和低共熔溶剂分别对柳枝稷进行预处理，比较了分离木质素并快速转化纤维素和半纤维素的效果。Procentese 等[32]利用氯化胆碱和咪唑物以 3：7 比例合成的低共熔溶剂，在115℃反应温度下对木质纤维进行处理，发现木质素的去除率达23.8%，纤维素的保留量约为41%。Alvarez-Vasco 等[21]利用草酸、乳酸、乙酰丙酸作为氢键供体分别与氯化胆碱制备了不同类型的低共熔溶剂，并在不同温度下对杨木和冷杉进行处理，发现在 145℃时乳酸/氯化胆碱低共熔溶剂的解离效果最好，能够有效地将木质素和纤维素进行分离，木质素的分离效率达95%。Xu 等[33]研究了 7 种不同的低共熔溶剂处理玉米秸秆的效率，发现氯化胆碱/甲酸低共熔溶剂具有最高的木质素去除率(>90%)，同时所得的纤维素的相对结晶度从31%提高到 57%。

1.4.2 低共熔溶剂分离木质素

由于低共熔溶剂对木质素具有较好的溶解能力，近些年来也被广泛用于木质素的高效分离，得到的木质素通常具有丰富的酚羟基，分子量较低，具有较高的活性和潜在应用价值。例如，Lyu 等[34]采用物质的量比为 1∶10 的氯化胆碱和乳酸合成低共熔溶剂并处理柳木，得到的木质素片段结构优异，其中木质素含氢的比例由 4.22%提高到 6.90%，总酚羟基含量 2.05 mmol/g，总羟基含量 3.42 mmol/g，均提高；木质素的数均/重均分子量小(1348.1/1806～920.2/1042.5)，粒径 400～700 nm。Kumar 等[35]利用甜菜碱和乳酸合成的低共熔溶剂在 60℃下处理稻草 12 h，物质的量比 2∶1 和 5∶1 的甜菜碱/乳酸低共熔溶剂分离木质素的产率分别为 52%±6%和 56%±3%。

1.4.3 低共熔溶剂处理制备纳米纤维素

具有良好溶解能力且绿色、可回收的低共熔溶剂在用于纳米纤维素的制备中也受到了关注，这是因为低共熔溶剂含有大量氢键相互作用，可以与富氢键网络的纤维素结构竞争氢键，从而对纤维素具有很好的开纤化作用。Sirvio 等[36]利用有机酸和氯化胆碱制备的低共熔溶剂，对溶解浆进行预处理，结合高压均质的机械处理方式制备出了直径 9～17 nm 的纳米纤维素。马越等[37]利用草酸/氯化胆碱和水配成水合低共熔溶剂，在 80℃温度下处理纤维素纸浆 1 h，达到了对纤维素纯化和润胀的作用，减弱了纤维素分子链间的氢键作用，再结合高频超声处理，实现了高效快速和规模化制备纳米纤维素的目标。Li 等[38]利用尿素和盐酸胍制备了低共熔溶剂并对纤维素进行预处理，发现尿素基低共熔溶剂能够使纤维结构润胀，制备出尺寸均匀的纳米纤维素(直径约为 13～19 nm)。Yang 等[39]利用氯化铁作为催化剂和草酸基低共熔溶剂预处理纤维素(80℃、6 h)，制备出直径约 50 nm 的纳米纤维素，得率达 90%，且该低共熔溶剂可回收循环使用，使用 3 次后依然能保持较高的纳米纤维素得率(>75%)。Mukesh 等[40]利用氯化胆碱/硫脲低共熔溶剂(物质的量比 1∶2)在 100℃下溶解 5%～9%的壳聚糖粉末，超声 40 min 后制备出壳聚糖纳米纤维。刘永壮等[41]以棉花为原料，利用氯化胆碱/二水草酸低共熔溶剂作为溶剂，在功率 800 W 的微波辐照下处理木粉原料 3 min，制备得到了高纯度的纤维素纳米晶体，得率为 74.2%。Li 等[38]利用尿素/硫氰酸铵(物质的量比 2∶1)低共熔溶剂处理桦木纸浆，制备了直径为 13～19 nm 的纳米纤维素。综上说明，低共熔溶剂作为一种绿色的预处理溶剂，为清洁高效地制备纳米纤维素提供了新选择。

1.5 本书的思路与内容

鉴于低共熔溶剂已在生物精炼领域中展现出突出的特点和巨大的应用潜力，本书将以著者课题组关于低共熔溶剂用于林木生物质高效精炼转化的研究积累为素材，介绍低共熔溶剂的由来和发展、低共熔溶剂的制备及理化性质，通过案例展现微波辅助低共熔溶剂的生物质组分超快速解聚分离、Lewis 酸结合低共熔溶剂高效溶解木质素、双供体功能性低共熔溶剂对木质素的精炼转化调控、功能性低共熔溶剂中木质素模型物转化机制、微波辅助低共熔溶剂结合超声制备纳米纤维素晶体、水合低共熔溶剂结合超声制备纳米纤维素、低共熔溶剂室温高效溶解纤维素等方面的研究，借以推动低共熔溶剂用于生物质精炼相关知识的传播和技术发展，提升我国在该领域的科技创新水平和国际竞争力。

参 考 文 献

[1] Bozell J J, Patel M K. Feedstocks for the Future[M]. Washington DC: American Chemical Society, 2006.

[2] Menon V, Rao M. Trends in bioconversion of lignocellulose: biofuels, platform chemicals & biorefinery concept[J]. Progress in Energy and Combustion Science, 2012, 38(4): 522-550.

[3] Hansen B, Spittle S, Chen B, et al. Deep eutectic solvents: a review of fundamentals and applications[J]. Chemical Reviews, 2021, 121(3): 1232-1285.

[4] Francisco M, van den Bruinhorst A, Kroon M C. New natural and renewable low transition temperature mixtures (LTTMs): screening as solvents for lignocellulosic biomass processing[J]. Green Chemistry, 2012, 4(8): 2153-2157.

[5] Abbott A P, Boothby D, Capper G, et al. Deep eutectic solvents formed between choline chloride and carboxylic acids: versatile alternatives to ionic liquids[J]. Journal of the American Chemical Society, 2004, 126(29): 9142-9147.

[6] Smith E L, Abbott A P, Ryder K S. Deep eutectic solvents (DESs) and their applications[J]. Chemical Reviews, 2014, 114(21): 11060-11082.

[7] Gill I, Vulfson E. Enzymatic catalysis in heterogeneous eutectic mixtures of substrates[J]. Trends in Biotechnology, 1994, 12(4): 118-122.

[8] Lopezfandino R, Gill I, Vulfson E N. Protease-catalyzed synthesis of oligopeptides in heterogenous substrate mixtures[J]. Biotechnology and Bioengineering, 1994, 43(11): 1024-1030.

[9] Parnham E R, Drylie E A, Wheatley P S, et al. Ionothermal materials synthesis using unstable deep-eutectic solvents as template-delivery agents[J]. Angewandte Chemie International Edition, 2006, 45(30): 4962-4966.

[10] Shah D, Mansurov U, Mjalli F. Intermolecular interactions and solvation effects of dimethylsulfoxide on type III deep eutectic solvents[J]. Physical Chemistry Chemical Physics, 2019, 21: 17200-17208.

[11] Liu L, Wragg D S, Zhang H, et al. Ionothermal synthesis, structure and characterization of three-dimensional zinc phosphates[J]. Dalton Transactions, 2009, 34: 6715-6718.

[12] Liu L, Li Y, Wei H, et al. Ionothermal synthesis of zirconium phosphates and their catalytic behavior in the selective oxidation of cyclohexane[J]. Angewandte Chemie International Edition, 2009, 48(12): 2206-2209.

[13] Abbott A P, Capper G, McKenzie K J, et al. Electrodeposition of zinc-tin alloys from deep eutectic solvents based on choline chloride[J]. Journal of Electroanalytical Chemistry, 2007, 599(2): 288-294.

[14] Zhang Q, Vigier K D O, Royer S, et al. Deep eutectic solvents: syntheses, properties and applications[J]. Chemical Society Reviews, 2012, 41(21): 7108-7146.

[15] Yang D, Hou M, Ning H, et al. Efficient SO_2 absorption by renewable choline chloride-glycerol deep eutectic solvents[J]. Green Chemistry, 2013, 15(8): 2261-2265.

[16] Steichen M, Thomassey M, Siebentritt S, et al. Controlled electrodeposition of Cu-Ga from a deep eutectic solvent for low cost fabrication of $CuGaSe_2$ thin film solar cells[J]. Physical Chemistry Chemical Physics, 2011, 13(10): 4292-4302.

[17] Zhang C, Ding Y, Zhang L, et al. Sustainable redox-flow battery with an aluminum based, deep eutectic solvent anolyte[J]. Angewandte Chemie International Edition, 2017, 56(26): 7454-7459.

[18] Gorke J T, Srienc F, Kazlauskas R J. Hydrolase-catalyzed biotransformations in deep eutectic solvents[J]. Chemical Communications, 2008, 10: 1235-1237.

[19] Liu P, Hao J, Mo L, et al. Recent advances in the application of deep eutectic solvents as sustainable media as well as catalysts in organic reactions[J]. RSC Advances, 2015, 5(60): 48675-48704.

[20] Duan L, Dou L, Guo L, et al. Comprehensive evaluation of deep eutectic solvents in extraction of bioactive natural products[J]. ACS Sustainable Chemistry & Engineering, 2016, 4(4): 2405-2411.

[21] Alvarez-Vasco C, Ma R, Quintero M, et al. Unique low-molecular-weight lignin with high purity extracted from wood by deep eutectic solvents (DES): a source of lignin for valorization[J]. Green Chemistry, 2016, 18(19): 5133-5141.

[22] Chen Z, Wan C. Ultrafast fractionation of lignocellulosic biomass by microwave-assisted deep eutectic solvent pretreatment[J]. Bioresource Technology, 2018, 250: 532-537.

[23] Guo Z, Zhang Q, You T, et al. Short-time deep eutectic solvent pretreatment for enhanced enzymatic saccharification and lignin valorization[J]. Green Chemistry, 2019, 21(11): 3099-3108.

[24] Shen X, Wen J, Mei Q, et al. Facile fractionation of lignocelluloses by biomass-derived deep eutectic solvent (DES) pretreatment for cellulose enzymatic hydrolysis and lignin valorization[J]. Green Chemistry, 2019, 21(2): 275-283.

[25] Kim K H, Dutta T, Sun J, et al. Biomass pretreatment using deep eutectic solvents from lignin derived phenols[J]. Green Chemistry, 2018, 20(4): 809-815.

[26] Kim K H, Eudes A, Jeong K, et al. Integration of renewable deep eutectic solvents with engineered biomass to achieve a closed-loop biorefinery[J]. Proceedings of the National

Academy of Sciences of the United States of America, 2019, 116 (28): 13816-13824.

[27] Soares B, Silvestre A J, Pinto P C, et al. Hydrotropy and co-solvency on lignin solubilization in deep eutectic solvents[J]. ACS Sustainable Chemistry & Engineering, 2019, 7(14): 12485-12493.

[28] Soares B, Tavares D J, Amaral J L, et al. Enhanced solubility of lignin monomeric model compounds and technical lignins in aqueous solutions of deep eutectic solvents[J]. ACS Sustainable Chemistry & Engineering, 2017, 5(5): 4056-4065.

[29] Vigier K D, Chatel G, Jerome F. Contribution of deep eutectic solvents for biomass processing: opportunities, challenges, and limitations[J]. ChemCatChem, 2015, 7(8): 1250-1260.

[30] Tang X, Zuo M, Li Z, et al. Green processing of lignocellulosic biomass and its derivatives in deep eutectic solvents[J]. ChemSusChem, 2017, 10(13): 2696-2706.

[31] Xia S, Baker G A, Li H, et al. Aqueous ionic liquids and deep eutectic solvents for cellulosic biomass pretreatment and saccharification[J]. RSC Advances, 2014, 4(21): 10586-10596.

[32] Procentese A, Johnson E, Orr V, et al. Deep eutectic solvent pretreatment and subsequent saccharification of corncob[J]. Bioresource Technology, 2015, 192: 31-36.

[33] Xu G, Ding J, Han R, et al. Enhancing cellulose accessibility of corn stover by deep eutectic solvent pretreatment for butanol fermentation[J]. Bioresource Technology, 2016, 203: 364-369.

[34] Lyu G, Li T, Ji X, et al. Characterization of lignin extracted from willow by deep eutectic solvent treatments[J]. Polymers, 2018, 10(8): 869.

[35] Kumar A K, Parikh B S, Pravakar M. Natural deep eutectic solvent mediated pretreatment of rice straw: bioanalytical characterization of lignin extract and enzymatic hydrolysis of pretreated biomass residue[J]. Environmental Science and Pollution Research International, 2016, 23(10): 9265-9275.

[36] Sirvio J A, Visanko M, Liimatainen H. Acidic deep eutectic solvents as hydrolytic media for cellulose nanocrystal production[J]. Biomacromolecules, 2016, 17(9): 3025-3032.

[37] Ma Y, Xia Q, Liu Y, et al. Production of nanocellulose using hydrated deep eutectic solvent combined with ultrasonic treatment[J]. ACS Omega, 2019, 4(5): 8539-8547.

[38] Li P, Sirvio J A, Haapala A, et al. Cellulose nanofibrils from nonderivatizing urea-based deep eutectic solvent pretreatments[J]. ACS Applied Materials & Interfaces, 2017, 9(3): 2846-2855.

[39] Yang X, Xie H, Du H, et al. Facile extraction of thermally stable and dispersible cellulose nanocrystals with high yield via a green and recyclable $FeCl_3$-catalyzed deep eutectic solvent system[J]. ACS Sustainable Chemistry & Engineering, 2019, 7(7): 7200-7208.

[40] Mukesh C, Mondal D, Sharma M, et al. Choline chloride-thiourea, a deep eutectic solvent for the production of chitin nanofibers[J]. Carbohydrate Polymers, 2014, 103: 466-471.

[41] Liu Y, Guo B, Xia Q, et al. Efficient cleavage of strong hydrogen bonds in cotton by deep eutectic solvents and facile fabrication of cellulose nanocrystals in high yields[J]. ACS Sustainable Chemistry & Engineering, 2017, 5(9): 7623-7631.

第 2 章　低共熔溶剂的制备及基本理化性质

2.1　背 景 概 述

低共熔溶剂通常是由季铵盐或季磷盐与金属盐或氢键供体(尿素和乙二醇等)构成。与室温离子液体的显著区别是低共熔溶剂并不是完全由离子构成，而是由离子和有机组分共同构成,因此低共熔溶剂兼具离子液体和有机溶剂的共同特性。由于其组成成分绿色无毒、价格低廉、易于合成并且无废弃物产生、易于储存等特性，低共熔溶剂是一种新型的、完全符合“绿色化学十二原则”的新型绿色溶剂。近年来低共熔溶剂作为一种新型绿色溶剂被广泛研究和应用[1,2]。采用低共熔溶剂提取植物组织中的活性成分[3]、对木质原料预处理[4]、制备纳米纤维素及官能化处理[5-8]等研究逐渐成为热点,其中开发新型低共熔溶剂进行木质原料高效精炼是研究热点和发展趋势。

本章主要是制备不同体系的低共熔溶剂，对制备出的低共熔溶剂进行物理化学性质检测，采用模型物对低共熔溶剂的溶解及解聚作用进行检测，筛选出适合木质原料组分解聚的低共熔溶剂。

2.2　制 备 方 法

与离子液体的制备方法相比，低共熔溶剂的合成非常简单，其合成方法可分为加热法、真空蒸发法、研磨法和冷冻干燥法。最常用的合成方法是加热法，只需将各组分简单地混合并适度加热，即可形成均一透明的混合液体。低共熔溶剂具有很强的设计性，可通过选择不同的组成和配比来调节其性能。Smith 等[9]总结了低共熔溶剂的基本组成结构，将低共熔溶剂分为四大类：第一类(Ⅰ)是由金属盐和季铵盐组成，但可用的金属卤化盐的种类有限；第二类(Ⅱ)是由水合金属氯化物和季铵盐组成，其中水合金属氯盐的价格相对便宜，熔点低，适用于合成这类低共熔溶剂的水合金属氯盐种类较多，具有良好的应用前景；第三类(Ⅲ)由季铵盐和羧酸、胺类和醇类等氢键供体形成，这类低共熔溶剂极易合成且氢键供体的种类多，溶解能力强，可生物降解，能够溶解金属氧化物及一些高分子材料，应用范围广，在许多应用中可取代离子液体；第四类(Ⅳ)是由过渡金属与胺类(如尿素)形成的。在以上种类中，制备低共熔溶剂所用比例最大的氢键受体是季铵盐类，其中氯化胆碱作为常用的季铵盐，具有廉价、可生物降解、可循环使用等优点。此外，在季铵盐类的有机盐领域之外，研究者们也利用其他盐类、离子类等物质合成了一系列新型的低共熔溶剂。

2.3　物理化学性质指标

作为一种新型离子液体类似物，低共熔溶剂具有蒸气压低、制备过程简单、可生物降解、溶解性和导电性优良、沸点高、熔点低、电化学稳定窗口宽等独特的物理化学性质，并且可以通过组分和配比来进一步调控其性质。低共熔溶剂的物理化学性质直接影响着所处理的生物质组分的分离及转化效率，因此深入探索低共熔溶剂的物理化学性质对促进生物质精炼的发展具有积极意义。

低共熔溶剂的凝固点大多在−38～150℃之间[10]，这是因为体系中的季铵盐与氢键供体之间形成了氢键，导致分子间离域，体系中的氢键强度越强，其凝固点越低[11]。

溶液体系的密度可以帮助了解体系中分子间的相互作用，即分子本身结构的信息。绝大多数低共熔溶剂的密度在 1.12～2.4 g/cm^3 的范围内，高于常见有机溶剂和水的密度[12]。有机盐与氢键供体的物质的量比大小对低共熔溶剂的密度有明显影响，因此改变组分的物质的量比是调控低共熔溶剂密度的有效方法。此外，过量摩尔体积也可用来研究低共熔溶剂体系中分子间的作用，主要涉及组分的弱化学作用、物理作用和结构特性，其中物理作用产生的贡献为正偏差，弱化学作用(如氢键作用、分子间的缔合作用)产生的贡献为负偏差，结构特性(空间位阻)产生的贡献为正偏差。通过实验测定的密度数据来计算体系的过量摩尔体积，可获得低共熔溶剂分子间的相互作用信息，为验证量化和模拟的结果提供了有力的支持。

黏度是用来衡量液体在流动过程中，所受的分子间内摩擦大小的物理量。与离子液体相似，黏度受温度的影响较大，且大多在 10～5000 mPa · s 之间[2]。低共熔溶剂电导率一般在 0.1～10 mS/cm 之间，电导率的大小与低共熔溶剂体系的组成和温度有关，并受温度影响较大，温度越高，导电性越好。此外，低共熔溶剂具有宽的电化学窗口，多数低共熔溶剂的电化学稳定窗口在 3 V 左右，比水的要宽，比离子液体(4 V 左右)稍窄[13]。

2.4 理论计算

低共熔溶剂的组分种类多、可设计性强，因此其内部组分间的相互作用很复杂。采用理论模拟计算对低共熔溶剂进行分析，可以优化其分子结构和电子云密度，探索低共熔溶剂的构效关系、作用机理、微观结构、原子间键能等，为设计合成新型低共熔溶剂提供理论基础。

密度泛函理论(DFT)计算作为一种有力工具，不但能在分子水平计算溶剂相互作用力的大小，还能揭示溶剂间相互作用的类型。Wagle 等[14]报道了不同氯化胆碱基低共熔溶剂的相互作用和热力学性质，证明了可利用不同氢键供体来调节氯化胆碱中 Ch^+和 Cl^-之间的相互作用力大小。García 等[15]利用 DFT 计算了 45 种低共熔溶剂配方，研究了溶剂的氢键网络结构对熔点的影响。Li 等[16]利用 DFT 计算了 SO_2 与氯化胆碱/丙三醇低共熔溶剂之间的相互作用，证明 SO_2 是通过电荷转移的方式与氢键供体、氢键受体产生相互作用。Ashworth 等[17]在 B3LY/6-311+G(d,p)水平计算了氯化胆碱/尿素低共熔溶剂之间的氢键相互作用，证明了低共熔溶剂中存在着阴离子氢键($[Cl(urea)_2]^-$)、阳离子氢键($urea[choline]^+$)、双离子氢键($[choline]^+ [Cl]^-$)作用。Altamash 等[18]利用 DFT 研究了氯化胆碱分别与乳酸、苹果酸、柠檬酸和果糖混合制备的天然低共熔溶剂的物理化学性质及动力学性质，证明了以上低共熔溶剂体系具有相似的作用能(492～548 kJ/mol)，且每种供体都能与氯化胆碱通过氢键作用进行有效配对。

溶剂化显色参数包括 Kamlet-Taft 溶剂化显色参数[19]、极性参数[20][$E_T(30)$、E_{NR}]，其中，Kamlet-Taft 溶剂化显色参数是最综合的、常用的一种测量溶剂属性的方法，它包括三个主要参数：极性(π^*)、氢键酸性(α)、氢键碱性(β)。π^*用来测量溶质与溶剂之间的放热效应、偶极矩以及诱导偶极矩等相互作用，描述了溶剂的极性以及极性化程度。α描述的是溶剂氢键供体的能力，β描述的是溶剂氢键受体的能力。极性参数 $E_T(30)$即利用 Reichardt 染料作为探针，它既反映溶剂的极性也反映溶剂的酸性，是一种不依赖溶剂极性的参数。Teles 等[21]利用 Kamlet-Taft 溶致变色法测试了基于季铵盐类的氢键受体、羧酸类的氢键供体形成的低共熔溶剂，结果表明此类低共熔溶剂具有较高的氢键酸性α，且随着羧酸类供体烷基侧链的增加，低共熔溶剂提供质子的能力下降。Kadyan 等[22]利用四甘醇对氯化胆碱-尿素低共熔溶剂进行改性，利用 Kamlet-Taft 参数测试其相互作用，发现四甘醇修饰的低共熔溶剂中β值很强，四甘醇与低共熔溶剂之间形成的氢键作用强度大于未修饰低共熔溶剂组分间的氢键作用，以及四甘醇与四甘醇之间的氢键强度。

2.5 不同低共熔溶剂的制备及性能分析

2.5.1 原材料和试剂

制备低共熔溶剂的原料为氯化胆碱、甜菜碱、葡萄糖、硫脲、苹果酸、酒石酸、水合草酸、尿素和丙三醇，均购买于上海阿拉丁生化科技股份有限公司。苯基-β-D-吡喃葡萄糖苷购自西格玛奥德里奇(上海)贸易有限公司。微晶纤维素(20～100 μm，分子量为 162n，n≈220)作为纤维素模型物，购买于天津市光复科技发展有限公司。半纤维素的模型物木聚糖(纯度 95%)购自北京索莱宝科技有限公司。碱木质素购自上海源叶生物科技有限公司。三种染料尼罗红、对硝基苯胺和 N,N'-二乙基对硝基苯胺购自上海阿拉丁生化科技股份有限公司，用于溶剂化显色参数的测试。

2.5.2 实验仪器和设备

所使用的主要实验仪器和设备见表 2.1。

表 2.1　实验使用的主要仪器和设备

设备名称	型号	生产厂家
电子天平	FA2004B	上海精科天美贸易有限公司
恒速加热搅拌器	JJ-1	上海申胜生物技术有限公司
水热合成反应釜	HZSF25	河南郑州合众仪器有限公司
高温烘箱	SH881-2	吴江市三合烘箱制造厂
真空干燥箱	DZF-6020	上海精宏实验设备有限公司

2.5.3 实验方法

1. 低共熔溶剂的筛选

尿素、草酸和丙三醇等氢键供体分别与氯化胆碱或甜菜碱以一定的物质的量比进行混合，通常氢键受体和氢键供体的物质的量比为 2∶1、1∶1 和 1∶2，在 80℃下搅拌 2 h，然后冷却至室温，通过观测室温下混合物的物理状态进行筛选，目的是选择室温下为液体的低共熔溶剂，易于后续操作和性能检测。

2. 低共熔溶剂的 Kamlet-Taft 参数测试

首先将三种染料尼罗红、对硝基苯胺和 N,N'-二乙基对硝基苯胺分别溶于无水甲醇中，制备成浓度为 1.0×10^{-3} mol/L 的母液。配好的母液用塑料滴管转移到光程长度为 10 mm 的石英池中，在 40℃真空环境下干燥 48 h，母液中的甲醇被缓慢移除。然后将低共熔溶剂加入，采用晃动或用针头搅拌等方式将其与染料混合均匀。室温下采用 TU-1901 分光光度计对低共熔溶剂和染料混合液的吸收光谱进行测试。$E_T(30)$和 Kamlet-Taft 溶剂化显色参数通过以下公式计算：

$$\pi^* = 0.314\times\left(27.52 - v_{\text{NEt2}}\right) \tag{2.1}$$

$$\beta = 11.134 - \frac{3580}{\lambda_{\max}} - 1.125\pi^* \tag{2.2}$$

$$\alpha = \frac{19.9657 - 1.0241\pi^* - v_{\text{NR}}}{1.6078} \tag{2.3}$$

其中，π^*的值通过环己烷和二甲基亚砜进行矫正；$\lambda_{\max}$ 是所使用染料的最大吸收波长；$v = 1/(\lambda_{\max}\times10^{-4})$。

3. 木质原料“抗解聚屏障”模型物在不同低共熔溶剂中断键反应

选取苯基-β-D-吡喃葡萄糖苷作为木质原料“抗解聚屏障”的模型物，分别将 0.1 g 该模型物溶解在三种不同的低共熔溶剂中，100℃下反应 4 h。反应后自然冷却至室温，采用乙酸乙酯和水对反应混合物进行萃取，采用 GC/MS 和 GC-FID 对产物进行定性和定量分析，进而间接反映不同低共熔溶剂的处理效果。气相色谱-质谱被用来确认和检测产物，产物通过气相色谱-质谱，HP-5MS 色谱柱，氦气作为气体载体。气相色谱-质谱升温程序方法：开始在 40℃保持 10 min，然后 10℃/min 加热升温至 90℃，保持 5 min 后以 15℃/min 升温至 260℃保持 5 min，最后以 25℃/min 升温速率升至 290℃。

4. 木质原料模型物在低共熔溶剂中的溶解性测试

分别将 0.1 g 微晶纤维素(MCC)、0.1 g 木聚糖和 0.1 g 碱木质素在室温和 80℃条件下置入 10 g 不同的低共熔溶剂中搅拌 4 h，利用光学显微镜对它们在低共熔溶剂中的溶解性进行观测。

5. 杨木在筛选后的低共熔溶剂中的解聚测试

0.5 g 杨木木粉与不同种类的 10 g 低共熔溶剂混合后，在油浴锅中 100℃下搅拌加热 2 h。通过对其反应前后颜色的变化，简单判断在不同低共熔溶剂的解聚效果。

2.5.4　低共熔溶剂的初步筛选

由于不同氢键供/受体的种类和比例对低共熔溶剂熔点有较大影响，因此首先对氯化胆碱基低共熔溶剂进行筛选。采用观测室温下形成的低共熔溶剂状态来判断其熔点的相对高低，目的在于筛选出室温下为液体的低共熔溶剂，方便后续操作及解聚处理。由表 2.2 和图 2.1 可以得出，氯化胆碱和尿素在物质的量比为 1：2，氯化胆碱和草酸在物质的量比 1：1 和 2：1 的条件下加热后室温均可形成无色透明液体，氯化胆碱和丙三醇在物质的量比 1：2 下加热后呈现无色透明液体状态，室温下仍存在少量固体。

表 2.2　氯化胆碱基低共熔溶剂的筛选

序号	氢键受体	氢键供体	物质的量比	溶剂状态
1	氯化胆碱	尿素	1：1	浑浊固体
2	氯化胆碱	尿素	1：2	透明液体
3	氯化胆碱	尿素	2：1	固体
4	氯化胆碱	葡萄糖	1：1	固体和透明液体
5	氯化胆碱	葡萄糖	1：2	—
6	氯化胆碱	葡萄糖	2：1	固体和透明液体
7	氯化胆碱	硫脲	1：1	浑浊固体
8	氯化胆碱	硫脲	1：2	固体
9	氯化胆碱	硫脲	2：1	固体
10	氯化胆碱	草酸	1：1	透明液体
11	氯化胆碱	草酸	1：2	固体
12	氯化胆碱	草酸	2：1	透明液体
13	氯化胆碱	苹果酸	1：1	固体加液体
14	氯化胆碱	苹果酸	1：2	固体加液体
15	氯化胆碱	苹果酸	2：1	固体加液体
16	氯化胆碱	酒石酸	1：1	固体加液体
17	氯化胆碱	酒石酸	1：2	—
18	氯化胆碱	酒石酸	2：1	固体
19	氯化胆碱	丙三醇	1：1	固体加液体
20	氯化胆碱	丙三醇	1：2	液体加固体
21	氯化胆碱	丙三醇	2：1	固体

图 2.1 室温下不同物质的量比的氢键供/受体形成氯化胆碱基低共熔溶剂的数码照片

综上可以得出，氯化胆碱和尿素(1∶2)、氯化胆碱和草酸(1∶1)、氯化胆碱和丙三醇(1∶2)的熔点相对较低，因此选取这三种低共熔溶剂备用，后面称这三种溶剂分别为氯化胆碱/尿素低共熔溶剂、氯化胆碱/草酸低共熔溶剂和氯化胆碱/丙三醇低共熔溶剂。

同样，甜菜碱基低共熔溶剂也通过类似方法筛选，由表 2.3 和图 2.2 可以看出，室温下仅甜菜碱和草酸在物质的量比 1∶1 下形成无色透明液体，但甜菜碱相比于氯化胆碱则适用性较差，因此后续主要采用氯化胆碱作为氢键受体。

表 2.3 甜菜碱基低共熔溶剂的筛选

序号	氢键受体	氢键供体	物质的量比	溶剂状态
1	甜菜碱	尿素	1∶1	固体
2	甜菜碱	尿素	1∶2	固体
3	甜菜碱	尿素	2∶1	固体
4	甜菜碱	葡萄糖	1∶1	—
5	甜菜碱	葡萄糖	1∶2	—
6	甜菜碱	葡萄糖	2∶1	固体
7	甜菜碱	硫脲	1∶1	固体
8	甜菜碱	硫脲	1∶2	固体
9	甜菜碱	硫脲	2∶1	固体
10	甜菜碱	草酸	1∶1	透明液体

续表

序号	氢键受体	氢键供体	物质的量比	溶剂状态
11	甜菜碱	草酸	1∶2	液体加固体
12	甜菜碱	草酸	2∶1	固体液体
13	甜菜碱	苹果酸	1∶1	固体
14	甜菜碱	苹果酸	1∶2	固体
15	甜菜碱	苹果酸	2∶1	固体
16	甜菜碱	酒石酸	1∶1	—
17	甜菜碱	酒石酸	1∶2	—
18	甜菜碱	酒石酸	2∶1	—
19	甜菜碱	丙三醇	1∶1	液体固体
20	甜菜碱	丙三醇	1∶2	液体固体
21	甜菜碱	丙三醇	2∶1	液体固体

图 2.2　室温下不同物质的量比的氢键供/受体形成甜菜碱基低共熔溶剂的数码照片

2.5.5　氯化胆碱基低共熔溶剂的制备

根据对合成低共熔溶剂的氢键供体和氢键受体的筛选，选取三种代表性的胺类、羧酸类和醇类低共熔溶剂进行性能检测，即氯化胆碱/尿素低共熔溶剂、氯化胆碱/草酸低共熔溶剂和氯化胆碱/丙三醇低共熔溶剂。从图 2.3 中可以看出，在80℃下制备得到的氯化胆碱/尿素、氯化胆碱/草酸和氯化胆碱/丙三醇低共熔溶剂均为无色透明的液体，将三种低共熔溶剂冷却至室温后密封备用。

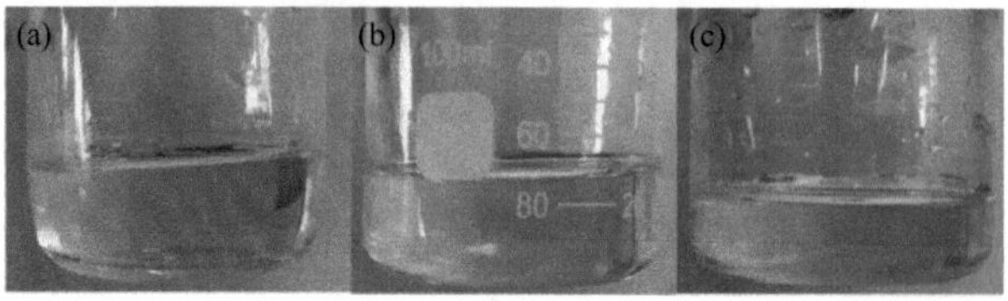

图 2.3　(a)氯化胆碱/尿素、(b)氯化胆碱/草酸和(c)氯化胆碱/丙三醇低共熔溶剂的数码相片

2.5.6　Kamlet-Taft 溶剂化显色参数测定

Kamlet-Taft 溶剂化显色参数通常用来间接测量溶剂的化学性质。例如，α、β和π^*分别代表溶剂的氢键酸性、氢键碱性和偶极性/极化度。从三种低共熔溶剂的测试结果(表 2.4)可以看出，β和π^*的数值相差不大，但是α值相差比较明显，其中氯化胆碱/草酸低共熔溶剂具有最高的α值，为 1.31。据文献报道，酸处理能有效催化断裂木质原料中的醚键，因此氢键酸性高的氯化胆碱/草酸低共熔溶剂可能更有助于断裂木质原料“抗解聚屏障”中的醚键。

表 2.4　三种低共熔溶剂的 E_{NR} 和 Kamlet-Taft 参数测试

低共熔溶剂	E_{NR}	π^*	α	β
氯化胆碱/尿素	49.86	1.19	0.81	0.54
氯化胆碱/丙三醇	48.28	1.15	1.18	0.54
氯化胆碱/草酸	47.92	1.07	1.31	0.59

2.5.7　木质原料“抗解聚屏障”模型物对低共熔溶剂的反应测试

如图 2.4 所示，选取苯基-β-D-吡喃葡萄糖苷作为简单的“抗解聚屏障”模型物，检验低共熔溶剂对其中的化学连接键断裂效果。从苯基-β-D-吡喃葡萄糖苷的反应可以看出，氯化胆碱/尿素和氯化胆碱/丙三醇两种溶剂并没有断裂醚键的作用，相反氯化胆碱/草酸低共熔溶剂对苯基-β-D-吡喃葡萄糖苷有明显的解聚作用，并检测到苯酚为主要产物(图 2.5～图 2.7)。这与它在 Kamlet-Taft 溶剂化显色参数测试结果中的氢键酸性值高也相符合。

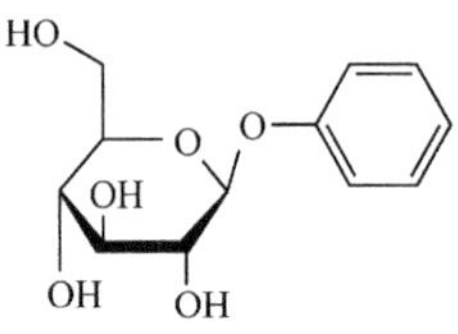

图 2.4　苯基-β-D-吡喃葡萄糖苷的结构示意图

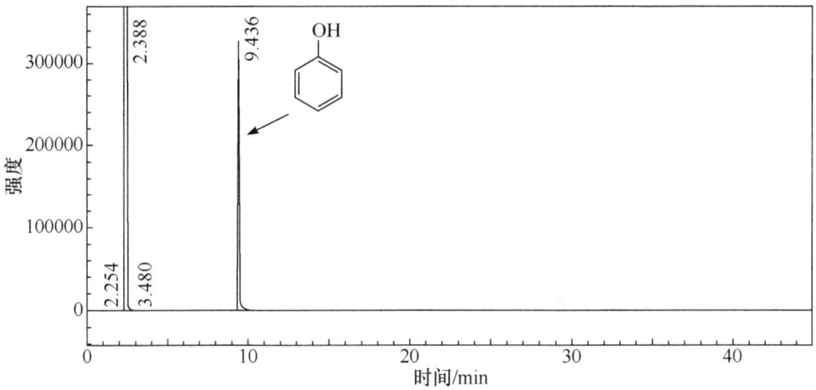

图 2.5　氯化胆碱/草酸低共熔溶剂中模型物反应结果的 GC-FID 检测

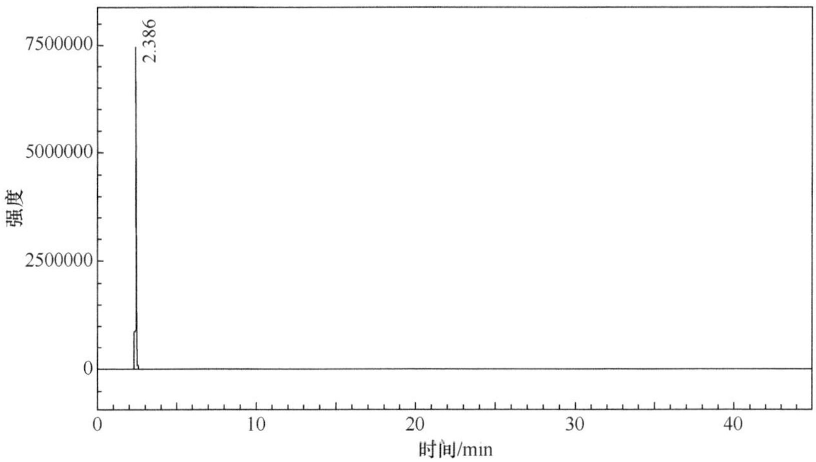

图 2.6　氯化胆碱/尿素低共熔溶剂中模型物反应结果的 GC-FID 检测

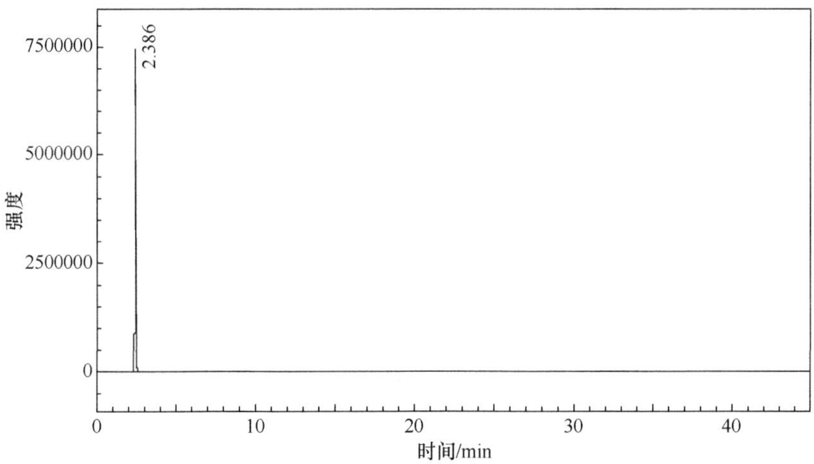

图 2.7　氯化胆碱/丙三醇低共熔溶剂中模型物反应结果的 GC-FID 检测

2.5.8　木质组分模型物在低共熔溶剂中的溶解性测试

“抗解聚屏障”模型物的研究表明，氯化胆碱/草酸低共熔溶剂对模型物中的醚键有显著的解聚作用，然而木质原料是由纤维素、半纤维素和木质素三大组分组成，因此低共熔溶剂对不同组分的选择性溶解同样十分重要。本章采用微晶纤维素、木聚糖和碱木质素作为木质原料三大组分的模型物，测试它们在三种合成的低共熔溶剂中的溶解效果，采用光学显微镜对溶解效果进行直观观测。图 2.8 的数码照片和图 2.9 的光学显微镜照片表明，在室温下反应 4 h 后，氯化胆碱/草酸低共熔溶剂对微晶纤维素的溶解效果不显著，对木聚糖和碱木质素有一定的溶

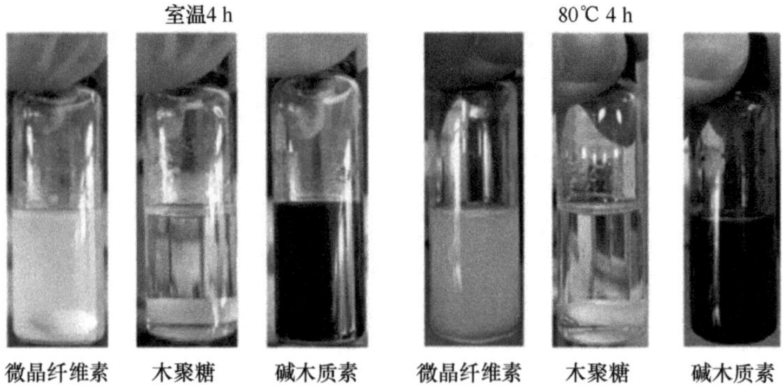

图 2.8　室温和 80℃下微晶纤维素、木聚糖和碱木质素在氯化胆碱/草酸低共熔溶剂中溶解效果的数码照片

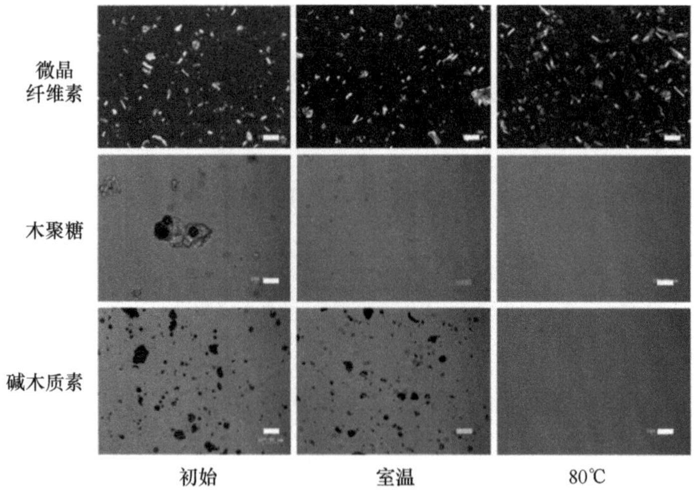

图 2.9　室温和 80℃下微晶纤维素、木聚糖和碱木质素在氯化胆碱/草酸低共熔溶剂中溶解效果的光学显微镜照片

解作用。当将温度升高到 80℃并反应 4 h 后，微晶纤维素的溶解性依然不佳，但是木聚糖和碱木质素则显示基本全部溶解。这说明氯化胆碱/草酸低共熔溶剂在一定的反应温度下具备选择性溶解木质原料组分的能力。

此外，对微晶纤维素、木聚糖和碱木质素在氯化胆碱/尿素和氯化胆碱/丙三醇低共熔溶剂中的溶解特性进行测试，数码照片结果(图 2.10、图 2.11)显示，其对微晶纤维素的溶解效果均不好，而对木聚糖和木质素的溶解效果相对较好，说明氯化胆碱/尿素和氯化胆碱/丙三醇低共熔溶剂同样对半纤维素和木质素单一组分均具有一定的溶解效果，而对纤维素组分不溶则有利于木质原料的组分解聚分离。

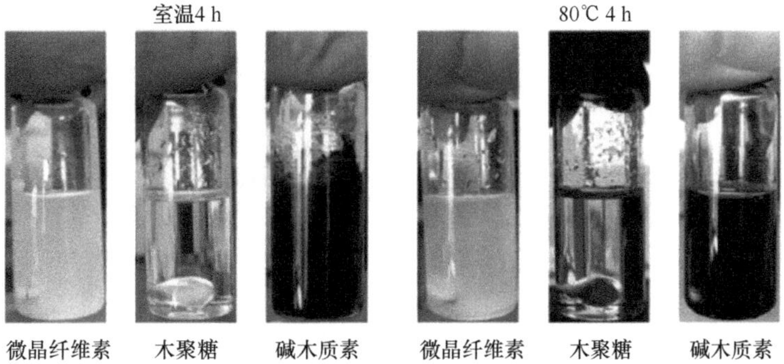

图 2.10 室温和 80℃下微晶纤维素、木聚糖和碱木质素在氯化胆碱/尿素低共熔溶剂中溶解效果的数码照片

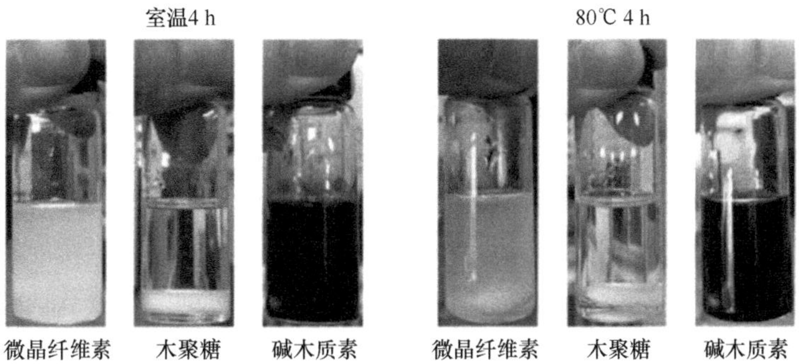

图 2.11 室温和 80℃下微晶纤维素、木聚糖和碱木质素在氯化胆碱/丙三醇低共熔溶剂中溶解效果的数码照片

2.5.9 杨木原料在低共熔溶剂中的解聚测试

用三种低共熔溶剂分别在 100℃下对杨木木粉处理 2 h，从处理后低共熔溶剂的颜色变化(图 2.12)可以看出，氯化胆碱/草酸低共熔溶剂处理后为深棕色，说明木质原料的解聚效果明显，而氯化胆碱/尿素和氯化胆碱/丙三醇低共熔溶剂处理

后颜色呈浅棕色，解聚效果相对较差。因此，氯化胆碱/草酸低共熔溶剂展现出有效的对木质原料解聚处理的潜力。

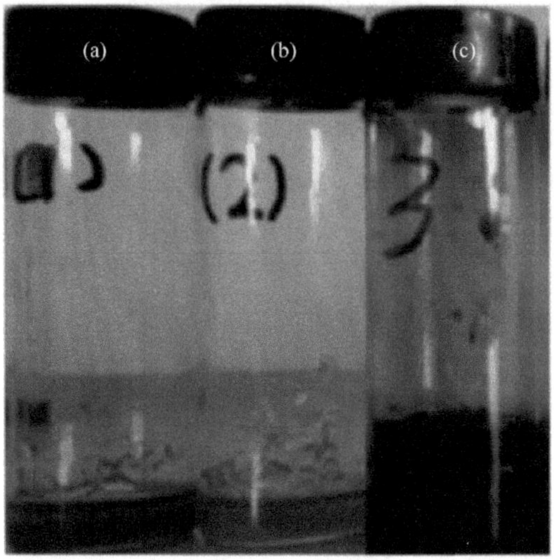

图 2.12　杨木原料在(a)氯化胆碱/尿素、(b)氯化胆碱/丙三醇和(c)氯化胆碱/草酸低共熔溶剂中处理效果的数码照片

2.6　本章总结

通过对不同低共熔溶剂体系氢键供/受体比例进行筛选，初步选定氯化胆碱/尿素、氯化胆碱/草酸和氯化胆碱/丙三醇三种代表性的低共熔溶剂用于后续试验。通过 Kamlet-Taft 溶剂化显色参数的测试，发现三种低共熔溶剂中，氯化胆碱/草酸低共熔溶剂具有最高的氢键酸性值，应该是其处理能力最强的关键。通过“抗解聚屏障”模型物苯基-β-D-吡喃葡萄糖苷在低共熔溶剂中的反应发现，氢键酸性高的低共熔溶剂能够显著断裂模型物中的醚键，得到苯酚。木质原料三大组分模型物微晶纤维素、木聚糖和碱木质素在三种低共熔溶剂中的溶解性结果表明，室温下三种低共熔溶剂对木聚糖具有较好的溶解性，对微晶纤维素和碱木质素溶解效果相对不好。在 80℃下，微晶纤维素的溶解效果依然不好，但是木聚糖和碱木质素在低共熔溶剂中则近乎全部溶解，表明低共熔溶剂对木质组分具有溶解的选择性。将杨木木粉在三种低共熔溶剂中 100℃处理的结果表明，氯化胆碱/草酸低共熔溶剂对木质原料解聚具有显著效果。

参 考 文 献

[1] Abbott A P, Capper G, Davies D L, et al. Novel solvent properties of choline chloride/urea

mixtures[J]. Chemcal Communications, 2003, (1): 70-71.

[2] Haerens K, Matthijs E, Binnemans K, et al. Electrochemical decomposition of choline chloride based ionic liquid analogues[J]. Green Chemistry, 2009, 11(9): 1357-1365.

[3] Arnodo D, Ghinato S, Nejrotti S, et al. Lateral lithiation in deep eutectic solvents: regioselective functionalization of substituted toluene derivatives[J]. Chemcal Communications, 2020, 56(16): 2391-2394.

[4] Hong S, Shen X, Pang B, et al. In-depth interpretation of the structural changes of lignin and formation of diketones during acidic deep eutectic solvent pretreatment[J]. Green Chemistry, 2020, 22(6): 1851-1858.

[5] Hammond O S, Edler K J, Bowron D T, et al. Deep eutectic-solvothermal synthesis of nanostructured ceria[J]. Nature Communications, 2017, 8: 14150.

[6] Wagle D V, Zhao H, Baker G A. Deep eutectic solvents: sustainable media for nanoscale and functional materials[J]. Accounts of Chemical Research, 2014, 47(8): 2299-2308.

[7] Tang X, Zuo M, Li Z, et al. Green processing of lignocellulosic biomass and its derivatives in deep eutectic solvents[J]. ChemSusChem, 2017, 10(13): 2696-2706.

[8] Ruesgas-Ramon M, Figueroa-Espinoza M C, Durand E. Application of deep eutectic solvents (DES) for phenolic compounds extraction: overview, challenges, and opportunities[J]. Journal of Agricultural and Food Chemistry, 2017, 65(18): 3591-3601.

[9] Smith L, Abbott A P, Ryder K S. Deep eutectic solvents (DESs) and their applications[J]. Chemical Reviews, 2014, 114(21): 11060-11082.

[10] Abbott A P, Capper G, Davies D L. Novel solvent properties of choline chloride/urea mixtures[J]. Chemical Communications, 2003, 1: 70-71.

[11] Abbott A P, Boothby D, Capper G. Deep eutectic solvents formed between choline chloride and carbocylic acids: versatile alternatives to ionic liquids[J]. Journal of the American Chemical Society, 2004, 126(29): 9142-9147.

[12] Abbott A P, Harris R C, Ryder K S. Application of hole theory to define ionic liquids by their transport properties[J]. Journal of Physical Chemistry B, 2007, 111(18): 4910-4913.

[13] 韦露, 樊友军. 低共熔溶剂及其应用研究进展[J]. 化学通报, 2011, 74(4): 333-339.

[14] Wagle D V, Deakyne C A, Baker G A. Quantum chemical insight into the interactions and thermodynamics present in choline chloride based deep eutectic solvents[J]. Journal of Physical Chemistry B, 2016, 120(27): 6739-6746.

[15] García G, Atilhan M, Aparicio S. An approach for the rationalization of melting temperature for deep eutectic solvents from DFT[J]. Chemical Physics Letters, 2015, 634: 151-155.

[16] Li H, Chang Y, Zhu W, et al. Theoretical evidence of charge transfer interaction between SO_2 and deep eutectic solvents formed by choline chloride and glycerol[J]. Physical Chemistry Chemical Physics, 2015, 17(43): 28729-28742.

[17] Ashworth C R, Matthews R P, Welton T, et al. Doubly ionic hydrogen bond interactions within the choline chloride-urea deep eutectic solvent[J]. Physical Chemistry Chemical Physics, 2016, 18 (27): 18145-18160.

[18] Altamash T, Nasser M S, Elhamarnah Y, et al. Gas solubility and rheological behavior of natural

deep eutectic solvents (NADES) via combined experimental and molecular simulation techniques[J]. ChemistrySelect, 2017, 2(24): 7278-7295.

[19] Lee J M, Ruckes S, Prausnitz J M. Solvent polarities and Kamlet-Taft parameters for ionic liquids containing a pyridinium cation[J]. Journal of Physical Chemistry B, 2008, 112(5): 1473-1476.

[20] Baker S N, Baker G A, Bright F V. Temperature-dependent microscopic solvent properties of 'dry' and 'wet' 1-butyl-3-methylimidazolium hexafluorophosphate: correlation with $E_T(30)$ and Kamlet-Taft polarity scales[J]. Green Chemistry, 2002, 4(2): 165-169.

[21] Teles A R R, Capela E V, Carmo R S, et al. Solvatochromic parameters of deep eutectic solvents formed by ammonium-based salts and carboxylic acids[J]. Fluid Phase Equilibria, 2017, 448: 15-21.

[22] Kadyan A, Behera K, Pandey S. Hybrid green nonaqueous media: tetraethylene glycol modifies the properties of a (choline chloride + urea) deep eutectic solvent[J]. RSC Advances, 2016, 6(36): 29920-29930.

第 3 章　双组分低共熔溶剂结合微波超高效炼制生物质

3.1　背 景 概 述

木质纤维类生物质是一种丰富的可再生资源，用于生产常规的固态、液态和气态燃料、化学物质和材料[1-5]。将木质纤维类生物质通过简单的反应途径快速转化为这些产物，在整体上可以实现生物质原料的最大化应用[5]。尽管大量有关木质纤维炼制的方法在近些年得到发展，但是通过高效、节能并不污染环境的方式来打破生物质顽固的抗解聚屏障仍是艰巨的挑战[6,7]。

生物质的顽固性主要来自木质素-碳水化合物复合体(LCC)，其中木质素主要与半纤维素通过共价键连接[8,9]。破坏 LCC 结构的传统方法包括物理、化学、物理化学和生物预处理，如蒸气爆炸、氨化膨胀、酸催化预水解和微生物降解消化[10-13]。此外，有机溶剂和离子液体预处理被认为是遵循绿色化学和生物精炼概念的有效方法[14-17]。在有机溶剂预处理的方法中，破坏 LCC 键的机制包括半纤维素水解，同时木质素溶解在有机溶剂中[18,19]。离子液体可以部分或完全溶解木质素和碳水化合物[20]。

近来，同时拥有离子液体和有机溶剂特征的低共熔溶剂，作为具有低成本、高原子效率和技术经济上可应用等特性的新一代绿色溶剂出现。低共熔溶剂的特性决定其和微波容易相结合，在微波的辅助下产生更好的处理效果。本章主要采用微波加热氯化胆碱/草酸低共熔溶剂对杨木原料进行超快速处理，实现高效解聚和组分分离。

3.2　材料和方法

3.2.1　原材料和试剂

杨木木粉(制备成 80 目的细度)作为阔叶树材代表，在 103℃下干燥 24 h 后备用。制备低共熔溶剂的原料为氯化胆碱、水合草酸，均购买于上海阿拉丁生化科技股份有限公司。铜乙二胺溶液(1 mol/L，分子量 121.63)用于测定纤维素的聚合度，购买自天津市光复科技发展有限公司。硫酸、氢氧化钠、乙酸、丙酮等购买于天津科密欧化学试剂公司。所有试剂均为分析纯。

3.2.2　实验仪器和设备

所使用的主要实验仪器和设备见表 3.1。

表 3.1　实验使用的主要仪器和设备

设备名称	型号	生产厂家
电子天平	FA2004B	上海精科天美贸易有限公司
数字超声波清洗机	SCB-2200B	郑州市科创仪器有限公司
恒速加热搅拌器	JJ-1	上海申胜生物技术有限公司
单孔水浴锅	HH-ZK1	郑州市亚荣仪器有限公司
磁力加热搅拌器	CJJ79-1	常州市中贝仪器有限公司
微波消解罐	XH-800C-100ML	北京祥鹄科技发展有限公司
计算机双控微波消解仪	XH-800C	北京祥鹄科技发展有限公司
真空干燥箱	DZF-6020	上海精宏实验设备有限公司

3.2.3　实验方法

1. 溶剂制备

低共熔溶剂的制备：以氯化胆碱作为氢键受体，水合草酸作为氢键供体，它们以 1∶1 的物质的量比混合后在 80℃减压条件下加热 1 h(同 2.5.3 节)，形成无色透明液体备用。

2. 杨木解聚处理与产物分离

杨木解聚处理：0.5 g 杨木木粉和 10 g 氯化胆碱/草酸低共熔溶剂混合后，在油浴加热和微波加热条件下分别反应(图 3.1)。油浴加热处理条件为 80℃、110℃下反应 9 h，此处将时间设置成 9 h 是为了充分反应，避免因反应时间短而导致处理效果不佳的情况。微波加热则是在北京祥鹄科技发展有限公司生产的 XH-800C 计算机双控微波消解仪中进行，微波反应罐为聚四氟乙烯内衬的聚乙烯吡咯烷酮材质，附有温度和压力传感器。微波功率设置为 800 W，升温程序为 2 min 内从室温升至 80℃，分别保温 1 min、3 min 或 8 min，以验证微波反应时间对处理效果的影响。

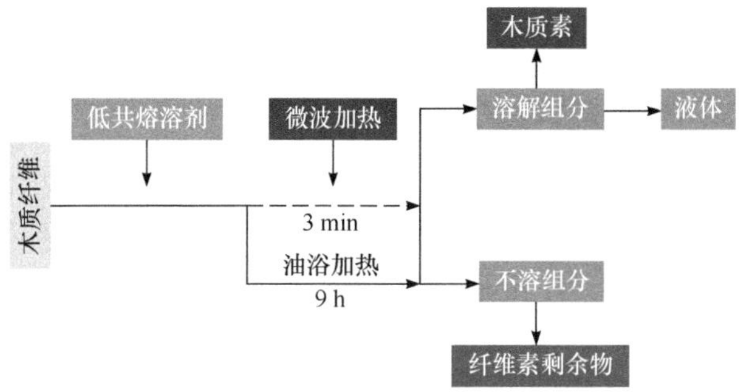

图 3.1　实验示意图

产物分离：将反应后得到的深棕色液体倒入丙酮/水(1∶1，体积比，200 mL)的反溶剂中，搅拌 1 h。对混合液真空抽滤过滤，并用相同的溶剂清洗 3 次。过滤后得到的固体剩余物记为纤维素剩余物(CR)。将滤液进一步在旋转蒸发仪中 60℃浓缩除掉丙酮，浓缩后的溶液再进行过滤，得到的固体剩余物记为分离木质素(LF)。不同条件下分离得到的纤维素剩余物和分离木质素标记如表 3.2 所示。

表 3.2　处理条件与对应得到产物的简称

加热方法	加热温度/℃	处理时间	纤维素剩余物简称	分离木质素简称
油浴	80	9 h	DESCROB80-9	DESLOB80-9
油浴	110	9 h	DESCROB110-9	DESLOB110-9
微波	80	3 min	DESCRMw80-3	DESLMw80-3
微波	80	5 min	DESCRMw80-5	DESLMw80-5
微波	80	10 min	DESCRMw80-10	DESLMw80-10

3. 分离木质素的自组装

采用溶剂调控法对低共熔溶剂提取木质素进行自组装，具体步骤为将低共熔溶剂提取的木质素溶解到无水乙醇中，配制成浓度为 1 mg/mL 的溶液，经 0.45 μm PTFE 滤头过滤后备用，边搅拌边向木质素乙醇溶液中逐滴滴加水，使乙醇浓度分别为 90%、70%和 50%，对得到的不同乙醇含量的木质素分散液进行表征分析。

4. 纤维素剩余物机械开纤处理

将潮湿状态的纤维素剩余物配成 5%的水分散液，采用聚能式超声探头以 1 kW 功率对水分散液超声处理 30 min，得到纳米纤维素水溶液并进行表征分析。

3.2.4 测试与分析方法

1. 碳氢相关二维核磁分析

将处理获得的 90 mg 木质素样品溶解在 0.5 mL 氘代二甲亚砜(DMSO-d6)中，采用美国安捷伦公司的 Pro 型脉冲 500 MHz 光谱仪，以异核单量子相干谱(HSQC)程序对样品进行信号采集。^{1}H 及 ^{13}C 两个维度的谱宽分别为 5000 Hz 和 20000 Hz。^{1}H 维度的采样点数为 1024，弛豫时间为 1.5 s，累加 64 次。^{13}C 维度的采样点数为 256。碳氢耦合常数为 145 Hz，在傅里叶变换前进行冲零处理。

2. 木质素分子量测试

低共熔溶剂分离木质素的分子量采用美国沃特世公司的 Waters 2695 型凝胶渗透色谱仪(GPC)测试，检测器为示差检测器(Waters 2414)。测试温度为室温，测试溶剂为四氢呋喃，流速为 1 mL/min。重均分子量和数均分子量均通过聚苯乙烯标准品来标定。

3. 热解法测定木质素结构

采用美国安捷伦公司生产的、配有 CDS5200 型热解仪的 6890N/5973i 型气相色谱-质谱联用仪(GC-MS)检测木质素的结构。对 100 mg 木质素样品进行热解处理，热解温度为 500℃，热解时间为 30 s，升温速率为 20℃/s。氦气(纯度 99.999%)作为气体载气(1 mL/min)。热解产物结构通过与 Wiley 和 NIST 质谱数据库进行对比确定。通过对不同产物积分峰面积来计算 S/G 结构的相对比例。

4. 傅里叶变换红外光谱测试

木质素的表面官能团变化测试采用美国赛默飞世尔科技的 Nicolet Magna 560 型傅里叶变换红外光谱仪(FTIR)，测试模式为金刚石衰减全反射接触测试。扫描范围 650～4000 cm^{-1}，扫描次数为 32 次，分辨率为 4 cm^{-1}，每次测试前均扣除背景。

5. X 射线衍射测试

纤维素的物相结构及相对结晶度采用日本理学公司的 D/MAX 2200 型 X 射线衍射仪(XRD)测定，测试采用铜靶，X 射线波长为 0.154 nm，扫描角度范围为 5°～40°，扫描速度为 4°/min，扫描步距 0.02°，管电压为 40 kV，管电流为 30 mA，相对结晶度采用 Segal 法进行计算。

6. 热稳定性测试

木质素的热稳定性采用美国珀金埃尔默公司的 Pyris 6 型热重分析仪进行测

试，测试条件为氮气氛围条件下 10°/min 加热到所需温度。每次测试前都进行基线校正。

7. 形貌检测

采用日本电子产 JEM-2100 型透射电子显微镜检测，加速电压为 200 kV。具体方法为：约 5 μL 的一滴纳米纤维素稀释物滴到覆盖有碳膜的电子显微镜微栅上，然后采用质量分数为 1%的磷钨酸溶液对样品进行负染来增加对比度。木质素检测则是直接将液滴滴到覆盖有碳膜的电子显微镜微栅上，自然干燥后检测。样品的尺寸测量采用北京天弘精密仪器有限公司的 TDY-V5.2 图像分析系统来完成。

8. 糖组分含量测试

糖分析采用美国戴安公司的 Dionex ICS3000 型高效阴离子交换色谱。色谱仪配有脉冲安培检测器、AS50 自动进样器、Carbopac TM PA-20 色谱柱(4V，250 mm)、PA-20 guard 色谱柱(3V，30 mm)。糖组分首先采用三倍量的乙醇沉淀得到，然后进行高效阴离子交换色谱分析。糖的组成采用单糖(葡萄糖、木糖、鼠李糖、甘露糖、阿拉伯糖和半乳糖)标准品来进行定量分析。羟甲基糠醛的产率采用高效液相色谱进行定量，流动相由乙腈/水(10∶90，体积比)组成，流速为 0.8 mL/min。检测波长为 285 nm。

3.3　结构表征分析

3.3.1　不同加热方式的影响

如图 3.2 所示，杨木原料在氯化胆碱/草酸低共熔溶剂中 80℃下油浴加热 9 h，反应后混合物呈现浅棕色，说明杨木原料在该条件下受到一定的解聚作用，但只有少量木质素溶解在低共熔溶剂中。将油浴加热温度提高到 110℃，反应后混合

图 3.2　不同加热方式处理后低共熔溶剂和木质原料混合物的表观图片：
(a)油浴 80℃加热 9 h；(b)油浴 110℃加热 9 h；(c)微波 80℃加热 3 min

物呈现深棕色，说明该条件对木质素-碳水化合物复合体的断裂效果明显，解聚后的木质素显色化溶解在低共熔溶剂中。有趣的是，改用微波加热的方式，在 80℃仅加热 3 min，得到的反应物也呈现深棕色。从此简单的表面颜色变化可以明显看出，低共熔溶剂对木质原料具有显著的解聚作用，相比于油浴加热，微波辅助作用下仅 3 min 就可以达到与油浴几小时近似的解聚效果。

3.3.2　纤维素剩余物和分离木质素的质量分数

除通过简单的颜色变化分析其解聚效果，也可以通过纤维素剩余物和分离木质素的质量分数来分析解聚效果。从图 3.3 中可以看出，在油浴 80℃下不溶物的质量分数大约为 77%，分离出的木质素含量也较少，说明该条件下木质原料的解聚作用不明显。将温度提高到 110℃，则有 17.5%的木质素(约占木质素总含量的 90%)获得分离，说明提高温度能够促进木质原料在氯化胆碱/草酸低共熔溶剂中的溶解。而在微波作用下，在 80℃下处理仅 3 min，就可以提取 15.4%的木质素部分(占木质素总含量的 80%)，但是不溶物的含量也显著降低，说明微波加热作用不仅显著促进木质原料在低共熔溶剂中的解聚和木质素分离，对综纤维素也有一定的降解作用。进一步延长微波的处理时间到 5 min 和 10 min，对木质原料的解聚效果几乎无影响。再通过测定酸不溶性木质素的含量来反映分离木质素的纯度，结果表明获得的木质素纯度为 93.7%～96.3%。

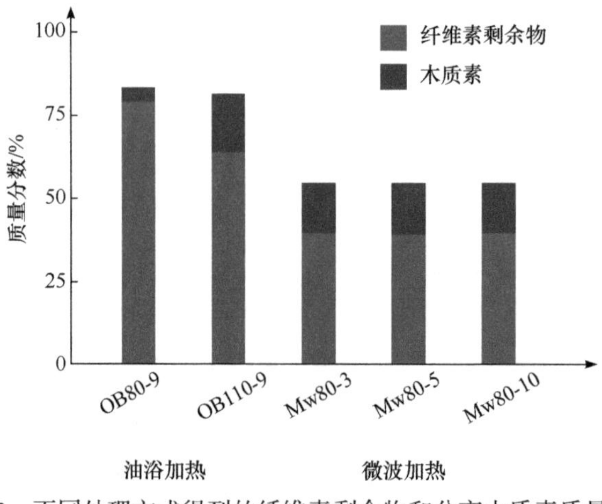

图 3.3　不同处理方式得到的纤维素剩余物和分离木质素质量分数

3.3.3　低共熔溶剂对 LCC 结构和木质素结构的作用

1. 磨木木质素二维核磁表征

为研究氯化胆碱/草酸低共熔溶剂对 LCC 结构的作用，采用碳氢相关二维核磁共振谱对磨木木质素进行表征。磨木木质素由于其分离条件相对温和，更接近于木质原料中的天然木质素结构，可以作为对照样来反映低共熔溶剂处理对 LCC 结构和木质素结构的影响。

结果如图 3.4 所示，在磨木木质素侧链区中，甲氧基(交叉信号为 MeO，δ_C/δ_H = 56.26 ppm/3.74 ppm，δ_C、δ_H分别对应图中f_1、f_2)和β-O-4 结构(A,α位置碳氢相关信号为δ_C/δ_H = 72.52 ppm/4.83 ppm)是最主要的结构。赤式和苏式紫丁香基形式的β-O-4 结构β位置的碳氢相关信号分别在δ_C/δ_H = 83.09 ppm/4.45 ppm 和 86.60 ppm/4.11 ppm。连接愈创木基或对羟苯基的β-O-4 结构β位置的碳氢相关信号位移到δ_C/δ_H = 80.11 ppm/4.41 ppm。β-O-4 结构γ位置的碳氢相关信号为δ_C/δ_H = 58.98～60.56 ppm/3.40～3.72 ppm。树脂醇结构的木质素在α、β和γ位置的碳氢相关结构则如图中 B 所示。苯基香豆满结构(C)则是由其α和β位置的碳氢相关信号(δ_C/δ_H = 87.48 ppm/5.44 ppm 和 53.62 ppm/3.47 ppm)确定。同时，也存在少量肉桂醇端部官能团(I)的相关结构信号。除上述木质素的主要信号外，少量苯基醚的交叉信号分布在δ_C/δ_H = 81.0 ppm/4.65 ppm，也检测到木质素-碳水化合物复合体中苯基酯结构中的木聚糖的β-D-吡喃木糖苷中的 2、3、4 和 5 位置的碳氢相关信号(X2、X3、X4 和 X5)。检测到的 3-O-乙酰基-β-D-吡喃木糖苷和 2-O-乙酰基-β-D-吡喃木糖苷(X33 和 X22)交叉信号，说明磨木木质素中存在典型的木聚糖。芳环区的交叉信号(δ_C/δ_H = 100～135 ppm/5.5～8.5 ppm)对应木质素的不同芳香环基础单元。在磨木木质素中，紫丁香型和愈创木型木质素单元的信号明显，见图 3.5。在δ_C/δ_H = 106.21 ppm/7.23 ppm 和 7.05 ppm 处对应α位置氧化的紫丁香型木质素单元 2、6 位置的碳氢的交叉信号，其他信号则归属于对羟基苯甲酸酯(PB)和肉桂醛端部官能团(J)。具体二维核磁信号归属和对应结构如图 3.6 和表 3.3 所示。

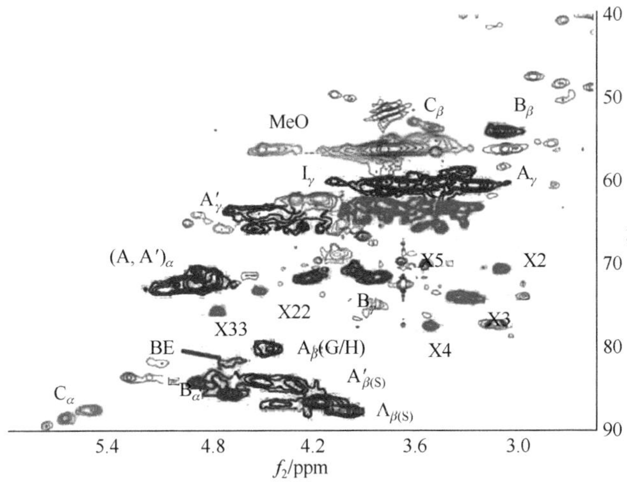

图 3.4　磨木木质素侧链区二维核磁碳氢相关信号

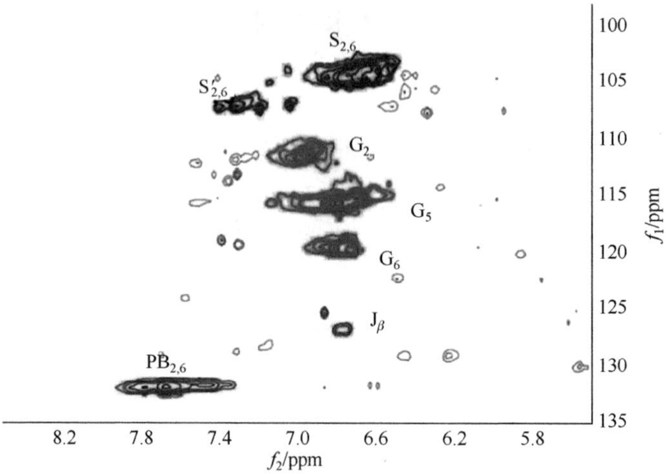

图 3.5　磨木木质素芳香区二维核磁碳氢相关信号

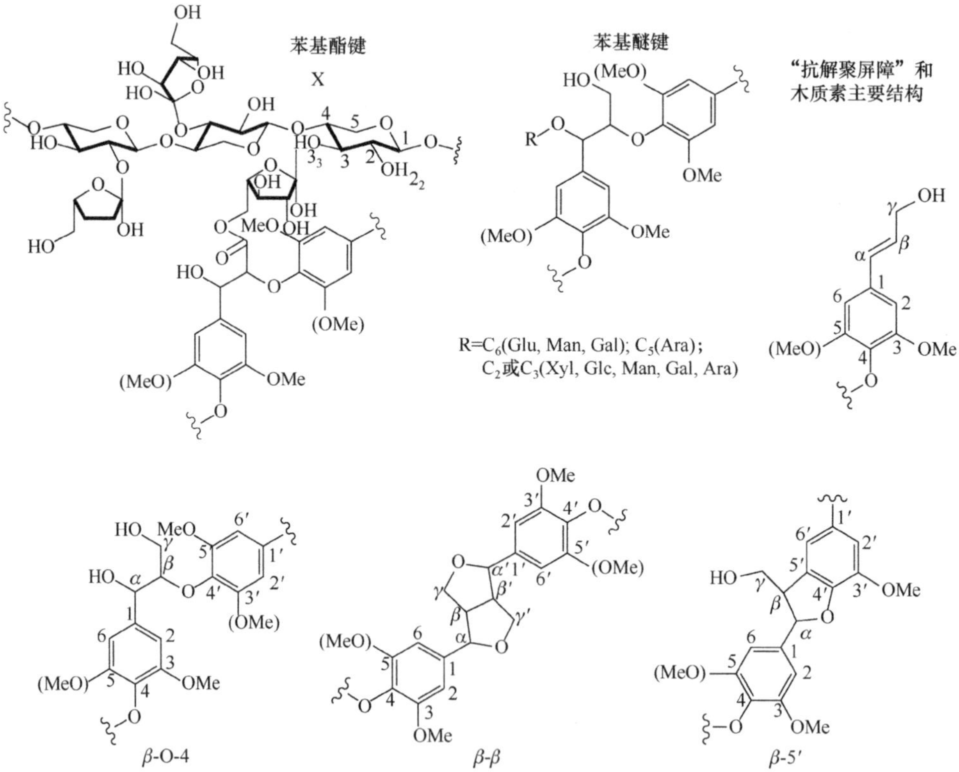

图 3.6　LCC 结构和木质素主要连接结构

表 3.3　木质素的碳氢相关二维核磁谱中的交叉信号归属

符号	δ_C/δ_H/ppm	归属
C_β	53.62/3.47	C_β—H_β 在苯基香豆满结构(C)
B_β	54.15/3.06	C_β—H_β 在树脂醇结构(B)
OMe	56.26/3.74	C—H 在甲氧基
A_γ	58.98～60.56/3.40～3.72	C_γ—H_γ 在 β-O-4′结构(A)
I_γ	62.20～62.26/4.13～4.25	C_γ—H_γ 在对羟基肉桂醇端基(I)
A'_γ	63.96/4.37～4.47	C_γ—H_γ 在 γ-酰化 β-O-4 结构(A_γ 和 A′)
B_γ	71.65/3.91 和 4.19	C_γ—H_γ 在树脂醇结构(B)
$(A, A')_\alpha$	72.52/4.83	C_α—H_α 在 β-O-4 结构(A)和 γ-酰化 β-O-4 结构(A′)
A_β(G/H)	80.11/4.41	C_β—H_β 在与 G 和 H 单元相连的 β-O-4 结构(A)
$A'_{\beta(S)}$	83.09/4.45	C_β—H_β 在与 S 单元相连的 γ-酰化 β-O-4 结构(A′)
B_α	85.55/4.67	C_α—H_α 在树脂醇结构(B)
$A_{\beta(S)}$	86.60/4.11	C_β—H_β 在与 S 单元相连的 β-O-4 结构(A)
C_α	87.48/5.44	C_α—H_α 在苯基香豆满结构(C)
X5	60.20/3.40 和 3.73	C_5—H_5 在 β-D-吡喃木糖苷
X2	70.55/3.06	C_2—H_2 在 β-D-吡喃木糖苷
X22	73.26/4.47	C_2—H_2 在 2-O-乙酰基-β-D-吡喃木糖苷
X3	74.14/3.28	C_3—H_3 在 β-D-吡喃木糖苷
X33	75.77/4.73	C_3—H_3 在 3-O-乙酰基-β-D-吡喃木糖苷
X4	77.42/3.48	C_4—H_4 在 β-D-吡喃木糖苷
BE	81.0/4.65	C_α—H_α 在苯基醚 LCC 结构
$S_{2,6}$	103.94/6.68	$C_{2,6}$—$H_{2,6}$ 在醚化紫丁香基单元(S)
$S'_{2,6}$	106.21/7.23 和 7.05	$C_{2,6}$—$H_{2,6}$ 在氧化的(C_α═O)紫丁香基单元(S′)
G_2	111.36/6.95	C_2—H_2 在愈创木基单元(G)
G_5	115.64/6.81	C_5—H_5 在愈创木基单元(G)
G_6	119.67/6.81	C_6—H_6 在愈创木基单元(G)
J_β	126.75/6.78	C_β—H_β 肉桂醛端基(J)
$PB_{2,6}$	131.84/7.69	$C_{2,6}$—$H_{2,6}$ 在对羟基苯甲酸酯结构(PB)

2. 油浴提取低共熔溶剂木质素二维核磁表征

相比于磨木木质素，在低共熔溶剂油浴提取木质素的侧链区(图 3.7)，多数木聚糖的β-D-吡喃木糖苷中的 2、3、4 和 5 位置的碳氢相关信号(X2, X3, X4 和 X5)消失不见。检测到的 3-O-乙酰基-β-D-吡喃木糖苷和 2-O-乙酰基-β-D-吡喃木糖苷(X_{33} 和 X_{22})交叉信号均消失，仅有少量 X5 信号存在，说明在氯化胆碱/草酸低共熔溶剂处理条件下，主要的木质素和木聚糖连接多数断裂，低共熔溶剂处理对木质原料解聚效果显著。然而在低共熔溶剂油浴提取木质素的芳环区(图 3.8)中，产生了一定的紫丁香基和愈创木基木质素缩合信号，说明处理过程中分离的木质素产生了一定的缩合。

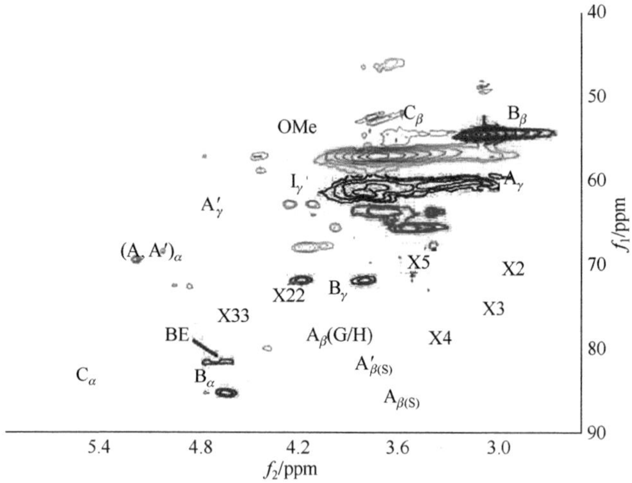

图 3.7　低共熔溶剂油浴 110℃提取的木质素侧链区二维核磁碳氢相关信号

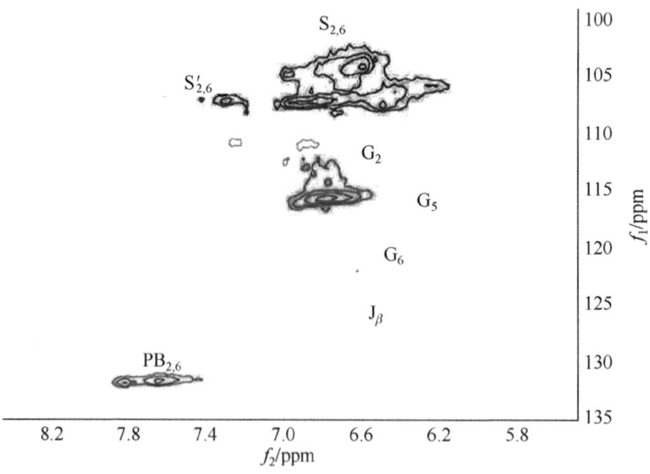

图 3.8　低共熔溶剂油浴 110℃提取的木质素芳环区二维核磁碳氢相关信号

3. 微波加热低共熔溶剂提取木质素二维核磁表征

在微波辅助低共熔溶剂提取木质素的侧链区信号(图 3.9)中，木质素的芳基醚键结构和所有的木聚糖的β-D-吡喃木糖苷中的 2、3、4 和 5 位置的碳氢相关信号(X2、X3、X4 和 X5)及检测到的 3-O-乙酰基-β-D-吡喃木糖苷和 2-O-乙酰基-β-D-吡喃木糖苷(X_{33} 和 X_{22})交叉信号均消失，说明在该处理条件下，主要的木质素结构和 LCC 化学键连接多数断裂，微波加热对低共熔溶剂处理对于木质原料结构的作用效果更明显。在低共熔溶剂微波提取木质素的芳环区(图 3.10)中，紫丁香基和愈创木基木质素缩合信号明显，说明在微波处理条件下，低共熔溶剂提取木质素的多数醚键和酯键均断裂，但缩合也较为严重。

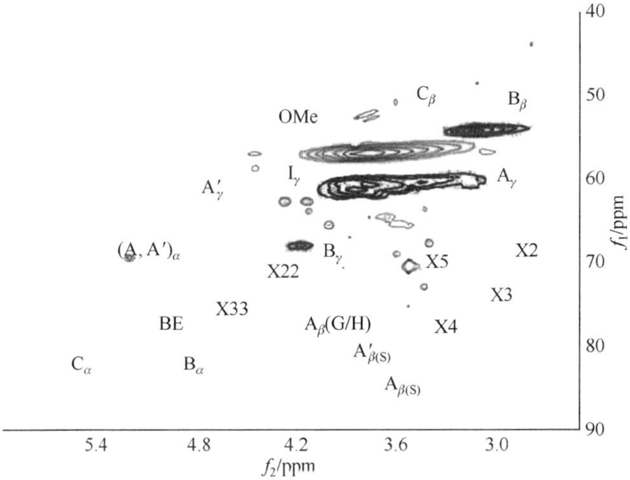

图 3.9　低共熔溶剂微波 80℃处理 3 min 提取的木质素侧链区二维核磁碳氢相关信号

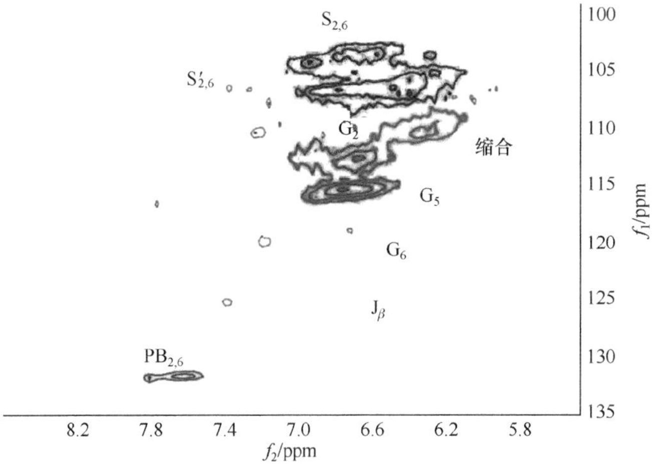

图 3.10　低共熔溶剂微波 80℃处理 3 min 提取的木质素芳环区二维核磁碳氢相关信号

4. 分离木质素的纯度及分子量

对低共熔溶剂处理分离出的木质素纯度进行测试，结果如图 3.11 所示。可以发现油浴处理和微波处理得到的木质素均具有较高的纯度，均大于 90%。进一步对其分子量进行测试(表 3.4)，发现低共熔溶剂处理分离的木质素具有较小的分散系数(M_w/M_n)，大约为 1.2，木质素的 M_w 也较小，约在 800～900 的范围内。

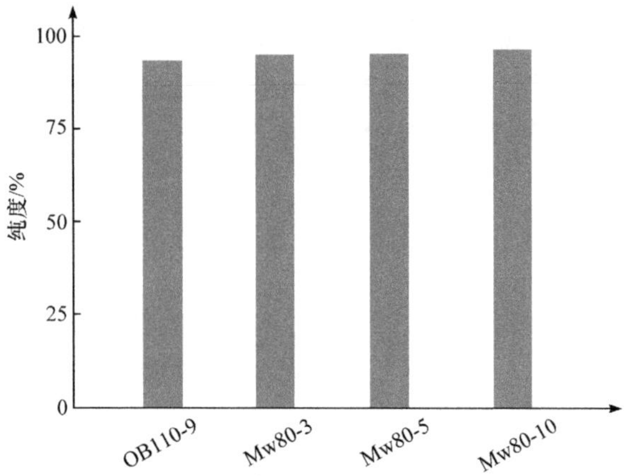

图 3.11　低共熔溶剂提取木质素的纯度

表 3.4　低共熔溶剂提取木质素分子量测试

	DESLOB110-9	DESLMw80-3	DESLMw80-5	DESLMw80-10
M_w	804	913	847	900
M_n	681	733	698	724
M_w/M_n	1.18	1.25	1.21	1.24

5. 分离木质素的官能团变化

低共熔溶剂提取木质素表面官能团变化采用傅里叶变换红外光谱分析，如图 3.12 所示。磨木木质素和低共熔溶剂提取木质素在 1589 cm^{-1}、1499 cm^{-1}、1453 cm^{-1} 和 1415 cm^{-1} 处的吸收峰为典型的芳香骨架振动峰(表 3.5)，说明两种木质素的核心结构类似。在 1728 cm^{-1} 和 1156 cm^{-1} 处吸收峰分别为非共轭羰基或羧基 C═O 中的伸缩振动峰和酯基中的 C—O 伸缩振动峰，在 1320 cm^{-1} 和 1135 cm^{-1} 处的吸收峰为 S 型木质素单元中 C—O 和 C—H 对应特征峰，在低共熔溶剂提取木质素时对应吸收峰信号减弱，说明微波提取木质素 LCC 化学键断裂且 S 型木质素单元减少。

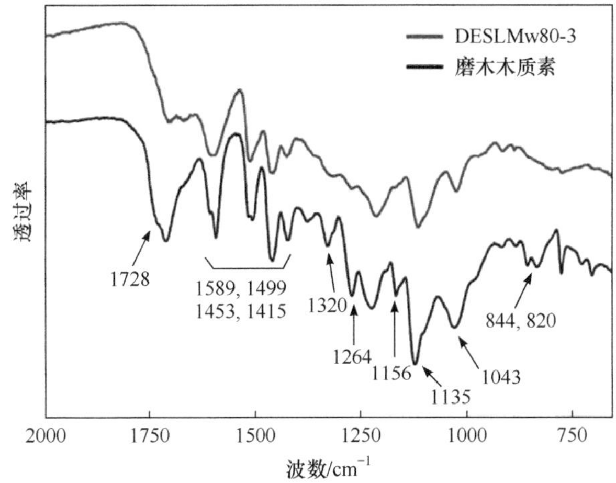

图 3.12　磨木木质素和微波低共熔溶剂提取木质素的傅里叶变换红外光谱图

表 3.5　傅里叶变换红外光谱图吸收峰的归属

波数/cm^{-1}	归属
1728	非共轭羰基或羧基的 C═O 伸缩振动
1589	芳香骨架振动
1499	芳香骨架振动
1453	芳香甲基振动
1415	芳香骨架振动
1320	紫丁香环吸收带 C—O 伸缩振动
1264	芳香环 C—O 伸缩振动
1156	酯基的 C—O 伸缩振动
1135	紫丁香型芳香环的 C—H 面内变形
1043	愈创木型芳香环的 C—H 面变形
844,820	芳香环 C—H 面外弯曲

6. 分离木质素的结构变化

采用热解气相色谱-质谱检测低共熔溶剂提取木质素内的 S 型木质素和 G 型木质素基本单元比例，通过对 S 型和 G 型木质素基本单元特征峰的积分相对峰面积来计算 S/G 比例，具体质谱谱图和对应的峰面积及归属见图 3.13、图 3.14 和表 3.6、表 3.7。磨木木质素 S/G 比例为 1.41，而微波处理 3 min 提取的木质素的 S/G 比例为 0.69。S 型木质素单元显著减少，可能是由于 S 型木质素单元缩合，或者是S型木质素单元脱甲氧基转化为G型木质素单元。

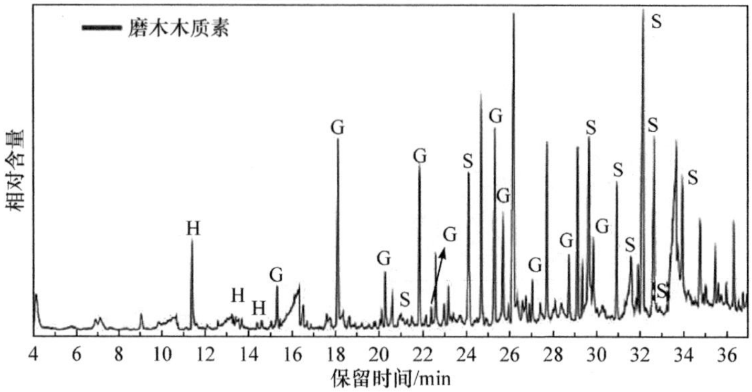

图 3.13　磨木木质素的热解气相色谱-质谱检测结果

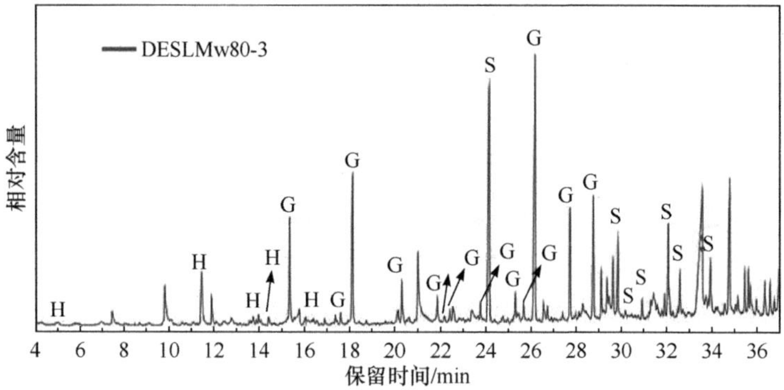

图 3.14　微波低共熔溶剂提取木质素的热解气相色谱-质谱检测结果

表 3.6　磨木木质素中确认产物的相对含量

序号	保留时间/min	成分	M_w	相对丰度/%	类型
1	11.39	苯酚	94	3.0	H
2	13.686	2-甲酚	108	0.3	H
3	14.381	4-甲酚	108	0.2	H
4	15.293	2-甲氧基苯酚	124	1.1	G
5	18.127	2-甲基-4-甲基苯酚	138	6.4	G
6	20.272	4-乙基-2-甲氧基苯酚	152	1.4	G
7	21.843	2-甲氧基-4-乙烯基苯酚	150	4.0	G
8	22.368	2-甲氧基-3-(2-丙烯基)苯酚	164	0.4	G

续表

序号	保留时间/min	成分	M_w	相对丰度/%	类型
9	24.108	2,6-二甲氧基苯酚	154	5.4	S
10	25.323	2-甲氧基-4-(1-丙烯基)苯酚	164	6.3	G
11	25.703	香兰素	152	3.2	G
12	27.039	2-甲氧基-4-丙基苯酚	166	1.2	G
13	28.731	高香草醇	168	2.3	G
14	29.667	2,6-二甲氧基-4-(2-丙烯基)苯酚	168	8.1	S
15	29.854	1-(4-羟基-3-甲氧基苯基)乙酮	166	2.6	G
16	30.942	2,4-二羟基-3-甲基丁基苯酚	194	3.5	S
17	31.323	2,6-二甲氧基-4-(2-丙烯基)苯酚	194	0.6	S
18	32.162	2,6-二甲氧基-4-(2-丙烯基)苯酚	194	14.2	S
19	32.658	4-羟基-3,5-二甲氧基苯甲醛	182	7.2	S
20	32.906	4-羟基-3,5-二甲氧基苯甲醛	182	0.4	S
21	33.951	1-(4-羟基-3,5-二甲氧基苯基)乙酮	196	4.2	S
		S/G		1.41	

表 3.7　微波低共熔溶剂提取木质素中确认产物的相对含量

序号	保留时间/min	成分	M_w	相对丰度/%	类型
1′	4.943	3-甲基苯酚	108	0.3	H
2′	11.420	苯酚	94	4.1	H
3′	13.704	2-甲基苯酚	108	0.4	H
4′	14.375	4-甲基苯酚	108	0.3	H
5′	15.293	2-甲氧基苯酚	124	5.8	G
6′	16.514	2,4-二甲基苯酚	122	0.2	H
7′	17.577	2-甲氧基-4-甲基苯酚	138	0.5	G
8′	18.103	2-甲氧基-4-甲基苯酚	138	7.3	G
9′	20.266	4-乙基-2-甲基苯酚	152	1.9	G
10′	21.807	2-甲氧基-4-乙烯基苯酚	150	1.3	G

续表

序号	保留时间/min	成分	M_w	相对丰度/%	类型
11′	22.362	2-甲氧基-4-丙基苯酚	166	0.7	G
12′	23.716	4-羟基-3-甲氧基苯甲酸	168	0.7	G
13′	24.133	2,6-二甲氧基苯酚	154	13.5	S
14′	25.269	2-甲氧基-4-(1-丙烯基)苯酚	164	1.4	G
15′	25.649	香兰素	152	1.3	G
16′	26.157	4-羟基-3-甲氧基苯甲酸	168	16.6	G
17′	27.957	4-羟基-3-甲氧基苯甲酸甲酯	182	0.4	G
18′	28.725	1-(4-羟基-3-甲氧基苯基)-2-丙酮	180	5.7	G
19′	29.824	2,4-二羟基-3-甲氧基苯乙酮	182	3.8	S
20′	30.151	2,4-二羟基-3-甲基丁基苯酚	194	0.4	S
21′	30.906	2,6-二甲氧基-4-(2-丙烯基)苯酚	194	0.9	S
22′	32.048	2,6-二甲氧基-4-(2-丙烯基)苯酚	194	5.3	S
23′	32.561	4-羟基-3,5-二甲氧基苯甲醛	182	2.2	S
24′	33.897	1-(4-羟基-3,5-二甲氧基苯基)乙酮	196	4.0	S
		S/G		0.69	

3.4 分离产物的转化利用基础

3.4.1 微波低共熔溶剂提取木质素的自组装特性

如图 3.15 所示，当乙醇含量为 90%，仅有少量木质素形成球状，说明水的添加促进了木质素球的形成，但是多数木质素还溶解在乙醇中，所以混合液颜色较深，部分木质素处在成球的中间态。随着水添加量的增加，当乙醇含量降到 70%时，已经有大量的木质素微球形成(图 3.16)，混合液的颜色也变浅，但是仍可以观察到有无定形物质覆盖在木质素微球上。进一步提升水的添加量，即乙醇含量为 50%时，可以看出所有的木质素均形成实心或空心的微球(图 3.17)，尺寸在 200～500 nm 之间，混合液的颜色也变浅，说明在乙醇和水共溶剂作用下，绝大多数木质素形成了稳定的微球。

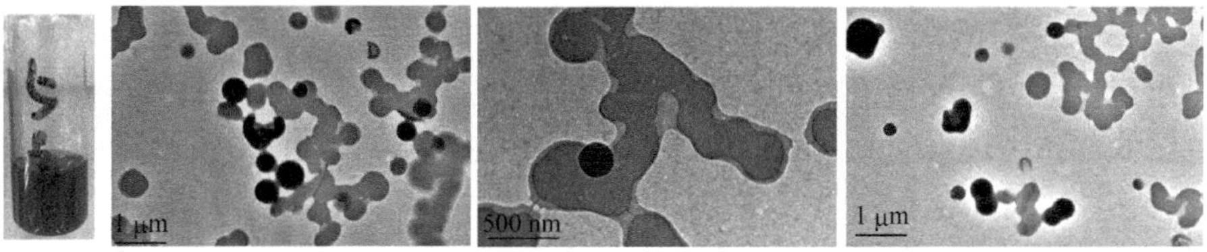

图 3.15　乙醇含量为 90%时形成的木质素结构

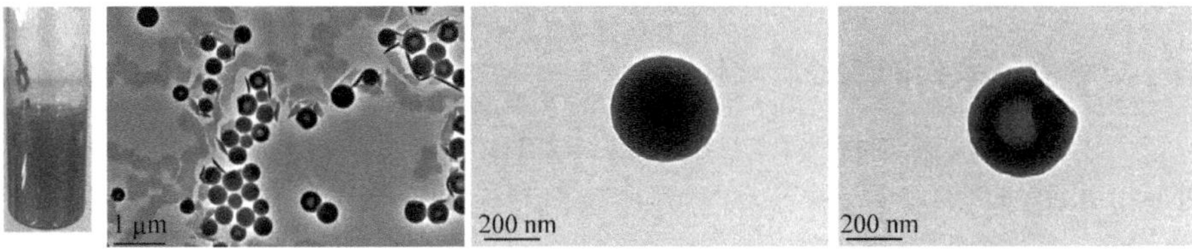

图 3.16　乙醇含量为 70%时形成的木质素结构

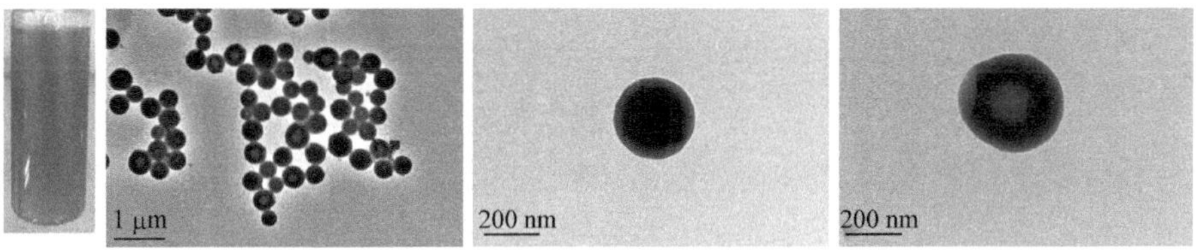

图 3.17　乙醇含量为 50%时形成的木质素结构

乙醇和水共溶剂作用下木质素微球的形成机理推测如图 3.18 所示。具体为随着水的添加，木质素在乙醇中的溶解度下降，木质素以各自的生长中心形成不同

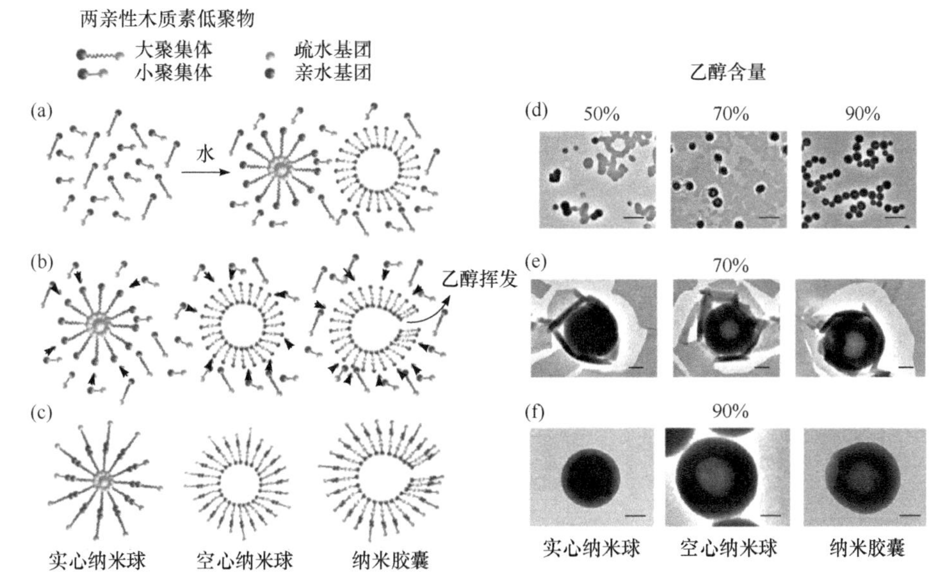

图 3.18　木质素微球的形成机理：(a～c)实心球和空心球的形成；(d～f)对应的透射电镜照片

的结构。低共熔溶剂提取木质素可以归类为同时具有亲水基团和疏水基团的大小两种聚集体，大的聚集体由于亲疏水关系，形成实心的球状结构；小的聚集体则形成空心球状结构。随着溶剂的调控，木质素聚集体分别向两种生长中心聚集，微球结构变大，然而在生长过程中，部分空心球内部的乙醇挥发可能导致开口空心球的形成。因此，在溶剂作用下，低共熔溶剂提取木质素内大小聚集体形成不同结构的微球。

3.4.2　纤维素剩余物的纳米纤丝化

除了对低共熔溶剂提取的木质素进行利用以外，获得纤维素剩余物的产率和纯度也都很高，具有转化为纳米纤维素的良好基础和应用前景。通过 X 射线衍射发现处理后的纤维素仍保持为 I 型纤维素结构(图 3.19)，相对结晶度为 75%(图 3.20)。处理后的纤维素的聚合度(DP)值从原始值 1288 降到了 285(图 3.21)，

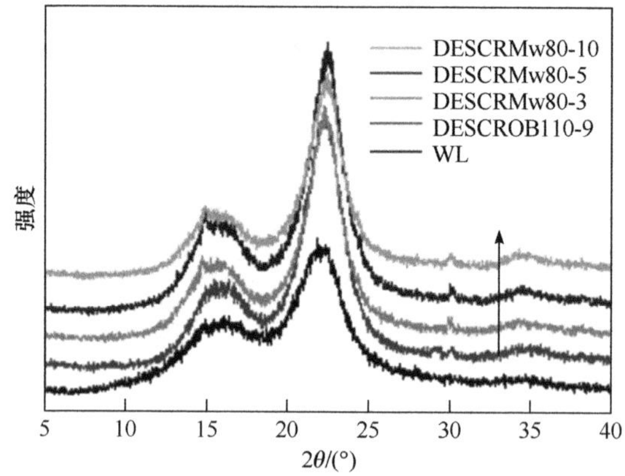

图 3.19　纤维素剩余物的 X 射线衍射曲线

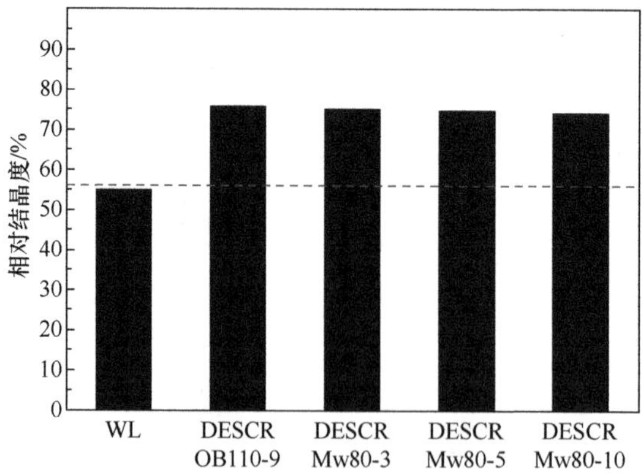

图 3.20　纤维素剩余物的相对结晶度

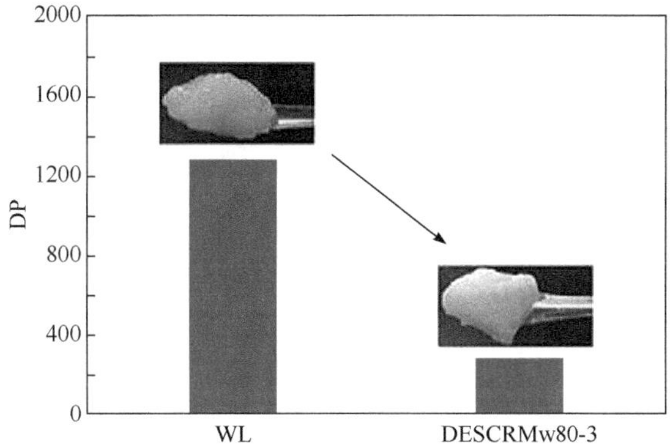

图 3.21　纤维素剩余物的聚合度

下降明显。经过简单的超声处理后，溶液就呈现明显的混悬特征，说明纳米纤丝化程度较好。分析原因可能是微波处理过程纯化了纤维素，降低了纤维素间的氢键作用，半纤维素组分和部分纤维素非结晶区被降解，纤维素分子链间的相互作用力减弱，经过简单的机械处理便可实现纤丝化。通过透射电镜观察发现得到了直径均匀纳米纤维素，如图 3.22 所示，直径分布在 8～14 nm 之间。

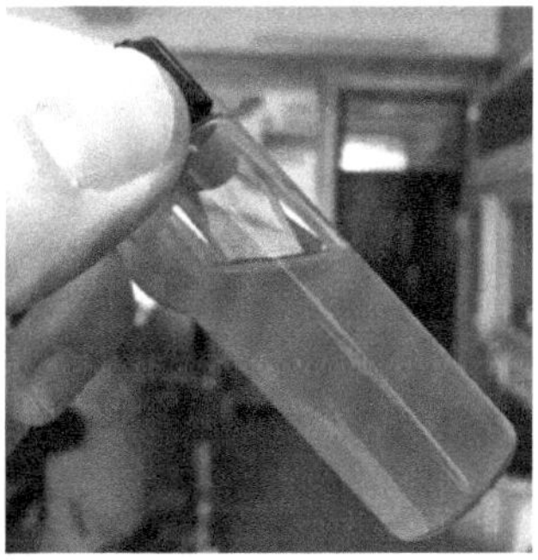

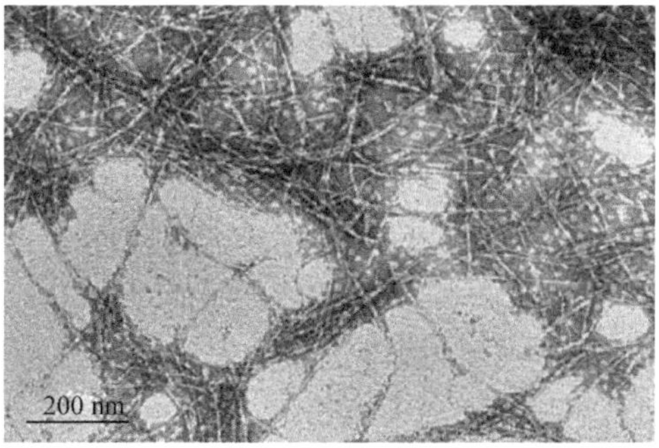

图 3.22　纤维素剩余物经过超声处理后制得的纳米纤维素数码照片和对应透射电镜照片

3.4.3　低共熔溶剂中糖组分分析

除去木质素和纤维素部分后，将剩余溶液真空蒸馏，并通过高效阴离子交换色谱法进行定量分析。检测得知溶解在低共熔溶剂中的产物主要有理论值 22.3%的葡萄糖和 34.8%的木糖，检测到的羟甲基糠醛(HMF)含量为 1.07%(表 3.8)。

表 3.8　低共熔溶剂中提取的糖类与从木质原料中提取的糖类比较

	葡萄糖	木糖	鼠李糖	半乳糖	阿拉伯糖	HMF
原料/%	22.7	22	0.3	0.6	0.3	—
低共熔溶剂提取/%	5.06	6.96	0.093	0.009	—	1.07

从含有丰富糖类的剩余废液的再利用角度来看，不需要从废液中分离现有的糖类，通过简单的水热处理即可将其直接转化为碳材料而加以利用，如图 3.23 所示。

图 3.23　由水热处理剩余溶液得到的碳材料 SEM 图

3.4.4　低共熔溶剂回收再利用

低共熔溶剂可以通过蒸馏的方法轻松回收。回收低共熔溶剂的 ^{1}H NMR 谱图(图 3.24)与原始低共熔溶剂的 ^{1}H NMR 谱图基本相同。当使用回收的低共熔溶剂再次预处理木质原料时，可提取到 12.8%的木质素(占原料中木质素总含量的 66.3%)和 46.3%的纤维素剩余物，这说明回收的低共熔溶剂对于生物质高效炼制仍然具有很好的效果。

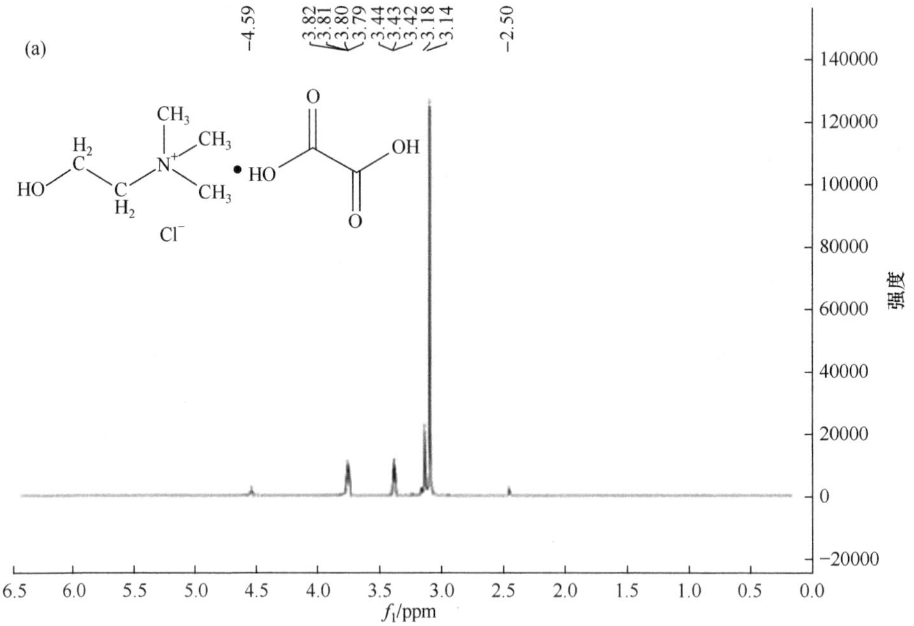

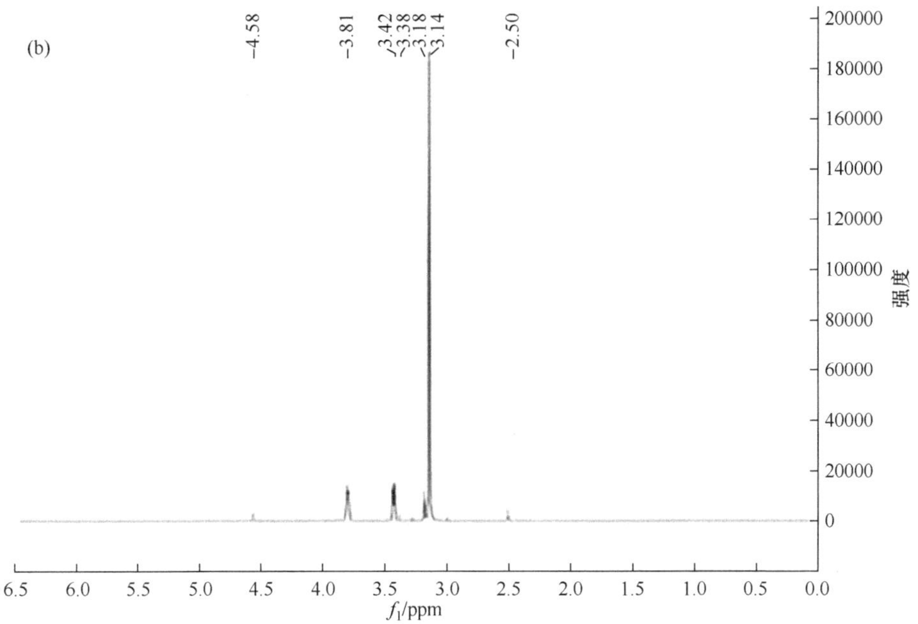

图 3.24　(a)原始低共熔溶剂和(b)回收低共熔溶剂的氢谱对比

3.5　本章总结

微波加热氯化胆碱/草酸低共熔溶剂能够超快速地破坏木质原料的 LCC 结构和木质素中的芳基醚键。在微波加热作用下，80℃仅 3 min 就能实现木质原料的高效解聚并分离得到木质素和纤维素剩余物。低共熔溶剂提取的木质素中的β-O-4 结构均断裂且具有缩合特性。木质素的纯度高，分子量小(913)且分散系数低(1.25)，可简单通过乙醇溶剂调控制备木质素微球或囊泡。纤维素组分经过简单超声处理展现出良好的制备纳米纤维素的潜力。半纤维素和部分纤维素组分水解转化为 22.3%的葡萄糖、34.8%的木糖和衍生的羟甲基糠醛化学品。

参考文献

[1] Sanderson K. Lignocellulose: a chewy problem[J]. Nature, 2011, 474: S12-S14.

[2] Ragauskas A J, Williams C K, Davison B H, et al. The path forward for biofuels and biomaterials[J]. Science, 2006, 311(5760): 484-489.

[3] Xia Q, Chen Z, Shao Y, et al. Direct hydrodeoxygenation of raw woody biomass into liquid alkanes[J]. Nature Communications, 2016, 7: 11162.

[4] Li C, Zheng M, Wang A, et al. One-pot catalytic hydrocracking of raw woody biomass into

chemicals over supported carbide catalysts: simultaneous conversion of cellulose, hemicellulose and lignin[J]. Energy & Environmental Science, 2012, 5(4): 6383- 6390.

[5] Rinaldi R, Jastrzebski R, Clough M T, et al. Paving the way for lignin valorisation: recent advances in bioengineering, biorefining and catalysis[J]. Angewandte Chemie International Edition, 2016, 55(29): 8164-8215.

[6] Himmel M E, Ding S Y, Johnson D K, et al. Biomass recalcitrance: engineering plants and enzymes for biofuels production[J]. Science, 2007, 315(5813): 804-807.

[7] DeMartini J D, Pattathil S, Miller J S, et al. Application of monoclonal antibodies to investigate plant cell wall deconstruction for biofuels production[J]. Energy & Environmental Science, 2011, 4(10): 4332-4339.

[8] Iiyama K, Lam T B T, Stone B A. Covalent cross-links in the cell wall[J]. Plant Physiology, 1994, 104(2): 315-320.

[9] Balakshin M, Capanema E, Gracz H, et al. Quantification of lignin-carbohydrate linkages with high-resolution NMR spectroscopy[J]. Planta, 2011, 233: 1097-1110.

[10] Jin F, Enomoto H. Rapid and highly selective conversion of biomass into value-added products in hydrothermal conditions: chemistry of acid/base-catalysed and oxidation reactions[J]. Energy & Environmental Science, 2011, 4(2): 382-397.

[11] Cheng G, Zhang X, Simmons B, et al. Theory, practice and prospects of X-ray and neutron scattering for lignocellulosic biomass characterization: towards understanding biomass pretreatment[J]. Energy & Environmental Science, 2015, 8(2): 436-455.

[12] King A J, Cragg S M, Li Y, et al. Molecular insight into lignocellulose digestion by a marine isopod in the absence of gut microbes[J]. Proceedings of the National Academy of Sciences of the United States of America, 2010, 107(12): 5345-5350.

[13] Chundawat S P, Donohoe B S, da Costa Sousa L, et al. Multi-scale visualization and characterization of lignocellulosic plant cell wall deconstruction during thermochemical pretreatment[J]. Energy & Environmental Science, 2011, 4(3): 973-984.

[14] Bozell J J, Black S K, Myers M, et al. Solvent fractionation of renewable woody feedstocks: organosolv generation of biorefinery process streams for the production of biobased chemicals[J]. Biomass Bioenergy, 2011, 35(10): 4197-4208.

[15] Brandt A, Grasvik J, Hallett J P, et al. Deconstruction of lignocellulosic biomass with ionic liquids[J]. Green Chemistry, 2013, 15(3): 550-583.

[16] Clark J H. Chemistry goes green[J]. Nature Chemistry, 2009, 1: 12-13.

[17] Lau M W, Bals B D, Chundawat S P, et al. A novel integrated biological process for cellulosic ethanol production featuring high ethanol productivity, enzyme recycling and yeast cells reuse[J]. Energy & Environmental Science, 2012, 5(5): 7100-7110.

[18] Li Y, Liu Y, Chen W, et al. Facile extraction of cellulose nanocrystals from wood using ethanol and peroxide solvothermal pretreatment followed by ultrasonic nanofibrillation[J]. Green Chemistry, 2016, 18(4): 1010-1018.

[19] Zhang Z, Harrison M D, Rackemann D W, et al. Organosolv pretreatment of plant biomass for enhanced enzymatic saccharification[J]. Green Chemistry, 2016, 18(2): 360-381.

[20] Tadesse H, Luque R. Advances on biomass pretreatment using ionic liquids: an overview[J]. Energy & Environmental Science, 2011, 4(10): 3913-3929.

第 4 章　三组分低共熔溶剂中生物质组分解离

4.1　背 景 概 述

氯化胆碱/草酸低共熔溶剂、氯化胆碱/乳酸低共熔溶剂在处理木质纤维时具有较强的木质素提取能力[1-6]，然而并不是所有的低共熔溶剂都能高效预处理木质纤维资源，如丙三醇类低共熔溶剂就被报道过不十分有效[4]。丙三醇是生物柴油工业产生的主要副产品，由于其价格低廉、制备简单、无毒、可生物降解、环境友好、与许多物质相容性良好等优点，被作为绿色化学的可持续溶剂[7,8]。值得注意的是，丙三醇作为合成醇类低共熔溶剂的廉价起始材料和氢键供体组分，已经被制备成易于获得、可生物降解和廉价的非质子阴阳离子配对离子液体的替代品[9]。此外，丙三醇类低共熔溶剂也表现出良好的流动性和高的热稳定性，对金属薄膜的电化学沉积和活性化学组分的提取都有很好的效果。但是丙三醇类低共熔溶剂难以打破生物质的抗解聚屏障，分离生物质组分的效率较差(木质素溶解率仅 4.4%)[4]，丙三醇类低共熔溶剂体系间的相互关系及其对木质纤维分离转化的物理化学构效机理尚不清楚。因此，针对以上问题，不能只停留在探索优化工艺技术上，必须深入研究溶剂本身的内在结构及其相互作用对细胞壁超分子构效的影响，才能探索出解离木质纤维的良好溶剂，寻找到高效分离木质纤维组分的科学方法。

本章围绕木质纤维资源的绿色高效解离，针对不良溶剂氯化胆碱/丙三醇低共熔溶剂的提质增效和木质素的解聚问题，提出了酸性多位点受氢的理论思路，设计了三组分低共熔溶剂，有效打破生物质 LCC 结构并高效解聚木质素，并基于模拟计算的结果在分子水平解析了三组分低共熔溶剂间的相互作用及其解离机理。

4.2　材料和方法

4.2.1　醚键解离能及氢键强度的理论计算方法

1. 木质素β-O-4 键解离能及其分子间氢键强度的计算

键解离能是衡量键强度最客观的量，也是影响自由基反应化学活性的重要参数。假设木质素β-O-4 断裂方式为均裂，通过计算整体焓变和断裂后片段的焓变来计算木质素β-O-4 键的解离能。采用密度泛函理论中 M06-2X 方法，在 6-31+G**基组水平下对木质素二聚体结构进行优化。在 6-311++G**基组水平下对均裂木质素单体进行单点能、频率计算，分别得出二聚体和均裂单体的焓变值。在 M06-2X/6-31+G**水平下对木质素二聚体进行优化，利用 Gaussian View 测量分子间的键长和键角，利用 Multiwfn 软件计算木质素二聚体中氢键临界点、拓扑路径以及氢键强度。

2. 氯化胆碱/丙三醇低共熔溶剂的氢键强度计算

在 M06-2X/6-31G*水平下，对氯化胆碱/丙三醇低共熔溶剂进行预优化，在 M06-2X/6-31+G**水平下对预优化的氯化胆碱/丙三醇低共熔溶剂进一步优化，直至得到氯化胆碱/丙三醇低共熔溶剂的最优几何构型。利用分子中的原子(atoms in molecules, AIM)理论对氯化胆碱/丙三醇低共熔溶剂的电子密度进行分析，在 Multiwfn 软件中计算氯化胆碱/丙三醇低共熔溶剂中的氢键临界点、拓扑路径以及氢键强度。

4.2.2　三组分低共熔溶剂预处理木质纤维

以 60 目杨木木粉为实验原料，在 103℃的烘箱中干燥后，利用合成的三组分低共熔溶剂对其进行预处理。称取 1 g 木粉加入 15 g 三组分低共熔溶剂，搅拌样品使混合均匀，并分别在 110℃、120℃和 130℃的油浴条件下，反应 1～5 h。反应后样品冷却至室温，加入丙酮和水的混合溶剂(7∶3，体积比)，室温下磁力搅拌 5 h。利用砂芯漏斗对混合液进行过滤，并用 50 mL 丙酮/水溶液对样品冲洗三次，以利于木质素充分溶解在丙酮/水溶液中，也能充分除去固体表面残留的溶剂。将滤出的未被溶解的纤维素剩余物放置在 80℃烘箱中干燥。将所得滤液倒入圆底烧瓶，利用旋转蒸发仪在 60℃下将丙酮完全蒸发，加入 200 mL 水作为反溶剂将木质素沉淀出来，利用砂芯漏斗过滤，将沉淀的木质素回收。

4.3　醚键解离能及氢键强度计算结果分析

木质纤维的多尺度结构和复杂的组分构效关系为木质纤维功能性应用带来了巨大的挑战。在结构上，木质素紧密包裹着纤维素和半纤维素，形成了木质纤维“抗解聚屏障”的主要因素。因此，对木质纤维进行预处理，去除外侧的木质素保护层，能有效地加快木质纤维的解聚效果，增加纤维素的可及度，从而有利于对各组分的分离提纯和高值化利用。深入探索木质素与低共熔溶剂之间的相互作用关系，对设计高效解离木质纤维的良好溶剂具有重要指导作用。木质素具有复杂的结构，是一种非晶性的、三维网状的芳香环高分子聚合物。木质素结构单元主要通过碳-碳键

(β-β、β-5 等)和醚键(β-O-4、α-O-4 和γ-O-4 等)连接，其中，醚键约占 2/3～3/4，而β-O-4 连接通常占醚键连接方式的 60%或以上[10-12]。

本章选择了具有β-O-4 典型连接方式的木质素二聚体[13]苯乙基苯基醚(phenethyl phenyl ether)作为模型物。在 M06-2X/6-31+G**水平下，对木质素二聚体结构进行优化，在 6-311++G**基组水平下，对醚键发生断裂产生 C—O 和 C—C 的解离能进行理论计算和分析[图 4.1(a)]。结果发现，木质素β-O-4 键发生均裂时 C—C 和 C—O 的解离能分别是 76.22 kcal/mol①和 62.25 kcal/mol。

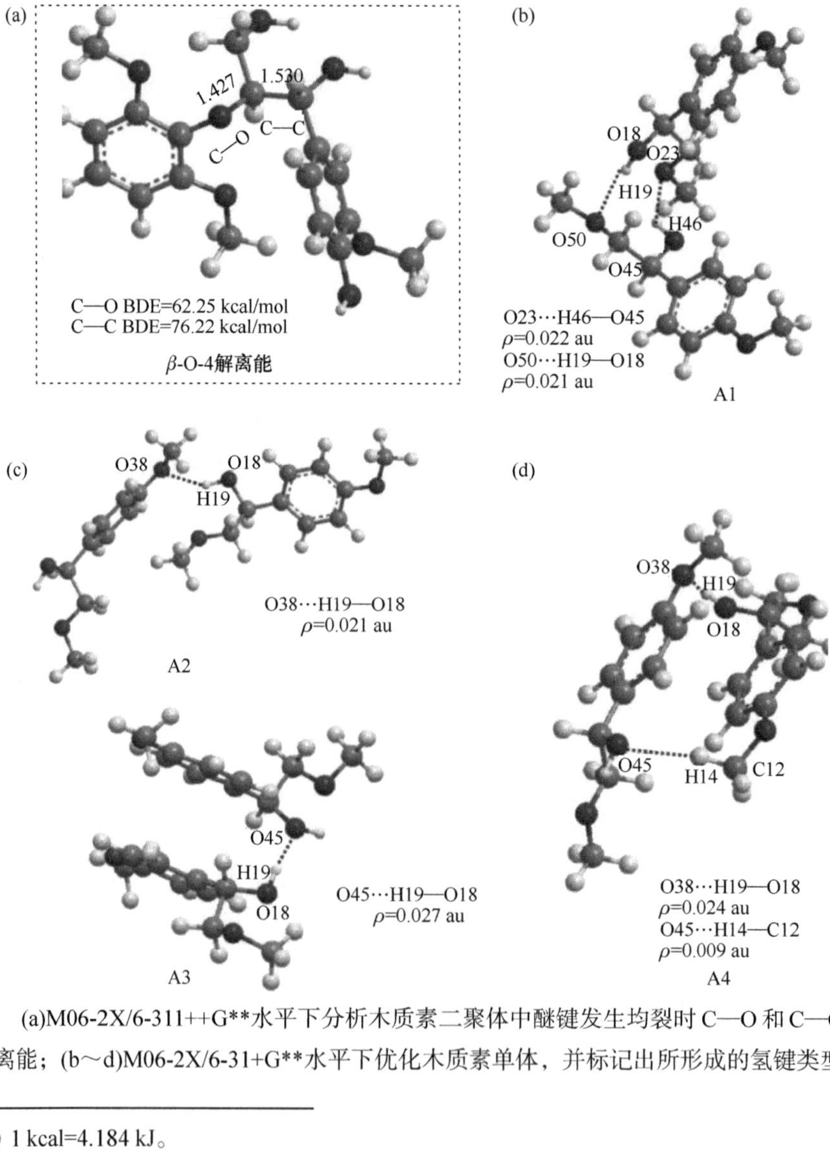

图 4.1 (a)M06-2X/6-311++G**水平下分析木质素二聚体中醚键发生均裂时 C—O 和 C—C 键解离能；(b～d)M06-2X/6-31+G**水平下优化木质素单体，并标记出所形成的氢键类型

① 1 kcal=4.184 kJ。

此外，木质素结构单元中的羟基可形成分子间的氢键，在 AIM 分析方法中，存在氢键的判断标准包括：具有键临界点，电子密度(ρ)范围为 0.002～0.035 au，拉普拉斯电子密度($\nabla^2\rho$)范围为 0.024～0.139 au[14]。如图 4.1 所示，在 M06-2X/6-31+G**水平下对木质素单体优化，发现木质素间有四种不同的氢键连接位点，均以 OH…O 的分子间氢键类型存在，氢键电子密度基本集中在 0.022 au 左右，在 A4 构象中还存在弱的范德华力(O45…H14—C12)。通过以上结果发现，木质素结构中同时存在着弱的氢键作用和强的共价键(醚键)连接，因此设计合适的溶剂靶向攻击木质素结构中的醚键和氢键连接位点有利于生物质结构的有效解离。

由氢键供体和氢键受体所形成的氯化胆碱/丙三醇低共熔溶剂中存在着较多氢键作用，通过理论计算分析氯化胆碱/丙三醇低共熔溶剂的氢键位点及强度，并与木质素结构中存在的键连方式进行对比，进一步说明氯化胆碱/丙三醇低共熔溶剂溶解木质素无效的原因。图 4.2 所示为氯化胆碱/丙三醇低共熔溶剂的氢键拓扑结构，可以清晰地观察到氯化胆碱/丙三醇低共熔溶剂组分中氢键供体和受体之间形成了多个键径和键临界点，尤其是丙三醇与 Cl^-形成的键径比较多，说明氯化胆碱/丙三醇低共熔溶剂中主要存在着 Cl^-与丙三醇羟基之间形成的氢键作用(OH…Cl)。

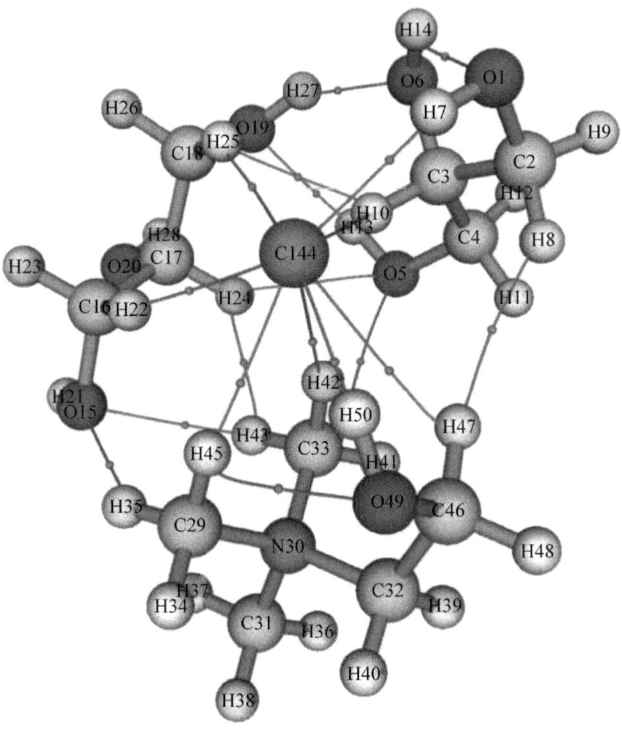

图 4.2　氯化胆碱/丙三醇相互作用的拓扑图

将氯化胆碱/丙三醇的键临界点中符合氢键要求的ρ和$\nabla^2\rho$的值提取出来(表 4.1)，发现氯化胆碱/丙三醇低共熔溶剂中存在着较弱的氢键作用，丙三醇中的羟基氢与Cl^-形成阴离子氢键(Cl···H—C)，丙三醇中的羟基氧与Ch^+阳离子中的甲基氢形成阳离子氢键(O···H—C)，阴离子氢键的数目较阳离子氢键数目多。与木质素结构中的氢键密度值进行具体比较后发现，氯化胆碱/丙三醇中的氢键要弱于木质素结构中的氢键，说明氯化胆碱/丙三醇低共熔溶剂中的氢键吸引力不足以竞争木质素结构中的羟基，这也是对木质素解聚效果差的主要原因。另外值得注意的是，木质素结构中存在的β-O-4 解离能在 62.25～76.22 kcal/mol 之间。因此，要有效地分离木质素，不能只靠溶剂对木质纤维的氢键竞争能力，还需要添加活性酸位点，去攻击对酸敏感的醚键，这样才能提高木质纤维的解离效率。

表 4.1 在 M06-2X/6-31+G水平下对比氯化胆碱/丙三醇低共熔溶剂和木质素-木质素单体间键临界点的电子密度和拉普拉斯电子密度**

成分		相互作用	ρ(0.002～0.035)/au	$\nabla^2\rho$ (0.024～0.139)/au
Ch^+···丙三醇···Cl^-		Cl44···H22−C16	0.008	0.0237
		Cl44···H25−C18	0.005	0.0141
		Cl44···H7−O1	0.021	0.0560
		Cl44···H10−C3	0.012	0.0397
		O15···H35−C29	0.014	0.0473
		O15···H43−C33	0.013	0.0421
木质素···木质素	A1	O23···H46−O45	0.022	0.0680
		O50···H19−O18	0.021	0.0671
	A2	O38···H19−O18	0.021	0.0694
	A3	O45···H19−O18	0.027	0.0884
	A4	O45···H14−C12	0.009	0.0291
		O38···H19−O18	0.024	0.0737

4.4 三组分低共熔溶剂性质及对生物质的解构效率

4.4.1 合成低共熔溶剂的组分选择

依据氯化胆碱/丙三醇低共熔溶剂分离木质素无效的原因，选择金属氯化盐作为氯化胆碱/丙三醇低共熔溶剂的改性剂，一方面可以引入 Cl^-增加溶剂的氢键接受能力，从而促进溶剂对木质纤维的氢键竞争力；另一方面金属氯化盐中所具有的 Lewis 酸性，可以增加溶剂本身的酸性强度。

首先选择了 8 种常见且价格低廉的金属氯化盐作为合成低共熔溶剂的新组分，分别与氯化胆碱/丙三醇低共熔溶剂相混合，在 100℃下加热搅拌，并观察加热过程中以及静置室温下溶剂的状态变化情况。如图 4.3 所示，与氯化胆碱/丙三醇低共熔溶剂形成均匀液体的有 $FeCl_3$、$MgCl_2 \cdot 6H_2O$、$AlCl_3 \cdot 6H_2O$ 和 LiCl。在加热条件下 $ZnCl_2$ 能与氯化胆碱/丙三醇形成均匀液体，但是静置到室温后溶剂出现重结晶现象，说明形成的结构不是很稳定。而 KCl、$CaCl_2$ 和 NaCl 即使在加热条件下也不能与氯化胆碱/丙三醇形成均匀溶液。这可能是因为 K^+、Ca^{2+}、Na^+对氯离子吸引力强且结构稳定，很难与氯化胆碱和丙三醇形成稳定的相互作用。

图 4.3　在氯化胆碱/丙三醇中加入金属氯化盐合成低共熔溶剂的照片

为了更好地合成解离效果优良的溶剂，对上述形成均相的低共熔溶剂进行综合比较，比较内容包括 Lewis 酸强度、Kamlet-Taft 溶剂化显色参数和木质素的分离效果。结果如表 4.2 所示，$AlCl_3 \cdot 6H_2O$ 具有最高的 Lewis 酸强度(2.4401)、最高的氢键酸性(α=1.96)以及最佳的木质素分离效率(18.27%)。因此，选择 $AlCl_3 \cdot 6H_2O$ 作为配比组分与氯化胆碱/丙三醇合成三组分低共熔溶剂(3c-DESs)，用以高效率解离木质纤维并分离其组分。

表 4.2　不同金属氯化物的 Lewis 酸强度及与氯化胆碱/丙三醇混合后溶剂的 Kamlet-Taft 溶剂化显色参数、分离木质素的效率

金属氯化盐	状态	Lewis 酸强度[15]	Kamlet-Taft 参数			分离木质素的效率/%
			α	β	π^*	
LiCl	液态	−1.0262	0.99	0.63	1.13	2.02
$MgCl_2 \cdot 6H_2O$	液态	−0.5429	0.96	0.73	1.17	4.10
$FeCl_3$	液态	1.4993	—	—	—	11.44
$AlCl_3 \cdot 6H_2O$	液态	2.4401	1.96	0.66	1.13	18.27

4.4.2 三组分低共熔溶剂的配比

加入具有 Lewis 酸性和多 Cl^-位点的 $AlCl_3 \cdot 6H_2O$，希望达到对氯化胆碱/丙三醇提质增效的目标。首先固定了氯化胆碱/丙三醇的物质的量比为 1∶2，调控加入到氯化胆碱/丙三醇低共熔溶剂中的 $AlCl_3 \cdot 6H_2O$ 的物质的量比。表 4.3 列出了 3c-DESs 组分的物质的量比并规定了相应物质的量比溶剂的命名。其中，氯化胆碱∶丙三醇∶$AlCl_3 \cdot 6H_2O$ 物质的量比例范围为 1∶2∶0.10～1∶2∶0.33。

表 4.3 不同配比组分的三组分低共熔溶剂

成分	物质的量比	溶剂命名
氯化胆碱∶丙三醇	1∶2	氯化胆碱/丙三醇
氯化胆碱∶丙三醇∶$AlCl_3 \cdot 6H_2O$	1∶2∶0.10	3c-DES-1
	1∶2∶0.13	3c-DES-2
	1∶2∶0.20	3c-DES-3
	1∶2∶0.28	3c-DES-4
	1∶2∶0.33	3c-DES-5

4.4.3 三组分低共熔溶剂的化学官能团

图 4.4 显示了氯化胆碱/丙三醇及不同三组分低共熔溶剂的傅里叶变换红外光谱和拉曼光谱。如图 4.4(a)所示，3200～3300 cm^{-1} 区域对应氯化胆碱/丙三醇低共熔溶剂的羟基伸缩振动[16]，随着 $AlCl_3 \cdot 6H_2O$ 的增加，氯化胆碱/丙三醇分子间和分子内氢键作用力逐渐衰减。在 1700 cm^{-1} 处出现的新峰代表 Al—H 的伸缩振动，该峰信号强度随着 $AlCl_3 \cdot 6H_2O$ 含量的增加而逐渐增大。拉曼光谱进一步显示了三

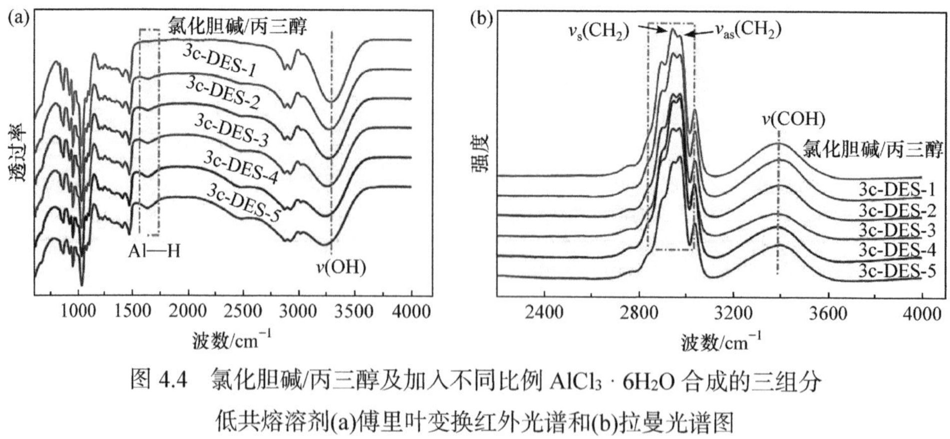

图 4.4 氯化胆碱/丙三醇及加入不同比例 $AlCl_3 \cdot 6H_2O$ 合成的三组分低共熔溶剂(a)傅里叶变换红外光谱和(b)拉曼光谱图

组分低共熔溶剂的化学官能团特征[图 4.4(b)]，在 2903 cm^{-1} 的吸收峰归属于 CH_2 的对称伸缩振动，2953 cm^{-1} 的吸收峰归属于 CH_2 的非对称伸缩振动。在三组分低共熔溶剂的形成过程中，随着 $AlCl_3 \cdot 6H_2O$ 含量的增加，CH_2 的非对称伸缩振动信号强度逐渐高于了 CH_2 的对称伸缩振动[17,18]。这很可能是因为铝具有三电子氧化还原特性[19]，吸引了丙三醇中富含电子的羟基氧，导致丙三醇的羟基与 $AlCl_3 \cdot 6H_2O$ 形成了氢键作用。在三组分低共熔溶剂中，$AlCl_3 \cdot 6H_2O$ 和氯化胆碱均作为氢键受体去吸引丙三醇中的氢质子，形成了双受氢体的氢键作用体系。

图 4.5 表示了三组分低共熔溶剂的 ^{27}Al 核磁谱的变化和差异，作为配体组分的水合金属氯化盐影响铝中心区域的配位化学作用。在 0～2 ppm 范围内的共振吸收峰归属于八面体六配位铝[20,21]，$[Al(OH)_2(H_2O)_4]^+$是 $AlCl_3 \cdot 6H_2O$ 中主要的存在形式之一，可作为单齿配位体与丙三醇中的羟基形成相互作用 $(HO\cdots Al^{VI})$[22,23]，Al^{VI}以$[Al(OH)_2(H_2O)_4]^+$的形式与丙三醇中的羟基氧原子作用形成$[Al(OH)\cdot(H_2O)_4\cdot(ligand)_n]^+$，导致了 Al 吸收共振峰向前场偏移 0～0.7 ppm。

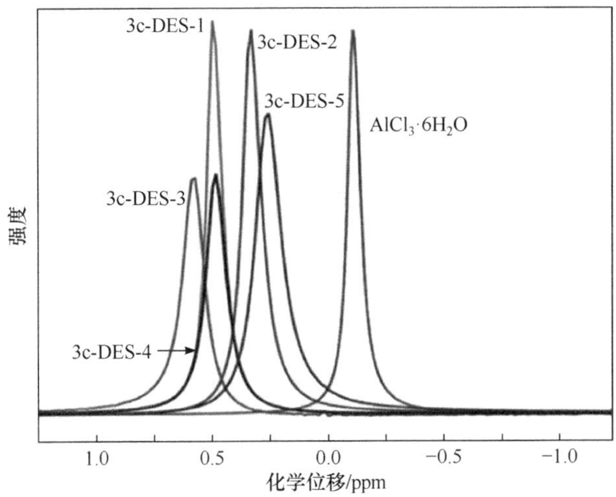

图 4.5　$AlCl_3 \cdot 6H_2O$ 和加入不同比例 $AlCl_3 \cdot 6H_2O$ 合成的三组分低共熔溶剂的 ^{27}Al 核磁谱图

4.4.4　三组分低共熔溶剂的氢键酸性和氢键接受能力

通过 Kamlet-Taft 溶剂化显色参数量化评估了氯化胆碱/丙三醇低共熔溶剂及三组分低共熔溶剂的极性、氢键酸性和氢键碱性。图 4.6 展示了氯化胆碱/丙三醇低共熔溶剂及三组分低共熔溶剂在不同染料探针分子条件下的吸收峰位置曲线。图 4.6(a)表示氯化胆碱/丙三醇低共熔溶剂在 NR、NEt_2 和 NH_2 染料探针分子中的吸收峰值,NR 染料的吸收峰值< 580 nm。三组分低共熔溶剂的 NR 吸收峰值> 590 nm。随着 $AlCl_3 \cdot 6H_2O$ 的加入，三组分低共熔溶剂的 NH_2 和 NEt_2 吸收峰值发生右移[图 4.6(b～d)]。

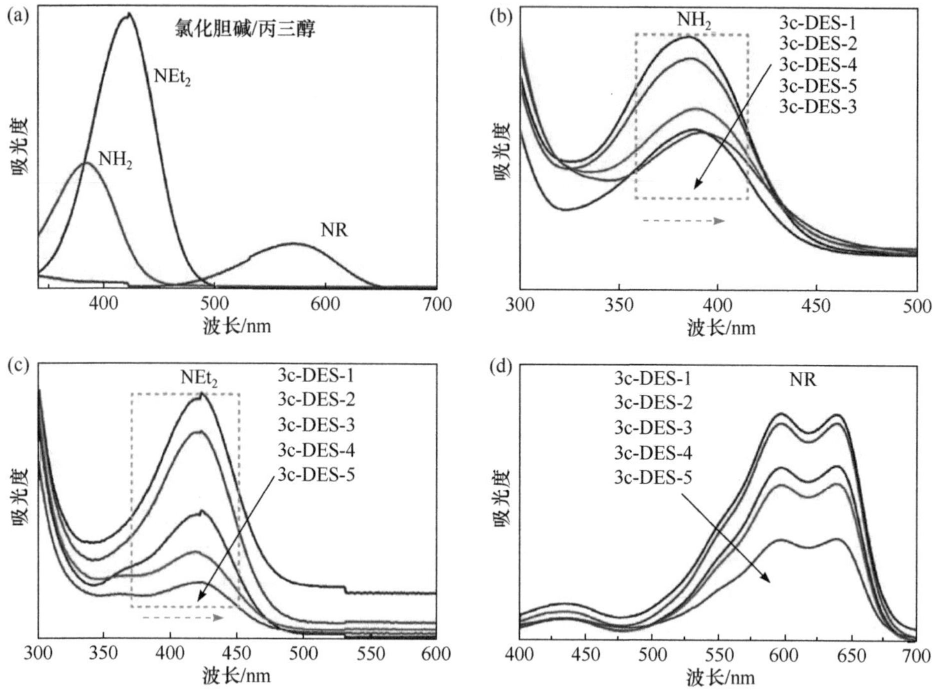

图 4.6 溶剂对 Kamlet-Taft 染料的紫外-可见光吸收光谱图：(a)氯化胆碱/丙三醇低共熔溶剂在 NEt_2、NH_2 和 NR 染料中的吸收峰值；(b)三组分低共熔溶剂在 NH_2 染料中的吸收光谱；(c)三组分低共熔溶剂在 NEt_2 染料中的吸收光谱；(d)三组分低共熔溶剂在 NR 染料中的吸收光谱

基于染料吸收峰值的位置，经计算得出氯化胆碱/丙三醇低共熔溶剂的α和β值仅为 0.77 和 0.48。相比之下，三组分低共熔溶剂的α值提高到 2.0(图 4.7)；β值随着 $AlCl_3 \cdot 6H_2O$ 含量的增加升高到 0.68。结果充分证明在 $AlCl_3 \cdot 6H_2O$ 加入后，溶剂的氢键酸性和氢键碱性均有所提高，尤其是酸性的提高极为显著。在木质纤维解离的处理过程中，具有高α和β值的低共熔溶剂有利于提高木质素的分离效率。高α值的低共熔溶剂容易贡献氢质子，而高β值的低共熔溶剂具有较高的接受氢键的能力，从而打破木质纤维的氢键网络结构。此外，3c-DES-4 和 3c- DES-5 具有相同的β值，说明溶剂的氢键接受能力β在 3c-DES-4 比例下已经达到稳定。

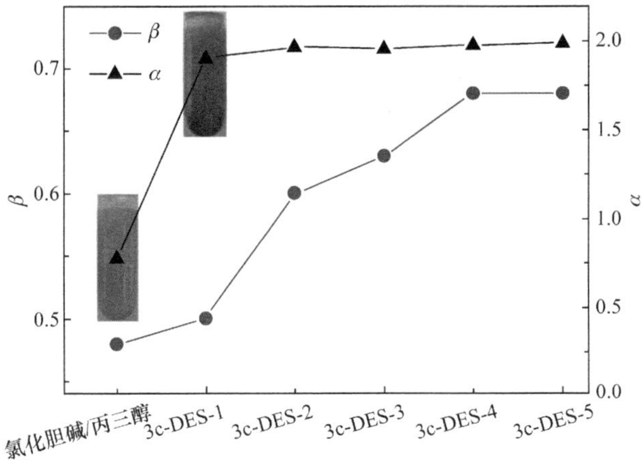

图 4.7　不同配比的三组分低共熔溶剂中α和β值变化趋势

4.4.5　三组分低共熔溶剂的组分相互作用机理

图 4.8 阐释了 3c-DESs 组分间的相互作用机理。首先，除了氯化胆碱/丙三醇低共熔溶剂本身具有的阴离子和阳离子氢键外，$AlCl_3 \cdot 6H_2O$ 也作为一种氢键受体与氯化胆碱竞争吸引丙三醇中的羟基氢，形成大量的阴离子氢键($OH\cdots Cl^-$)，释放了

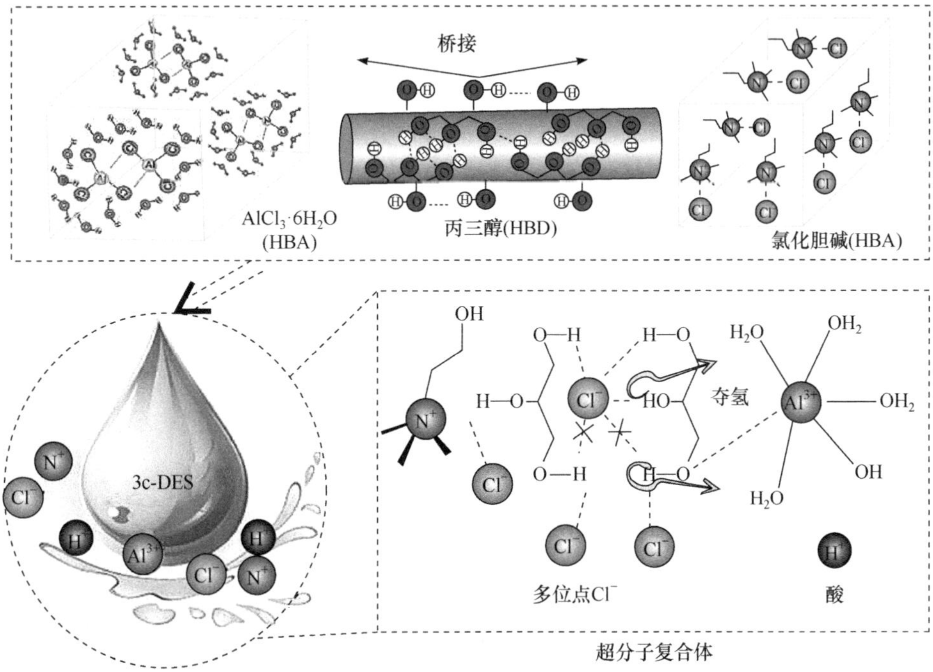

图 4.8　三组分低共熔溶剂体系中各组分相互作用关系

氯化胆碱中 Cl^-的受氢位点。其次，由于 $AlCl_3 \cdot 6H_2O$ 的加入，溶剂体系中引入了大量的 Cl^-，大大增加了溶剂整体的受氢能力。此外，富电子的 $AlCl_3 \cdot 6H_2O$ 中的 Al^{3+}作为单齿配体能与丙三醇羟基形成协同配体的相互作用。丙三醇对氯化胆碱和 $AlCl_3 \cdot 6H_2O$ 贡献了 OH 官能团，并充当着二者之间的桥接作用，形成了 Cl^--金属阳离子-丙三醇的双受氢体的超分子复合体。

4.4.6 三组分低共熔溶剂分离木质素的效率

利用三组分低共熔溶剂分别在 110℃、120℃和 130℃下处理杨木木粉 4 h，计算木质素的分离效率以及纤维素的残余量。表 4.4 列出的结果表明，随 $AlCl_3 \cdot 6H_2O$ 量的增加和温度的升高，木质素分离效率增加(图 4.9)。氯化胆碱/丙三醇低共熔溶剂在 120℃下处理木粉 4 h 后，木质素的分离效率小于 3.6%。

表 4.4 在不同低共熔溶剂中纤维素残余物量和木质素分离效率

溶剂	110℃		120℃		130℃	
	纤维素残余物/%	木质素分离效率/%	纤维素残余物/%	木质素分离效率/%	纤维素残余物/%	木质素分离效率/%
氯化胆碱/丙三醇	>90	≈0	>90	<3.6	>90	<3.6
3c-DES-1	61.34	61.29	61.07	75.15	64.46	89.22
3c-DES-2	52.90	66.44	51.87	87.83	62.86	98.45
3c-DES-3	46.69	79.07	46.11	93.40	52.05	105.00
3c-DES-4	46.50	83.66	42.01	95.46	42.68	105.21
3c-DES-5	45.65	83.57	42.43	95.11	38.40	105.26

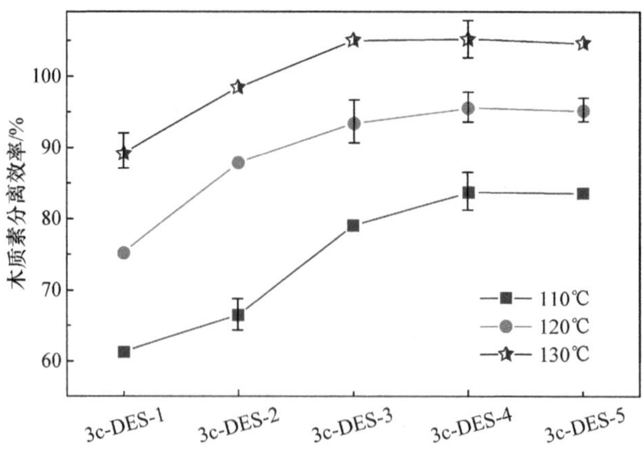

图 4.9 利用三组分低共熔溶剂分别在 110℃、120℃和 130℃下处理木粉 4 h 后的木质素分离效率

基于实验与理论参数相结合的方法，设计合成的三组分低共熔溶剂在 120℃下处理木粉 4 h 后，木质素的分离效率都在 75%以上，其中 3c-DES-4 分离木质素的效率达到 95.46%。随 $AlCl_3 \cdot 6H_2O$ 量的增加和温度的升高，纤维素残余物量有所降低，这可能归因于三组分低共熔溶剂对纤维素非结晶区的酸水解反应。三组分低共熔溶剂对纤维素的溶解量相对较小，在 120℃的处理温度下 3c-DESs 的纤维素残留量占初始纤维素含量的 80%，能够在保留大部分纤维素的同时高效溶解木质素，实现了选择性分离木质纤维组分。

为了更好地验证三组分低共熔溶剂对木质素的分离效率，进一步测试了 3c-DES-4 在不同温度(110～130℃)和不同时间(1～5 h)下处理杨木木粉并分离木质素的效率。如图 4.10 所示，在反应温度为 110℃和反应时间为 1 h 的情况下，3c-DES-4 的木质素分离效率为 78%±3.5%，反应时间延长到 5 h 后，木质素的分离效率达到约 90%。在 120℃下处理时间大于 1 h，木质素的分离效率达到 90%以上，随着温度的升高木质素分离效率也在继续提高。图 4.10 显示的数据结果再次证明了合成的 3c-DES-4 具有很高的木质素分离效率。此外，在 130℃下，木质素的分离效率大于 100%，这可能是因为温度过高导致部分碳水化合物生成了假木质素[24]，从图 4.11 的扫描电镜图像中也可以观察到纤维素残余物表面有颗粒状的假木质素存在。

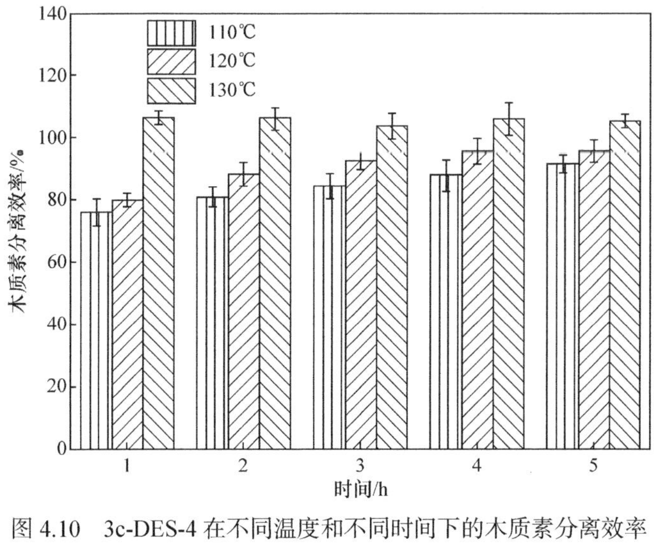

图 4.10　3c-DES-4 在不同温度和不同时间下的木质素分离效率

将 100 mg 木质素加入 1.5 mL 的 72%硫酸中，在室温下搅拌 2 h。用去离子水稀释 H_2SO_4 到 3%，回流 2 h。过滤得到木质素沉淀，进行干燥称量。以酸不溶性木质素占分离木质素的百分比作为木质素的纯度。虽然高温下会产生少量的假木

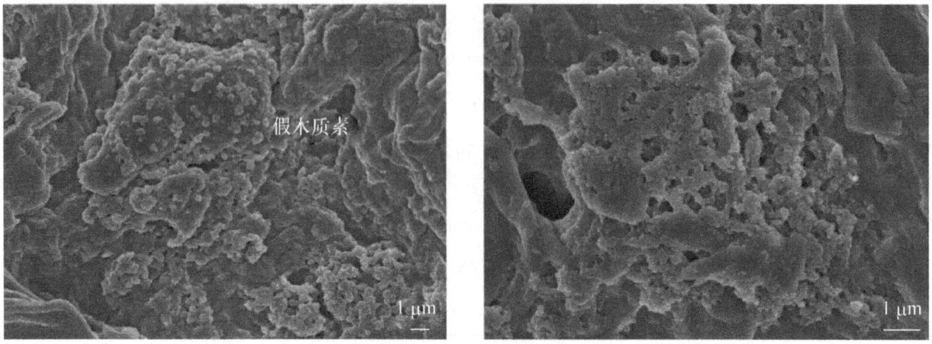

图 4.11　在 130℃下处理 2 h 形成的假木质素的扫描电镜图

质素，但是分离出的木质素仍具有较高的纯度。如图 4.12 所示，在 110 和 120℃、1～5 h 的反应条件下所得木质素的纯度接近 100%，而在 130℃下由于温度过高产生了假木质素，因此木质素的纯度稍稍下降，但纯度值也都在 90%左右。

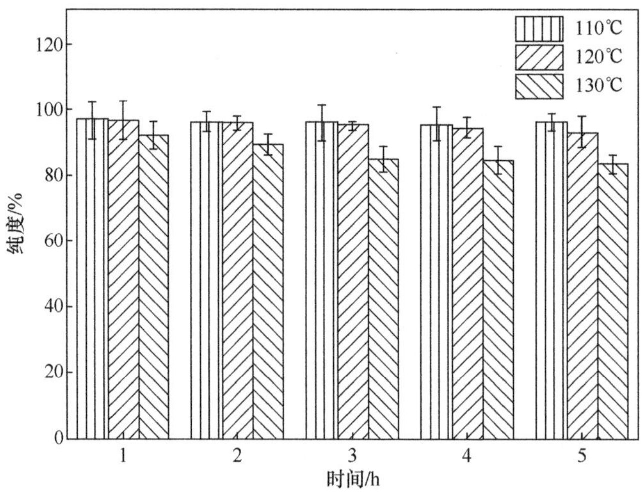

图 4.12　3c-DES-4 在不同时间和温度下所得木质素的纯度

4.4.7　三组分低共熔溶剂竞争木质素的氢键

三组分低共熔溶剂都具有很高的氢键接受能力(β> 0.6)，通过分析β与 3c-DES-4 的木质素分离效率关系来探索溶剂氢键接受能力对解离木质纤维的影响。从图 4.13 中可以看出，3c-DES-4 的木质素分离效率与β值密切相关，随着β值的增加木质素分离效率也不断增加，这说明具有高氢键受体能力的溶剂可以增加溶剂竞争木质纤维氢键网络的能力。同时，$AlCl_3 \cdot 6H_2O$ 浓度的提高可增加溶剂的酸性，进而有利于通过酸水解作用提高木质素的分离效率。

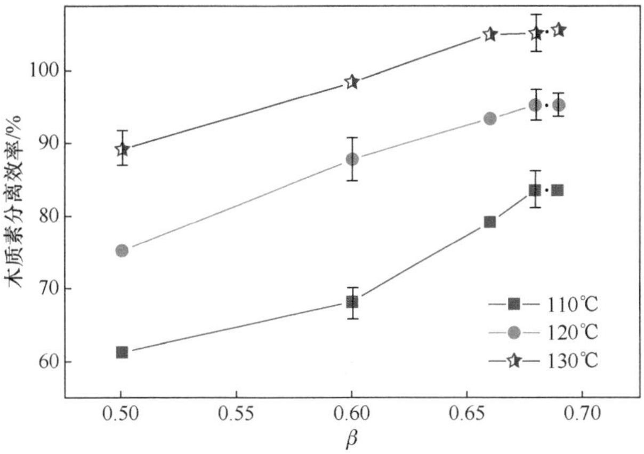

图 4.13　3c-DES-4 的β值与不同温度下木质素分离效率的关系

为了探究三组分低共熔溶剂溶解木质素组分的机理，利用 DFT 在 M06-2X/6-31+G**水平下，计算分析了溶剂中 Cl^-与木质素单体模型之间的相互作用(图 4.14)。结果表明，Cl^-与木质素单体间形成氢键作用力主要包括 CH…Cl(ρ < 0.015 au)、

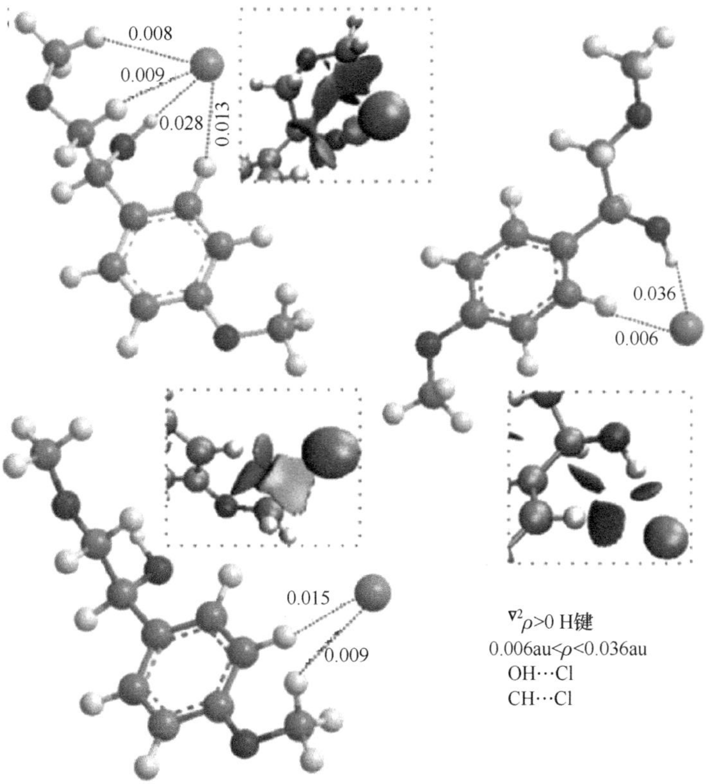

图 4.14　在 M06-2X/6-31+G**水平下计算木质素单体与 Cl^-形成的几何构型与氢键电子密度(au)

OH···Cl(0.028 au< ρ < 0.036 au)。与木质素之间的氢键作用相比，Cl^-与木质素之间形成的 OH···Cl 氢键强度要大于木质素间 OH···O 形成的氢键强度(0.021 au< ρ < 0.027 au)。因此，Cl^-与木质素之间强的氢键作用有利于竞争木质素之间的氢键，从而打破木质素之间的氢键连接作用。虽然 O 通常被认为具有良好的受氢能力，但是溶剂中引入了大量的多位点受氢的 Cl^-，静电吸引力强有利于争夺氢原子。这也进一步证明了要打破木质纤维中的氢键网络，需要含有多受氢位点的氯离子溶剂与木质素竞争氢键。

4.4.8 三组分低共熔溶剂对木质素化学键的断裂方式

为了探索三组分低共熔溶剂分离木质素过程中，木质素的结构变化和木质素-碳水化合物复合体间的化学断键方式，利用碳氢二维核磁共振对木质素结构进行了检测分析。选择磨木木质素(MWL)代表原始木质素的结构，选择 3c-DES-4 在 120℃处理木粉 4 h 后分离得到的木质素(DESL)作为测试试样。如图 4.15 所示，木质素碳氢二维核磁谱图包括侧链区(δ_C/δ_H 52～110 ppm/2.6～6.1 ppm)和芳环区(δ_C/δ_H 98～135 ppm/5.5～8.5 ppm)。其中，侧链区主要包括甲氧基(OMe)和由醚键、碳-碳键(β-β、β-5)连接形成的亚结构单元(A、B 和 C)。芳环区主要包括紫丁香基结构

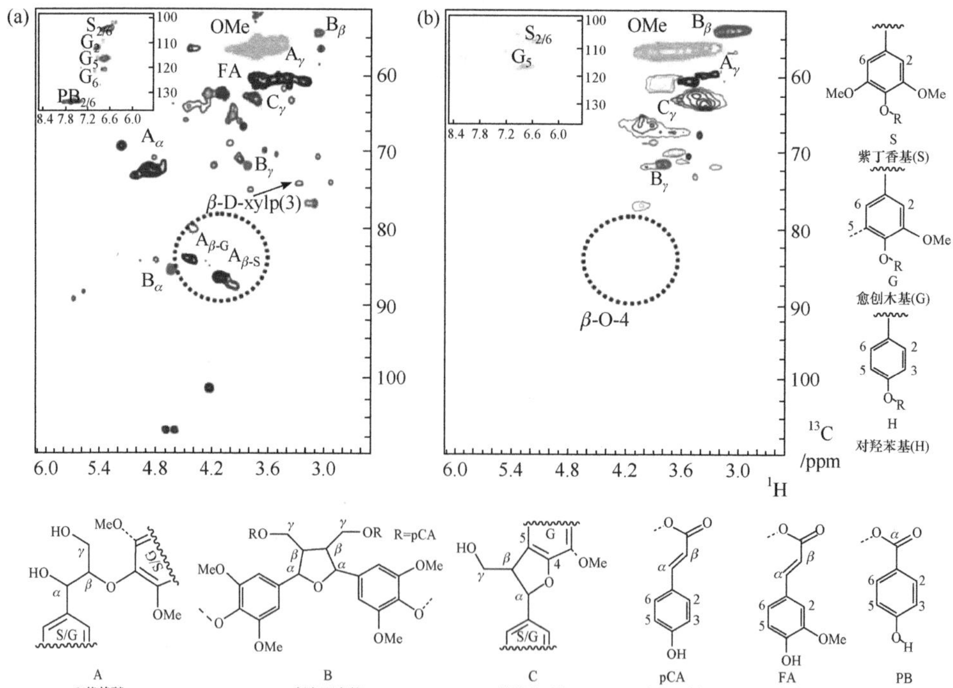

图 4.15 (a)MWL 和(b)DESL 的侧链区和芳香区的碳氢二维核磁谱图

$(S_{2,6})$、愈创木基$(G_2$、G_5、$G_6)$、对羟苯基的结构连接键。碳氢二维核磁谱图的相关信号峰的详细归属见表 4.5。

表 4.5　木质素结构的碳氢二维核磁信号归属[25-27]

符号	δ_C/δ_H/ppm	归属
OMe	55.7/3.75	C—H 在甲氧基
A_γ	59.9/3.28～3.61	C_γ—H_γ 在β-O-4 醚键结构(A)
A_α	71.6/4.81	C_α—H_α 在β-O-4 醚键结构(A)
$A_{\beta\text{-G}}$	83.7/4.30	C_β—H_β 在β-O-4 醚键结构连接到 G 和 H 单元(A)
$A_{\beta\text{-S}}$	85.9/4.11	C_β—H_β 在β-O-4 醚键结构连接到 S 单元(A)
B_γ	70.9/3.77, 4.15	C_γ—H_γ 在树脂醇结构(B)
B_α	84.9/4.68	C_α—H_α 在树脂醇结构(B)
B_β	53.5/3.01	C_β—H_β 在树脂醇结构(B)
C_γ	62.8/3.65	C_γ—H_γ 在苯基香豆满结构(C)
C_α	87.0/5.45	C_α—H_α 在苯基香豆满结构(C)
C_β	53.0/3.47	C_β—H_β 在苯基香豆满结构(C)
$S_{2,6}$	103.5/6.01	$C_{2,6}$—$H_{2,6}$ 在紫丁香基单元(S)
G_2	110.9/6.90	C_2—H_2 在 G 单元(G)
G_5	115.0/6.73	C_5—H_5 在 G 单元(G)
G_6	118.7/6.78	C_6—H_6 在 G 单元(G)
$H_{2,6}$	130.9/7.19～7.8	C_6—H_6 在 H 单元(H)
X2	70.55/3.06	C_2—H_2 在β—D—吡喃木糖苷
X3	74.14/3.28	C_3—H_3 在β—D—吡喃木糖苷
$PB_{2,6}$	131.84/7.69	$C_{2,6}$—$H_{2,6}$ 在对羟基苯甲酸酯结构(PB)

在 MWL 中可见木质素的连接键包括β-O-4、β-β、β-5 及芳香环等结构。经过 3c-DES-4 预处理后，侧链连接区域的β-O-4 信号峰消失，说明 3c-DES-4 选择性地断键木质素中的β-O-4 键。一些木质素-半纤维素连接的 LCC 键[如β-xylp(3)]的信号经过 3c-DES-4 处理后也相应地消失了，说明 3c-DES-4 打破了木质纤维的抗解聚作用断裂了 LCC 键。在芳香环连接区域，分离后的木质素

中 G 和 H 型木质素结构的信号减弱，G_2(δ_C/δ_H 110.9 ppm/6.90 ppm)、G_6(δ_C/δ_H 118.7 ppm/ 6.78 ppm)和 $H_{2,6}$(δ_C/δ_H 130.9 ppm/7.19～7.8 ppm)的信号消失，说明 3c-DES-4 可降解愈创木基和对羟苯基结构单元，木质素大分子网状结构被降解成小分子溶解在了溶剂中。

^{31}P 核磁谱图主要用于定量分析木质素样品中的羟基和羧基含量，如图 4.16 所示。木质素羟基种类主要有脂肪族羟基(145.4～150.0 ppm)、紫丁香羟基(S—OH，142.8～143.1 ppm)、愈创木基羟基(G—OH，138.8～140.0 ppm)和对羟苯基羟基(H—OH，137.0～138.2 ppm)。COOH 官能团信号的化学位移为 134.5～135.5 ppm，^{31}P 核磁谱图的相关信号峰的详细归属见表 4.6。经过 3c-DES-4 处理后的木质素(DESL)中 S—OH、G—OH、H—OH 和 COOH 信号的峰强度变化较大。经 3c-DES-4 分离得到的木质素中脂肪族羟基的含量有所降低，从 3.913 mmol/g 降低到 2.125 mmol/g；相反地，木质素中的酚羟基含量增加，从 1.113 mmol/g 增加到 1.583 mmol/g。这些酚羟基含量的增加是因为木质素中β-O-4 键断裂，产生新的酚羟基基团。值得注意的是，该木质素中 S—OH 的含量增加(从 0.246 mmol/g 增加到 1.147 mmol/g)，3c-DES-4 除了选择性断裂β-O-4 键外，也可能对 S 型木质素结构单元具有一定的选择性反应。

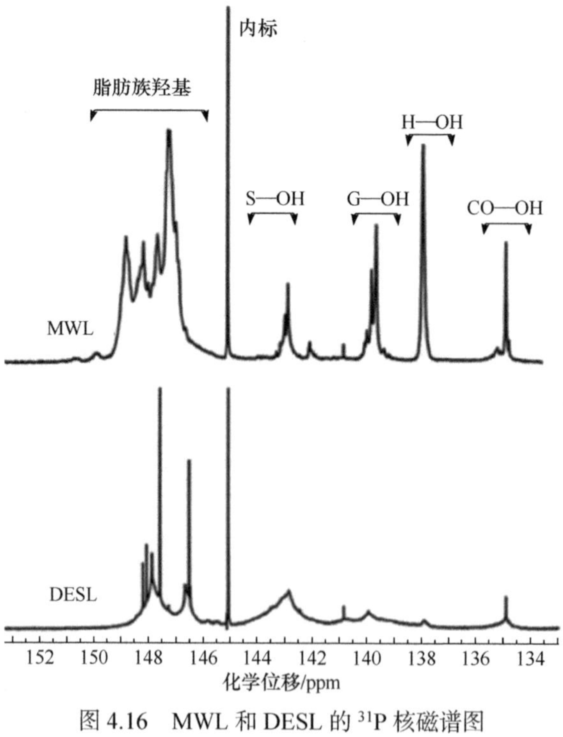

图 4.16 MWL 和 DESL 的 ^{31}P 核磁谱图

表 4.6　木质素结构的羟基和羧基信号归属及含量[28,29]

	δ/ppm	MWL/(mmol/g)	DESL/(mmol/g)
脂肪族羟基	145.4～150.0	3.913	2.125
总酚羟基	137.6～144.0	1.113	1.583
紫丁香基羟基(S—OH)	142.8～143.1	0.246	1.147
愈创木基羟基(G—OH)	138.8～140.0	0.440	0.268
对羟苯基羟基(H—OH)	137.0～138.2	0.427	0.168
羧基(COOH)	134.5～135.5	0.168	0.184

采用凝胶色谱法对 MWL 和 DESL 的分子量进行对比分析，结果如表 4.7 所示。WML 的重均分子量(M_w)为 6838，数均分子量(M_n)为 4550，分离后的木质素 M_w 和 M_n 分别为 5466 和 3270。木质素的 M_w 和 M_n 降低是因为β-O-4 发生了断裂，使木质素产生部分的降解。此外，与部分文献报道的酸法分离木质素的多分散系数(1.21～1.43)相比[30]，本实验分离木质素的多分散系数(M_w/ M_n)为 1.67，多分散系数略大。

表 4.7　MWL 和 3c-DES 分离木质素的数均分子量和重均分子量及多分散系数

	MWL	DESL
M_w	6838	5466
M_n	4550	3270
M_w/M_n	1.50	1.67

4.4.9　三组分低共熔溶剂分离木质素的机理

通过以上分析结果，提出了三组分低共熔溶剂解聚木质纤维和分离木质素的反应机理。包括：①断裂β-O-4 化学醚键。木质素结构中醚键连接的侧链羟基发生了酸解反应，在 C_α 位置形成不稳定的带电的中间媒介，见图 4.17(1)；然后在三组分低共熔溶剂的作用下，通过质子和去质子化反应，形成(2)中不稳定的双键结构，通过脱质子和水合反应断裂了β-O-4 醚键，形成酮和酚类官能团(3)。②断裂木质纤维中的 LCC 键。将木质素与半纤维素的键合打破，溶解了木质素和半纤维素。③断裂木质纤维中的氢键。三组分低共熔溶剂具有高的氢键接受能力，可以有效地竞争木质素的氢键，从而打破木质纤维中的氢键网络结构。

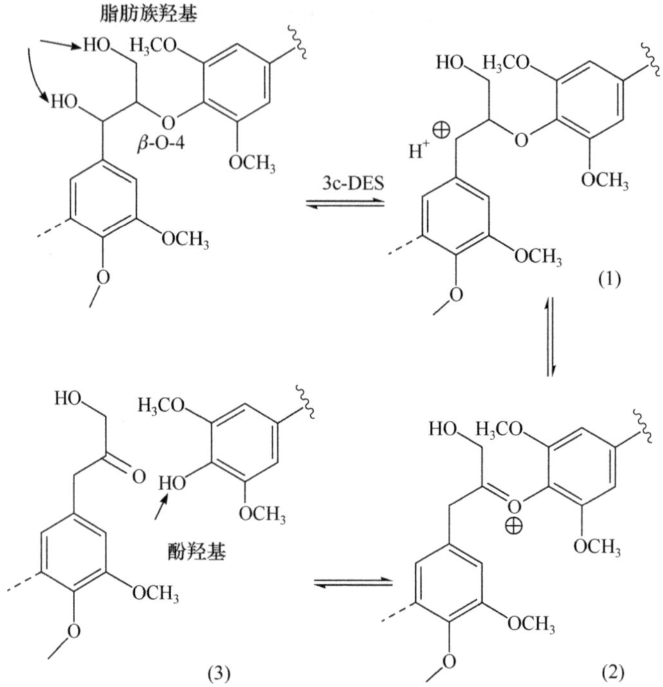

图 4.17　三组分低共熔溶剂分离木质素的机理示意图

4.5　本 章 总 结

本章深入探索了氯化胆碱/丙三醇低共熔溶剂分离木质素无效的原因，提出了酸性多受氢位点的策略，设计了 Lewis 酸调控的三组分低共熔溶剂，实现了高效分离木质素，研究得到以下结论。

(1) 利用 DFT 计算了木质素β-O-4 的解离能和氢键的电子密度。β-O-4 键发生均裂时 C—O 和 C—C 的解离能分别是 76.22 kcal/mol 和 62.25 kcal/mol。木质素分子间氢键作用存在形式为 OH⋯O 且电子密度集中在 0.022 au。

(2) 氯化胆碱/丙三醇低共熔溶剂中存在着较弱的阴离子氢键(Cl⋯H—C)和阳离子氢键(O⋯H—C)，不足以竞争木质素结构中的氢键。此外，木质素醚键的解离能较大，需要添加具有酸性的溶剂成分，去攻击对酸敏感的醚键。

(3) 首次利用含有 Lewis 酸性和多 Cl^-受氢位点的 $AlCl_3 \cdot 6H_2O$，提高了氯化胆碱/丙三醇低共熔溶剂的氢键酸性(从 0.77 提高到 2.0)、氢键碱性(从 0.48 提高到 0.68)，加强了对木质纤维组分的靶向选择性转化。经过三组分低共熔溶剂预处理，木质素的分离效率从<3.61%提高到 95.46%，分离木质素的纯度>90%。

(4) 利用 DFT 理论计算了三组分低共熔溶剂中 Cl^-与木质素单体形成的氢键

作用为 CH···Cl(ρ < 0.015 au)和 OH···Cl(0.028 au < ρ < 0.036 au)，其氢键电子密度大于木质素结构之间的氢键电子密度(0.021 au < ρ < 0.027 au)。证明了三组分低共熔溶剂中多位点受氢的 Cl^-具有强的静电吸引力，从而与木质素竞争氢键，打破木质纤维中的氢键网络。

(5) 利用二维 ^{13}C-^1H 核磁谱、^{31}P 核磁谱等分析手段，发现经过 DES 处理后木质纤维β-O-4 醚键化学信号消失，证明了三组分低共熔溶剂可以选择性地断裂木质素中的醚键，木质素的总酚羟基含量从 1.113 mmol/g 增加到 1.583 mmol/g。

参 考 文 献

[1] Chen L, Dou J, Ma Q, et al. Rapid and near-complete dissolution of wood lignin at ≤80℃ by a recyclable acid hydrotrope[J]. Science Advances, 2017, 3 (9): e1701735.

[2] Sumboja A, Liu J, Zheng W G, et al. Electrochemical energy storage devices for wearable technology: a rationale for materials selection and cell design[J]. Chemical Society Reviews, 2018, 47(15): 5919-5945.

[3] Francisco M, van den Bruinhorst A, Kroon M C. New natural and renewable low transition temperature mixtures (LTTMs): screening as solvents for lignocellulosic biomass processing[J]. Green Chemistry, 2012, 14(8): 2153-2157.

[4] Alvarez-Vasco C, Ma R, Quintero M, et al. Unique low-molecular-weight lignin with high purity extracted from wood by deep eutectic solvents (DES): a source of lignin for valorization[J]. Green Chemistry, 2016, 18(19): 5133-5141.

[5] Lyu G, Li T, Ji X, et al. Characterization of lignin extracted from willow by deep eutectic solvent treatments[J]. Polymers, 2018, 10(8): 869.

[6] Liu Y, Guo B, Xia Q, et al. Efficient cleavage of strong hydrogen bonds in cotton by deep eutectic solvents and facile fabrication of cellulose nanocrystals in high yields[J]. ACS Sustainable Chemistry & Engineering, 2017, 5(9): 7623-7631.

[7] Gu Y, Jérôme F. Glycerol as a sustainable solvent for green chemistry[J]. Green Chemistry, 2010, 12(7): 1127-1138.

[8] Abbott A P, Ahmed E I, Harris R C, et al. Evaluating water miscible deep eutectic solvents (DESs) and ionic liquids as potential lubricants[J]. Green Chemistry, 2014, 16(9): 4156-4161.

[9] Arjona N, Rivas S, Álvarez-Contreras L, et al. Glycerol electro-oxidation in alkaline media using Pt and Pd catalysts electrodeposited on three-dimensional porous carbon electrodes[J]. New Journal of Chemistry, 2017, 41(4): 1854-1863.

[10] 黄金保，武书彬，程皓，等. 木质素模化物解离能的理论研究[J]. 燃料化学学报，2015, 43(4): 429-435.

[11] Sturgeon M R, Kim S, Lawrence K, et al. A mechanistic investigation of acid-catalyzed cleavage of aryl-ether linkages: implications for lignin depolymerization in acidic environments[J]. ACS Sustainable Chemistry & Engineering, 2013, 2(3): 472-485.

[12] Dai L, Liu R, Hu L, et al. Lignin nanoparticle as a novel green carrier for the efficient delivery of resveratrol[J]. ACS Sustainable Chemistry & Engineering, 2017, 5(9): 8241-8249.

[13] Janesko B G. Modeling interactions between lignocellulose and ionic liquids using DFT-D[J]. Physical Chemistry Chemical Physics, 2011, 13(23): 11393-11401.

[14] Wang W. Halogen bond involving hypervalent halogen: CSD search and theoretical study[J]. Journal of Physical Chemistry A, 2011, 115(33): 9294-9299.

[15] Panagiotopoulou P, Martin N, Vlachos D G. Liquid-phase catalytic transfer hydrogenation of furfural over homogeneous Lewis acid-Ru/C catalysts[J]. ChemSusChem, 2015, 8(12): 2046-2054.

[16] Liu H, Chaudhary D, Yusa S, et al. Glycerol/starch/Na^+-montmorillonite nanocomposites: a XRD, FTIR, DSC and ^1H NMR study[J]. Carbohydrate Polymers, 2011, 83(4): 1591-1597.

[17] Mudalige A, Pemberton J E. Raman spectroscopy of glycerol/D_2O solutions[J]. Vibrational Spectroscopy, 2007, 45(1): 27-35.

[18] Mendelovici E, Frost R L, Kloprogge T. Cryogenic Raman spectroscopy of glycerol[J]. Journal of Raman Spectroscopy, 2000, 31(12): 1121-1126.

[19] Wang Z, Jiang Y, Lafon O, et al. Bronsted acid sites based on penta-coordinated aluminum species[J]. Nature Communications, 2016, 7: 13820.

[20] Kim J, Ilott A J, Middlemiss D S, et al. ^2H and ^{27}Al solid-state NMR study of the local environments in Al-doped 2-line ferrihydrite, goethite, and lepidocrocite[J]. Chemistry of Materials, 2015, 27(11): 3966-3978.

[21] Hoff T C, Gardner D W, Thilakaratne R, et al. Elucidating the effect of desilication on aluminum-rich ZSM-5 zeolite and its consequences on biomass catalytic fast pyrolysis[J]. Applied Catalysis A: General, 2017, 529: 68-78.

[22] Tang J, Guo X, Zhu L, et al. Mechanistic study of glucose-to-fructose isomerization in water catalyzed by $[Al(OH)_2(aq)]^+$[J]. ACS Catalysis, 2015, 5(9): 5097-5103.

[23] Angella M, Pana C J, Rong Y, et al. High coulombic efficiency aluminum-ion battery using an $AlCl_3$-urea ionic liquid analog electrolyte[J]. Proceedings of the National Academy of Sciences of the United States of America, 2017, 114(5): 834-839.

[24] Sannigrahi P, Kim D H, Jung S, et al. Pseudo-lignin and pretreatment chemistry[J]. Energy & Environmental Science, 2011, 4(4): 1306-1310.

[25] Wu M, Liu J, Yan Z, et al. Efficient recovery and structural characterization of lignin from cotton stalk based on a biorefinery process using a γ-valerolactone/water system[J]. RSC Advances, 2016, 6(8): 6196-6204.

[26] Mbotchak L, Morvan C L, Duong K L, et al. Purification, structural characterization, and modification of organosolv wheat straw lignin[J]. Journal of Agricultural and Food Chemistry, 2015, 63(21): 5178-5188.

[27] Del Río J C, Prinsen P, Cadena E M, et al. Lignin-carbohydrate complexes from sisal (*Agave sisalana*) and abaca (*Musa textilis*): chemical composition and structural modifications during the isolation process[J]. Planta, 2016, 243(5): 1143-1158.

[28] Pu Y, Cao S, Ragauskas A J. Application of quantitative ^{31}P NMR in biomass lignin and biofuel precursors characterization[J]. Energy & Environmental Science, 2011, 4(9): 3154-3166.

[29] Ma R, Xu Y, Zhang X. Catalytic oxidation of biorefinery lignin to value-added chemicals to

support sustainable biofuel production[J]. ChemSusChem, 2015, 8(1): 24-51.

[30] Brenelli L, Mandelli F, Mercadante A. Acidification treatment of lignin from sugarcane bagasse results in fractions of reduced polydispersity and high free-radical scavenging capacity[J]. Industrial Crops and Products, 2016, 83: 94-103.

第 5 章　可调控低共熔溶剂中木质素模型物抑制缩合转化机理

5.1　背 景 概 述

木质素是一种存在于大部分陆地植物木质部中的复杂的天然高分子化合物。科学工作者们利用各种手段和方法对木质素的化学结构进行了大量的研究，但是至今还没有研究清楚木质素结构的全部细节。这是由于木质素是单体间以碳-碳键和醚键随机聚合的极其复杂的网状高分子，没有严格的固定结构；同时木质素自身有众多的活性羟基，在分离、提取时很容易造成结构的变化，如在酸性环境下成为活性中心而易于反应，发生自身的缩合，从而难以获得准确有效的结构信息[1]。而复杂未知的化学结构使木质素解聚转化也是极其复杂和困难的。因此，在深入了解木质素的形成过程、结构和性质时，通常会经人工手段把苯丙烷单体聚合为模型化合物，这不仅是木质素研究理论上的突破，而且也会对有效分离、脱除木质素及其开发利用提供理论基础与技术指导[2]。从模型化合物的角度出发，研究木质素可能发生的各种反应，从而设计对木质素解聚转化的体系和解决方法。

在木质素解聚转化过程中，木质素的主要构成结构芳基醚二聚体的含量对产物产率有很大影响。芳基醚二聚体含量越高，芳香单体化合物产率相对越高。然而，在木质素解聚过程中，木质素芳基醚二聚体或木质素芳基醚二聚体解聚产物往往会缩合形成不可逆的高键能的碳-碳键，不利于后续转化得到芳香单体化合物。现有方法中为了抑制木质素芳基醚二聚体及其解聚产物缩合，通常采用强酸性催化剂(如硫酸、三氟甲磺酸和三氟甲磺酸盐)和传统有机溶剂(如甲苯、1,4-二氧六环)[3-5]，反应体系对环境有较大影响，且对木质素芳基醚二聚体及其解聚产物缩合的抑制效果有待提高。

低共熔溶剂由于丰富的氢键体系而具有出色的溶剂化强度和破坏木质素与纤维素之间强相互作用的能力，主要由氯化胆碱为氢键受体和草酸、乳酸、硼酸作为氢键供体组成的两组分低共熔溶剂，已成为木质纤维素分离分级的重要体系之一[6-11]。刘永壮等在先前的研究中发现氯化胆碱/草酸低共熔溶剂对木质素的芳基醚键具有显著的断键作用，然而得到的木质素却显示出缩合木质素的特点[9]，说明在分离的木质素中形成新的更加稳定的碳-碳键结合，难以进行下一步解聚处理制备芳香单体化学品。Das 等在 270℃下用钌碳催化剂对氯化胆碱/草酸低共熔溶剂提取的木质素进行 1 h 的催化氢解，只获得了 36.3%含有芳香单体的木质素油[12]。

本研究在传统的氯化胆碱/草酸低共熔溶剂中加入二醇(包括乙二醇、1,3-丙二醇或 1,2-丁二醇)或丙三醇形成功能性的三组分低共熔溶剂，简单调节二醇和草酸的比例以对不同的芳基醚二聚体进行裂解/稳定或衍生/保护，揭示木质素模型物在功能性低共熔溶剂中的反应路径，为抑制木质素缩合研究提供理论基础。

5.2　材料和方法

5.2.1　材料

制备低共熔溶剂的原料包括氯化胆碱、水合草酸、乙二醇、丙三醇、1,3-丙二醇和 1,2-丁二醇，作为内标的十八烷和 3,5-二甲基苯酚。所有化学品购自梯希爱(上海)化成工业发展有限公司或西格玛奥德里奇(上海)贸易有限公司，均直接使用，未经任何纯化。木质素模型化合物的制备参考已报道文献[13-15]。萃取纯化试剂有四氢呋喃、二氯甲烷、乙醇、甲醇等。

5.2.2　木质素模型物的制备方法

1. 2-(2-甲氧基苯氧基)-1-(4-甲氧基苯基)乙酮的制备

根据文献方法制备 2-(2-甲氧基苯氧基)-1-(4-甲氧基苯基)乙酮，反应合成路径和产物结果如图 5.1、图 5.2 所示。在装有回流冷凝器的 500 mL 圆底烧瓶中装入碳酸钾(6.15 g，44.5 mmol)、溶解在 100 mL 丙酮中的愈创木酚(4.6 g，37 mmol)，并在室温下搅拌。在室温下用 30 min 将溶解在 100 mL 丙酮中的 2-溴-1-(4-甲氧基苯基)乙酮(6.77g，30 mmol)溶液滴加到该溶液中。将所得悬浮液搅拌并加热回流 4 h，然后将其通过硅藻土过滤并真空浓缩。最后从乙醇中重结晶纯化得到浅黄色固体状的 2-(2-甲氧基苯氧基)-1-(4-甲氧基苯基)乙酮，产率为 80.4%。

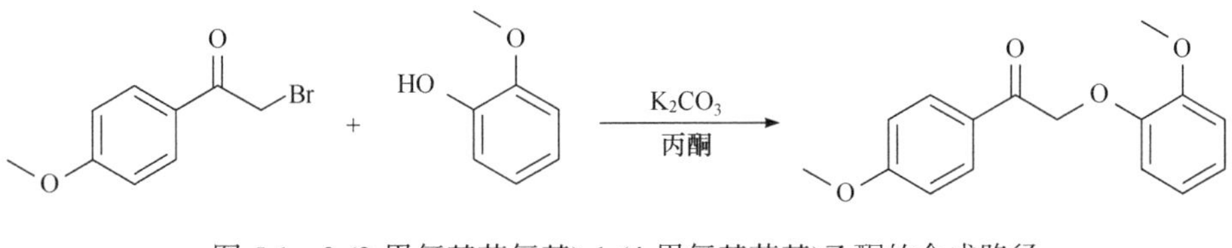

图 5.1　2-(2-甲氧基苯氧基)-1-(4-甲氧基苯基)乙酮的合成路径

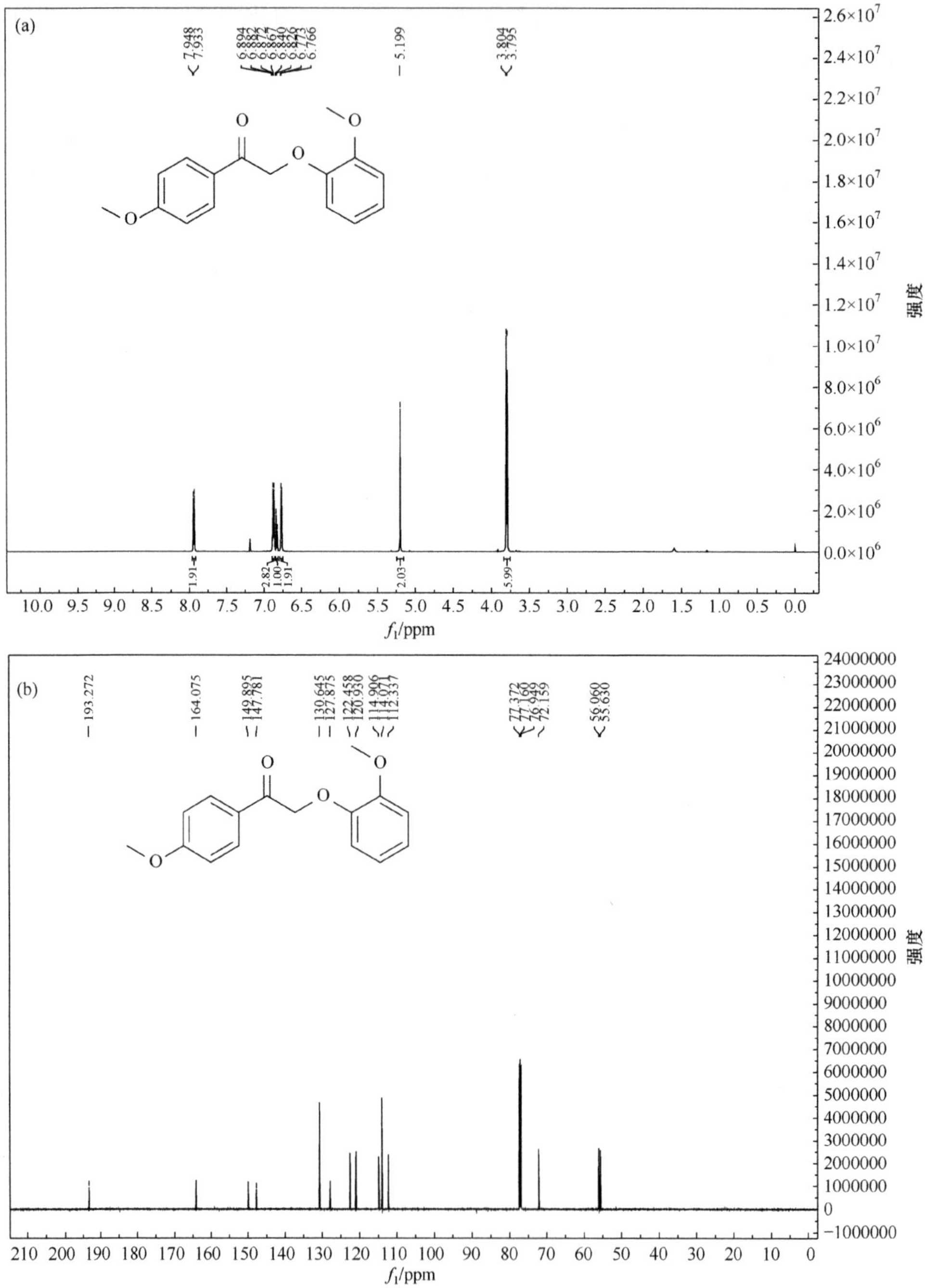

图 5.2　2-(2-甲氧基苯氧基)-1-(4-甲氧基苯基)乙酮的(a)氢谱和(b)碳谱

2. 2-(2-甲氧基苯氧基)-1-(4-甲氧基苯基)乙醇(1a)的制备

根据文献方法制备 2-(2-甲氧基苯氧基)-1-(4-甲氧基苯基)乙醇(标号为 1a)，反应合成路径和反应产物结果如图 5.3、图 5.4 所示。在 250 mL 的圆底烧瓶中装入 2-(2-甲氧基苯氧基)-1-(4-甲氧基苯基)乙酮(2.7g，9.9 mmol)和无水乙醇(150 mL)。分批加入硼氢化钠(0.45 g，11.7 mmol)以保持气体在 5 min 内缓慢逸出，再将反应混合物在室温下搅拌 2 h。将反应混合物真空浓缩。然后用饱和 NH_4Cl 水溶液(50 mL)去除过量的硼氢化钠，将反应混合物用水(50 mL)稀释，并用乙醚(2 × 100 mL)萃取。合并的有机萃取物用盐水洗涤，经无水硫酸镁干燥、过滤和真空浓缩。利用 SiO_2 色谱柱(75 ∶ 25，戊烷 ∶ 乙酸乙酯，体积比)纯化，得到 93%的 2-(2-甲氧基苯氧基)-1-(4-甲氧基苯基)乙醇白色固体。

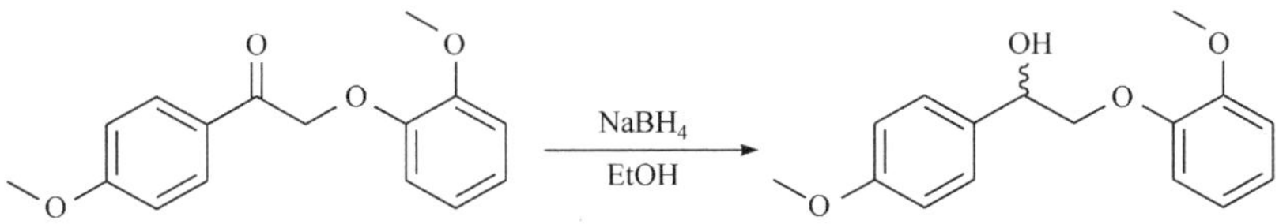

图 5.3　1a 的合成路径

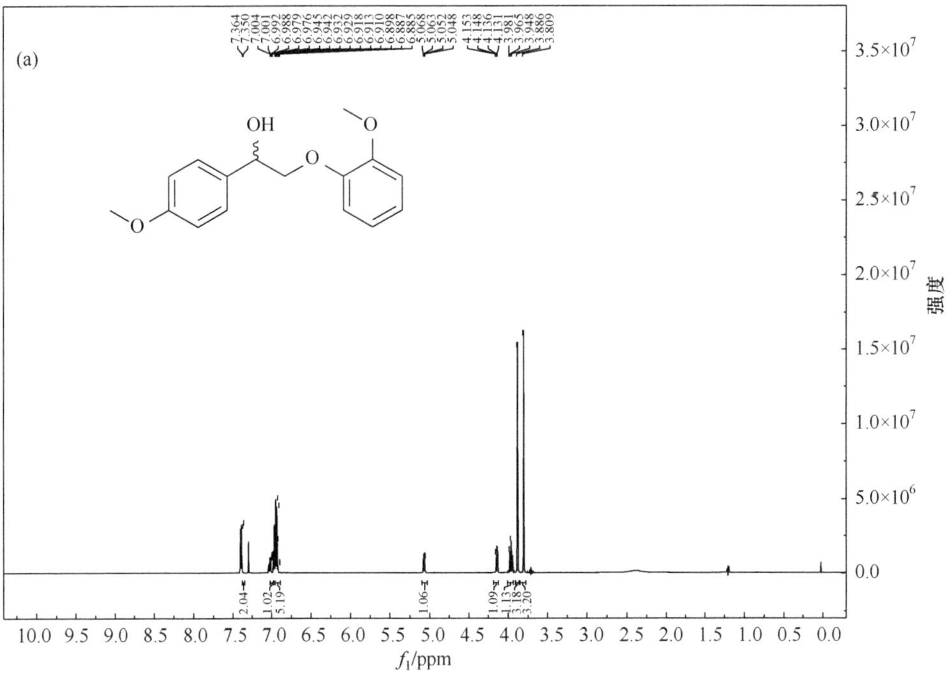

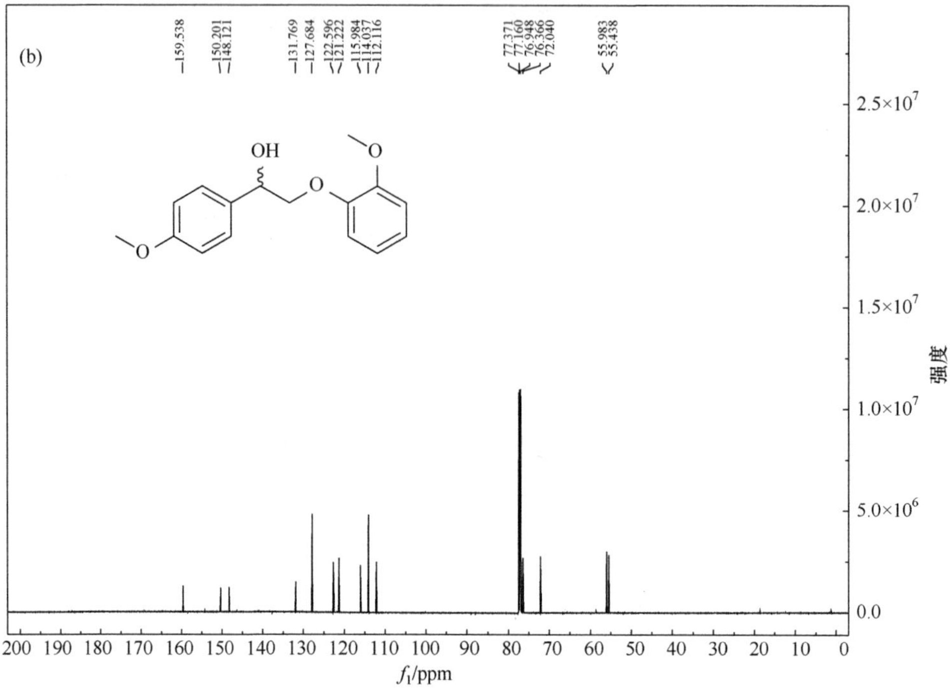

图 5.4　1a 的(a)氢谱和(b)碳谱

3. 赤式/苏式-2-(2-甲氧基苯氧基)-1-(4-甲氧基苯基)丙烷-1,3-二醇(1b)的制备

根据文献方法制备赤式/苏式-2-(2-甲氧基苯氧基)-1-(4-甲氧基苯基)丙烷-1,3-二醇(标号为 1b)，反应合成路径和反应产物结果如图 5.5、图 5.6 所示。在室温下搅拌由溶解在 200 mL 无水乙醇中的碳酸钾(2.8 g，20.2 mmol)和 2-(2-甲氧基苯氧基)-1-(4-甲氧基苯基)乙酮(5g，18.5 mmol)组成的悬浮液，并加入 2.25 mL(27.5 mmol)的甲醛水溶液(36.5%～38%)。通过薄层色谱法监测反应原料完全消耗时，加入硼氢化钠(2.5 g，66 mmol)，并将反应混合物在室温搅拌 2 h。将反应混合物真空浓缩，然后缓慢加入饱和氯化铵水溶液(100 mL)猝灭，并用乙醚(2 × 100 mL)萃取。合并的有机萃取物用盐水洗涤，并用无水硫酸镁干燥，过滤并蒸发，得到粗油。通过柱色谱法纯化该油(梯度为戊烷和乙酸乙酯体积比 1：1 至完全为乙酸乙酯)，得到 88%收率的 2-(2-甲氧基苯氧基)-1-(4-甲氧基苯基)丙烷-1,3-二醇的赤式和苏式的非对映异构体(异构体比例为 1：1)。

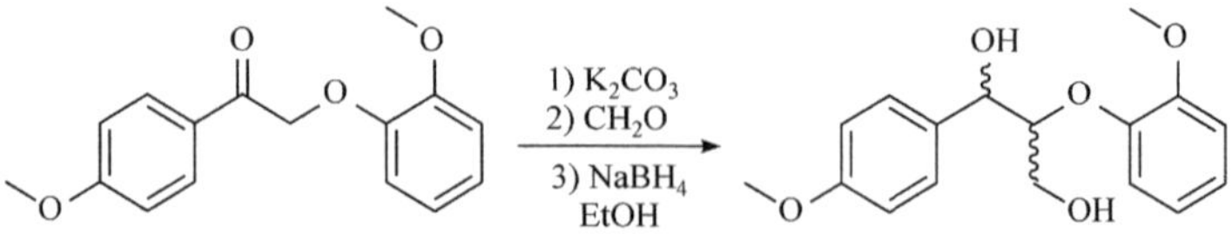

图 5.5　1b 的合成路径

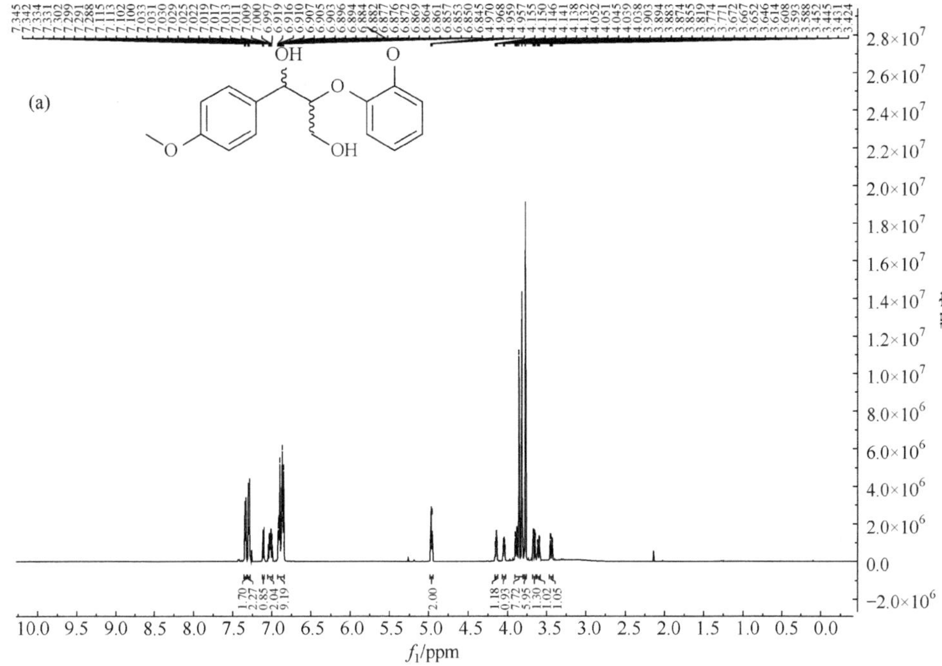
(a)
OH
O
O
OH
强度
f_1/ppm

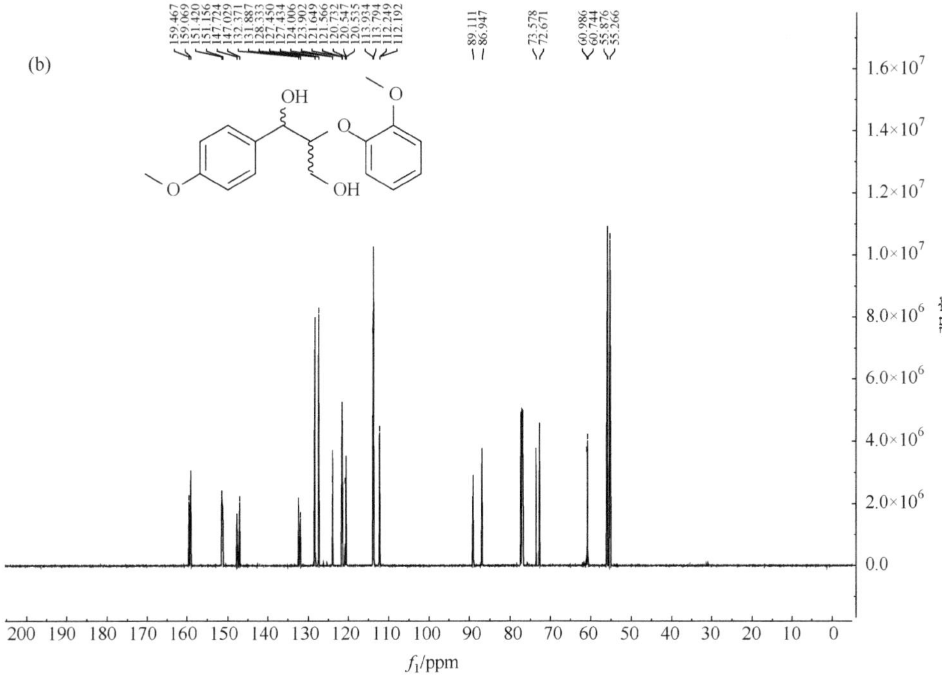
(b)
OH
O
O
OH
强度
f_1/ppm

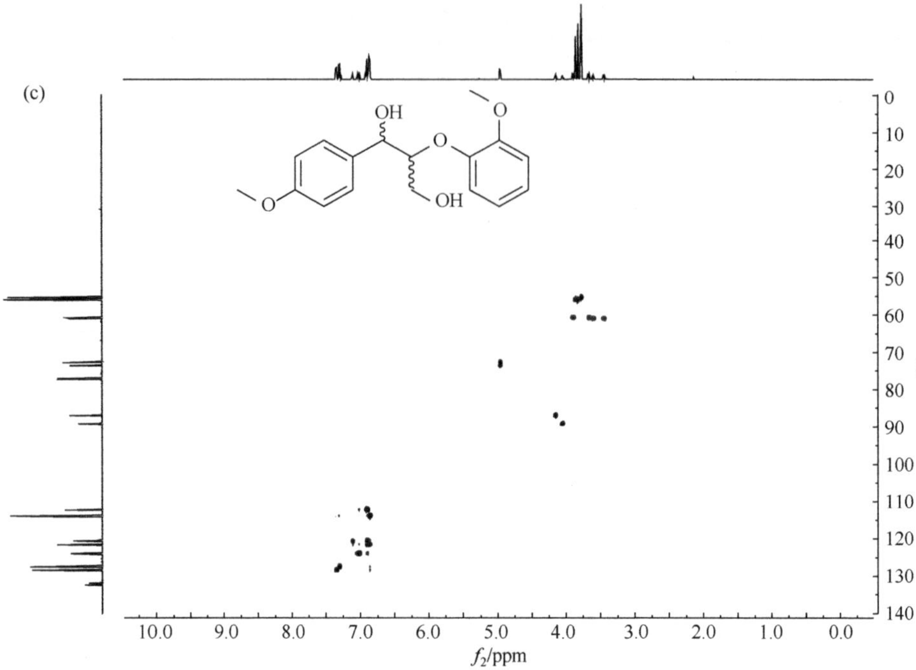

图 5.6　1b 的(a)氢谱、(b)碳谱和(c)2D HSQC 谱图

4. 1-(4-羟基-3-甲氧基苯基)-2-(2-甲氧基苯氧基)-丙烷-1,3-二醇(1c)、1-(3,4-二甲氧基苯基)-2-(2-甲氧基苯氧基)-丙烷-1,3-二醇(1d)的制备

1-(4-羟基-3-甲氧基苯基)-2-(2-甲氧基苯氧基)-丙烷-1,3-二醇(1c)、1-(3,4-二甲氧基苯基)-2-(2-甲氧基苯氧基)-丙烷-1,3-二醇(1d)均参考相关文献办法合成。

5.2.3　低共熔溶剂的制备

在 100 mL 圆底烧瓶中加入氯化胆碱(ChCl)、二水草酸(OA)和乙二醇(EG)制备低共熔溶剂(DES)，将混合物在 80℃下加热搅拌至形成澄清液体。

对于断键稳定低共熔溶剂(CS-DES)，ChCl、OA 和 EG 的物质的量比为 30 mmol：30 mmol：(5～60 mmol)。

对于衍生保护低共熔溶剂(DP-DES)，ChCl、OA 和 EG 的物质的量比为 30 mmol：(0.6～6 mmol，1%～10%)：60 mmol。

当使用其他二醇(包括 1,3-丙二醇和 1,2-丁二醇)和多元醇(丙三醇)制备 DP-DES 时，使用相同物质的量的二醇代替 EG。

5.2.4　木质素模型物的转化

低共熔溶剂中木质素模型物的转化是在 20 mL 微波玻璃小瓶中进行的。在

CS-DES 中，将 1a(25 mg)与 CS-DES(11.6 g)混合，将小瓶密封并搅拌加热至合适的温度(80～120℃)5～30 min。温度超过 100℃时，用针释放压力。冷却后，将 0.1 mL 内标储备液(十八烷，10 mg/mL)加入混合物中并搅拌 5 min。用二氯甲烷(20 mL × 3)和水(20 mL)萃取产物，将三次萃取的二氯甲烷相合并并浓缩。将产物稀释在 2 mL 二氯甲烷中，通过 0.45 μm 的聚四氟乙烯过滤器过滤，然后注入气相色谱-质谱仪或气相色谱仪(配氢火焰检测器)中进行分析，并根据校准值计算转化率和选择性。DP-DES 转化操作略有不同，将 50 mg 的 1a 与 8 g 的 DP-DES 相混合，密封小瓶并在合适的温度(80～100℃)下搅拌加热 24 h。产品提取和分析遵循与 CS-DES 中相同的步骤。

5.2.5　柱层析色谱分离产物

柱层析色谱主要采用 Merck 9385 型硅胶(230～400 目)，通常采用乙酸乙酯和戊烷或甲醇和二氯甲烷作为洗脱剂。薄层色谱分析：Merck 硅胶 60，0.25 mm。产物通过紫外光或高锰酸钾染色进行可视化。

5.2.6　表征与检测

(1) 气相色谱-质谱联用和气相色谱火焰检测器：用于产物鉴定(定性)以及转化率和选择性值(定量)的测定。

产物定性采用带有 HP-1MS 色谱柱的 QP2010 Ultra 型气相色谱-质谱联用仪，气体载体为氦气。气相色谱-质谱联用分析氢解产物的条件：温度程序在 40℃开始 10 min，以 10℃/min 升温速率加热至 90℃，保持 5 min；再以 15℃/min 升温速率加热至 260℃，加热 5 min；以 25℃/min 升温至 290℃后结束。气相色谱-质谱联用酸解产物分析方法：温度程序在 45℃开始，以 12℃/min 加热至 300℃，保持 10 min。

转化率和产物选择性由日本岛津公司的 GC-2014 型气相色谱-火焰离子化检测器(GC-FID)测定。HP-5MS 柱，使用氮气作为载运气。用于氢解产物分析的 GC-FID 分析方法：温度程序在 40℃下开始 10 min，以 10℃/min 加热至 90℃，保持 5 min；再以 15℃/min 加热至 260℃，保持 5 min；再以 25℃/min 加热至 290℃结束。对于 GC-FID 酸解产物分析方法：温度程序开始于 40℃保持 5 min，以 10℃/min 加热至 140℃，保持 10 min，然后 10℃/min 加热至 290℃结束。

(2) 质谱：在 AEI-MS-902 质谱仪(EI^+)或 LTQ Orbitrap XL(ESI^+)上记录质谱。

(3) 核磁共振：使用氘代氯仿或氘代丙酮作为溶剂，在瓦里安 Mercury Plus 400、Agilent MR 400(分别为 400 MHz 和 100.59 MHz)和布鲁克 Avance NEO 600(分别为 600 MHz 和 150.92 MHz)上记录 ^1H 和 ^{13}C 核磁谱。在室温下记录 ^1H 和 ^{13}C 核磁谱。化学位移值以 ppm 为单位，氘代氯仿为内标($CDCl_3$：氢谱化学位移为 7.26，碳谱化学位移为 77.2)。

5.3 木质素模型物解聚转化

5.3.1 木质素缩合问题和功能性低共熔溶剂的提出

在酸性条件，木质素的主要缩合路径如图 5.7 所示，在酸性体系中木质素首先通过脱水形成不稳定的碳正离子，该碳正离子可以进一步通过分子内或分子间缩合形成新的碳碳键结合；而当反应体系酸性较强时，木质素进一步通过脱去一分子甲醛，形成烯醚结构 3a，烯醚结构通过水解得到不稳定的醛 5a，醛自身通过醇醛缩合同样形成新的碳碳键；解决木质素的缩合问题是将木质素转化为芳香基小分子化学品的关键和挑战。

因此在传统的酸性低共熔溶剂(如氯化胆碱/草酸或氯化胆碱/乳酸低共熔溶剂)处理木质原料过程中，低共熔溶剂能够有效地破坏“抗解聚屏障”和木质素的芳基醚键结构(图 5.8)。然而除了断键效果明显外，在其过程中也会形成不稳定的碳正离子或醛等中间体，导致缩合木质素的形成，缩合木质素由于形成了更加稳定的碳碳键结合，因而很难对缩合的木质素进行进一步的解聚转化处理。

首先对传统的两组分氯化胆碱/草酸低共熔溶剂中模型物的反应进行检测，如图 5.9 所示，在氯化胆碱/草酸低共熔溶剂中，木质素模型物原料全部转化，选择性得到 83%的愈创木酚和 18%的醛(5a)，同时也检测到 5a 自身缩合所产生的副产物(图 5.10)，说明醛在该体系下不够稳定，发生了缩合副反应，进而也说明了制备功能性抑制缩合的低共熔溶剂的必要性。

先前已有研究表明(图 5.11)，为了抑制木质素芳基醚二聚体及其解聚产物缩合，通常采用强酸性催化剂(如硫酸、三氟甲磺酸和三氟甲磺酸盐)和传统有机溶剂(如甲苯、1,4-二氧六环)(图 5.11)。同时醛 5a 是不稳定的，还可能发生再缩合反应，这种缩合反应可以通过使用多种二醇(如乙二醇)以环状缩醛的形式捕集来抑制。因此，在环境友好的低共熔溶剂体系基础上，针对以上缩合问题，从木质素模型物角度出发，针对性地制备可调控的氯化胆碱/草酸/乙二醇三组分低共熔溶剂，通过调节乙二醇和草酸的相对比例，实现反应路径的调控[16]。

5.3.2 抑制缩合低共熔溶剂中模型物反应初试

将木质素模型物在抑制缩合低共熔溶剂中进行反应初试(图 5.12)。10 g 由氯化胆碱、草酸、乙二醇按 0.03∶0.03∶0.06(物质的量比)配制的低共熔溶剂，与 50 mg 木质素模型物在 100℃条件下反应 20 min。水和二氯甲烷用来萃取反应后的产物，转化率和选择性则通过内标法计算。如图 5.12 所示，木质素模型物 1a

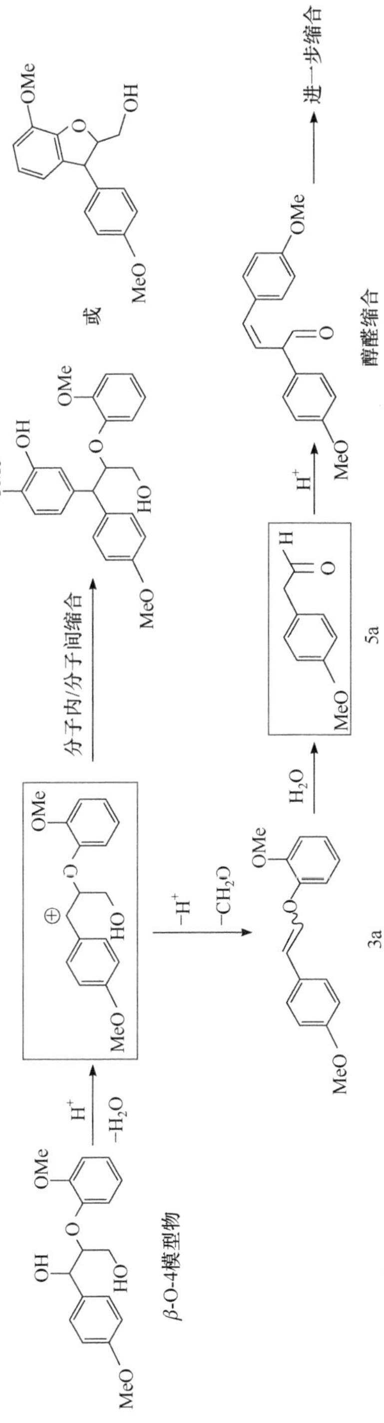

图5.7　酸催化木质素不稳定的碳正离子或醛(5a)的缩合

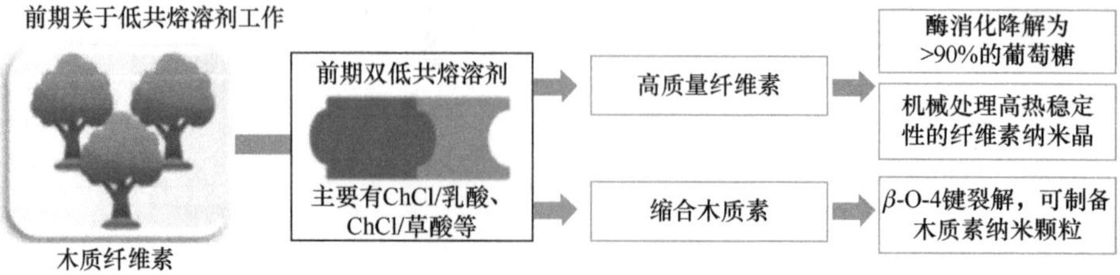

图 5.8 低共熔溶剂处理木质原料过程中的缩合问题

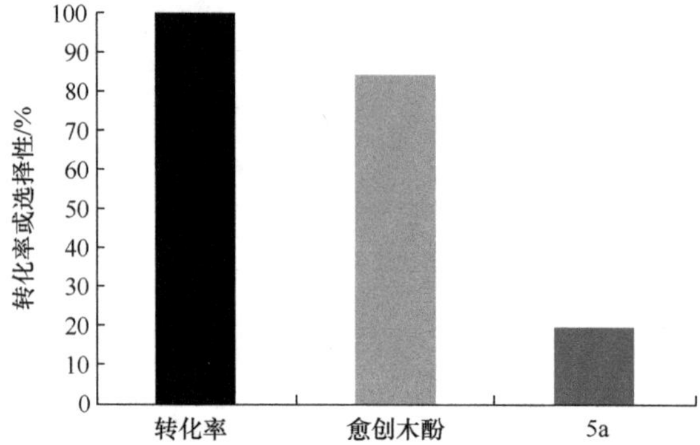

图 5.9 氯化胆碱/草酸低共熔溶剂中木质素模型物反应后的 GC-FID 分析

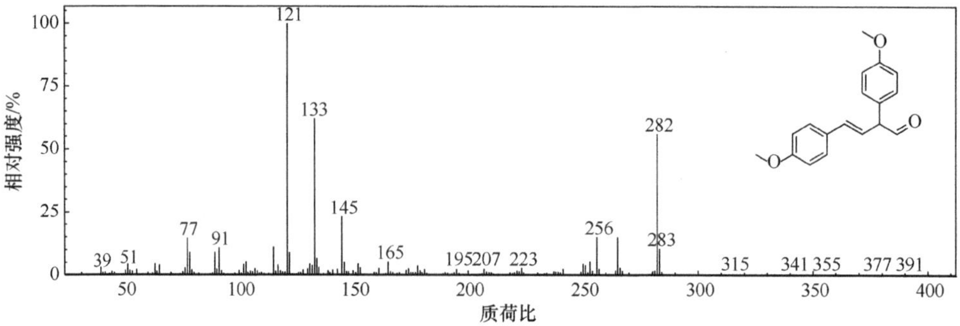

图 5.10 模型物 1a 在氯化胆碱/草酸低共熔溶剂中断键后形成的醛(5a)自身缩合的副产物

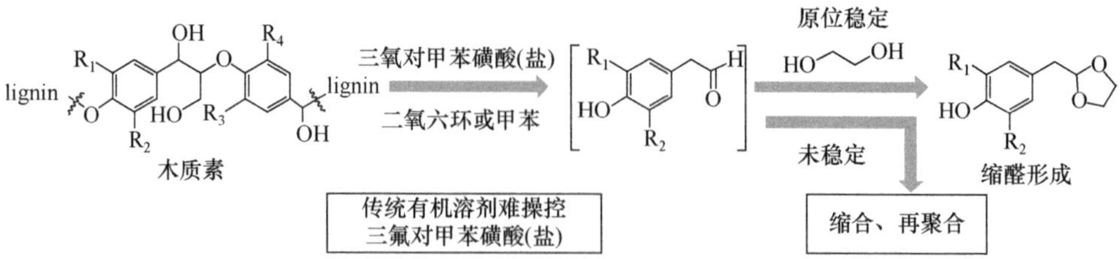

图 5.11 使用二醇体系抑制再缩合机制

的转化率约为 55%，在产物中观测到醚键断裂所产生的愈创木酚和醛 5a，同时也检测到乙二醇与不稳定的醛反应生成的缩醛 6aa 和乙二醇保护碳正离子形成的

4aa。以上结果说明该三组分低共熔溶剂体系可以成功抑制木质素模型物的缩合反应。

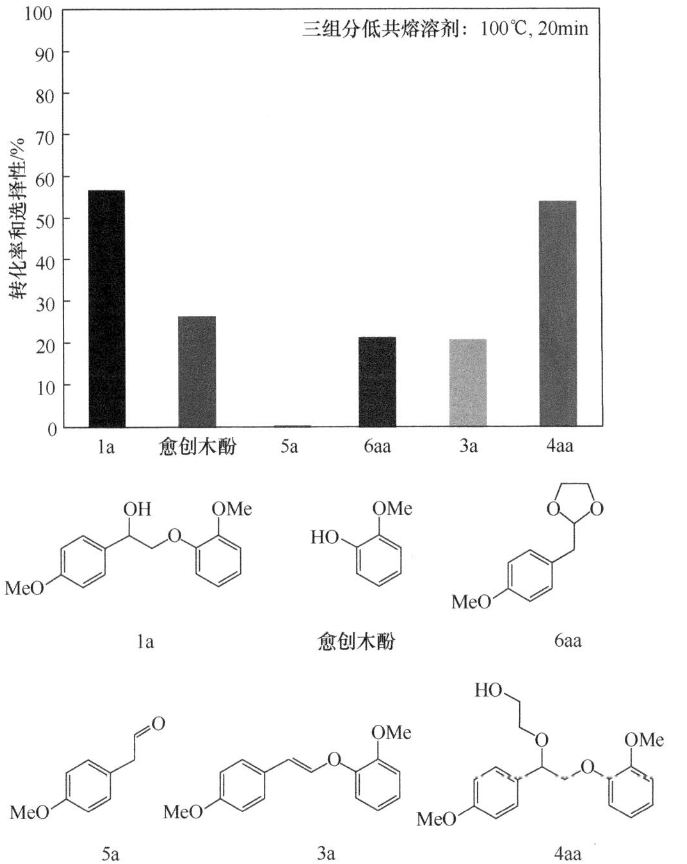

图 5.12　氯化胆碱/草酸/乙二醇低共熔溶剂中木质素模型物的反应结果

5.3.3　以缩醛产物 6aa 为主的模型物反应优化

氯化胆碱/草酸/乙二醇(1∶1∶2)低共熔溶剂对木质素模型物 1a 具有明显的抑制缩合的作用，在此基础上继续对 1a 的反应进行优化，以期获得以缩醛 6aa 为主产物的最佳抑制缩合反应条件。由于在 100℃时，掺入乙二醇的 4aa 是主要产物，因此温度升高到 120℃和 140℃以增强 1a 的裂解程度。如图 5.13 和表 5.1 所示，由 1a 在不同温度下的反应结果可以看出，在 120℃下反应 20 min，1a 完全转化，愈创木酚和 6aa 的选择性分别为 71%和 67%，说明乙二醇在高草酸比例的低共熔溶剂中既起到溶剂作用也起到烯醚中间体 3a 稳定剂的作用。然而，当反应温度降低到 100℃，1a 的转化率仅为 56%，愈创木酚和 6aa 的选择性分别为 26%和 21%，取而代之检测到 20%选择性的 3a 和 54%选择性的 4aa，说明相对低温对模型物断键来说并不理想。尽管在 140℃下，木质素模型物全部转化，然而愈创木酚和 6aa 的选择性均稍有降低，说明在相对高的温度下存在一些副反应。

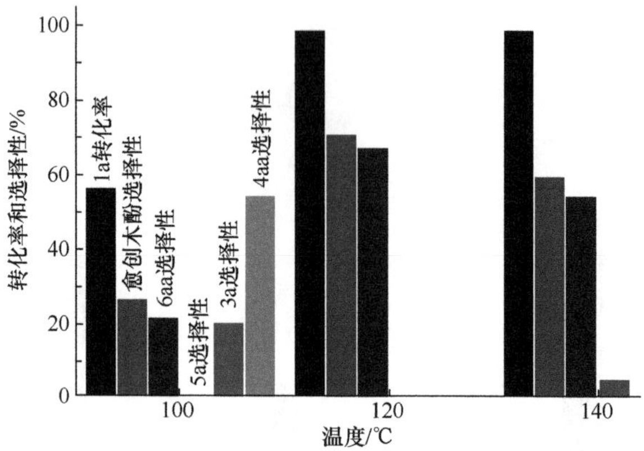

图 5.13　反应温度对以缩醛产物 6aa 为主的木质素模型物反应的影响对比图

表 5.1　反应温度对以缩醛产物 6aa 为主的木质素模型物反应的影响

组别	反应温度/℃	1a 转化率/%	选择性/%				
			愈创木酚	6aa	5a	3a	4aa
1	100	56	26	21	0.3	20	54
2	120	>99	71	67	<1	<1	<1
3	140	>99	59	54	5	0	0

反应条件：1a 模型物 25 mg；低共熔溶剂配比：氯化胆碱 4.2 g(30 mmol)，乙二醇 3.6 g(60 mmol)，草酸 3.8 g (30 mmol)；反应 20 min。以十八烷为内标物，用 GC-FID 测定转化率和选择性。

由于乙二醇在保护断键后形成的醛 6aa 中起到重要作用，因此对乙二醇在断键抑制缩合低共熔溶剂中用量的影响进行进一步研究。如图 5.14 和表 5.2 所示，不同乙二醇用量下，1a 均为完全转化，愈创木酚和缩醛 6aa 的选择性分别为 61%～71%和 22%～67%，说明不同乙二醇含量对断键影响不大，6aa 的选择性随着乙二醇用量增加而增加，然而更多的乙二醇使 6aa 的选择性略有下降。

在确定了 120℃是相对较理想的温度后，对高草酸比例低共熔溶剂中的反应时间和乙二醇的相对含量进行了筛选。从结果可以看出，反应 5 min 时，转化率为 85%，但产物选择转化为 4aa，选择性为 80%(图 5.15、表 5.3)。随着反应时间的增加，1a 的转化率略有增加，在反应时间为 20 min 时达到完全转化，抑制缩合产物愈创木酚和 6aa 的选择性同时增加，而 4aa 的选择性相应显著下降。进一步延长反应时间到 30 min 并没有增加愈创木酚和 6aa 的选择性，相反有略微下降。最优的实验结果表明，在反应过程中存在一定的副反应，如检测到醛自身缩合的副产物，此外，尽管乙二醇起到抑制缩合的作用，反应过程中依然形成了碳正离子，存在缩合的可能性。

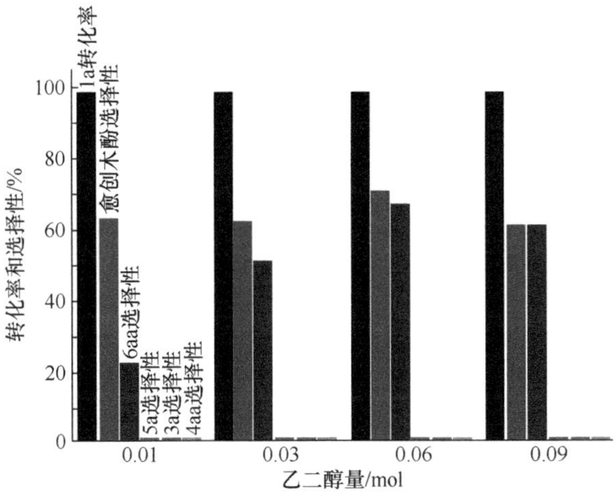

图 5.14　乙二醇用量对以缩醛产物 6aa 为主的木质素模型物反应的影响对比图

表 5.2　乙二醇用量对以缩醛产物 6aa 为主的木质素模型物反应的影响

组别	乙二醇用量/mol	1a转化率/%	选择性/%				
			愈创木酚	6aa	5a	3a	4aa
1	0.01	>99	63	22	<1	<1	<1
2	0.03	>99	62	51	<1	<1	<1
3	0.06	>99	71	67	<1	<1	<1
4	0.09	>99	61	61	<1	<1	<1

反应条件：1a 模型物 25 mg；低共熔溶剂配比：氯化胆碱 4.2 g(30 mmol)，乙二醇 0.6～5.4 g(10～90 mmol)，草酸 3.8 g(30 mmol)；120℃反应 20 min。以十八烷为内标物，用 GC-FID 测定转化率和选择性。

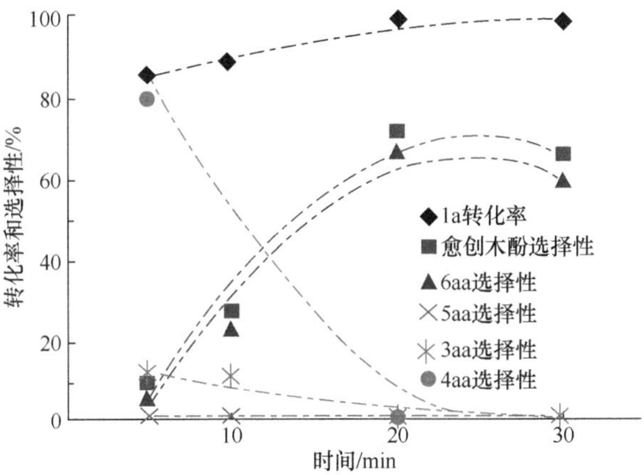

图 5.15　反应时间对以缩醛产物 6aa 为主的木质素模型物反应的影响图

表 5.3 反应时间对以缩醛产物 6aa 为主的木质素模型物反应的影响

组别	反应时间/min	1a 转化率/%	选择性/%				
			愈创木酚	6aa	5a	3a	4aa
1	5	85	9	6	<1	11	80
2	10	88	26	23	<1	11	63
3	20	>99	71	67	<1	<1	<1
4	30	>99	65	59	<1	<1	<1

反应条件：1a 模型物 25 mg；低共熔溶剂配比：氯化胆碱 4.2 g(30 mmol)，乙二醇 3.6 g(60 mmol)，草酸 3.8 g (30 mmol)；120℃。以十八烷为内标物，用 GC-FID 测定转化率和选择性。

从上述实验可以得出结论，愈创木酚和缩醛 6aa 的最高选择性分别为 71%和 67%，在 120℃下 20 min 可实现 1a 的完全转化。这些结果与常规有机溶剂获得的结果相当，并且超过了在掺入乙二醇的功能性离子液体中获得的结果[16]。将较低的产物收率归因于存在副反应，即使在乙二醇的存在下也无法避免，这可能是由于溶剂的高离子性质可稳定碳正离子，碳正离子可能会被反应混合物中存在的任何组分更有效地捕集。

5.3.4 以二醇产物 4aa 为主的模型物反应优化

模型物反应初试的数据还证实，在β-O-4 键断裂之前，掺入二醇的 4aa 是作为初始产物形成的；并且在加强反应条件(提高反应温度、延长反应时间)的过程中，4aa 的产率逐渐降低。因此，适当调整反应条件(如降低反应体系酸度、降低反应温度等)抑制β-O-4 键的断裂，可以有效调控模型物转化主产物从 6aa 转为 4aa。

反应结果如图 5.16 所示，反应从相对低的温度 80℃和 100℃开始，仅采用 1%

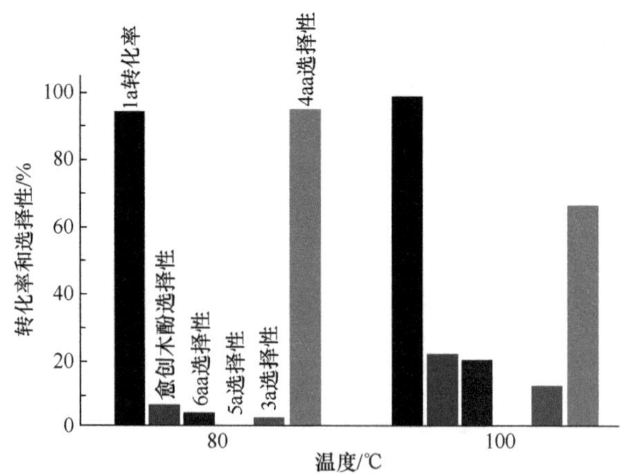

图 5.16 反应温度对以二醇产物 4aa 为主的木质素模型物反应的影响图

的草酸用量，反应时间为 24 h，通过结果可以发现，在 80℃下，95%产率的 4aa 能够选择性得到并且分离(表 5.4)。进一步提高温度到 100℃发现 4aa 的选择性降低，4-甲氧基苯乙醛 5a 和烯醚中间体 3a 的选择性同时增加，因此采用 1%草酸用量在 80℃下对实验条件进行进一步优化。

表 5.4　反应温度对以二醇产物 4aa 为主的木质素模型物反应的影响

组别	反应温度/℃	1a 转化率/%	选择性/%				
			愈创木酚	6aa	5a	3a	4aa
1	80	94	6	0	3.6	2	95
2	100	>99	21.7	0	20	12	66

反应条件：1a 模型物 50 mg；低共熔溶剂配比：氯化胆碱 4.2 g(30 mmol)，乙二醇 3.6 g(60 mmol)，1%草酸 0.08 g (0.6 mmol)；反应 24 h。以十八烷为内标物，用 GC-FID 测定转化率和选择性。

由于草酸的用量对断键效果影响比较显著，接下来也对草酸的用量进行了优化，如图 5.17 所示，反应温度为 80℃，反应时间为 6 h，由结果可以得知，2%草酸用量下 1a 接近完全转化，随着草酸量的增加，4aa 的选择性降低(表 5.5)。

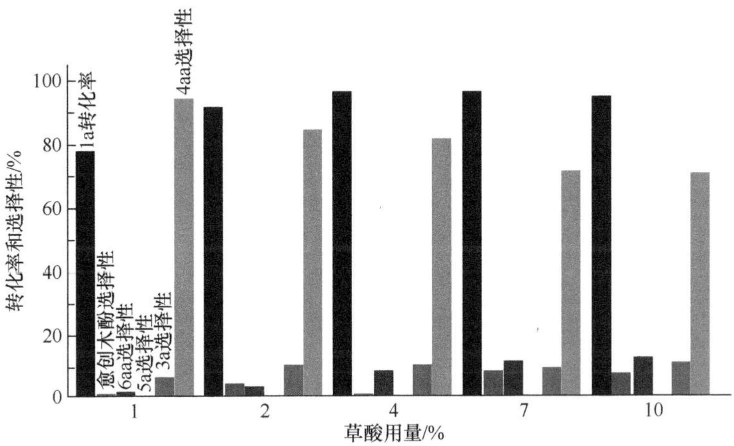

图 5.17　草酸用量对以二醇产物 4aa 为主的木质素模型物反应的影响

表 5.5　草酸用量对以二醇产物 4aa 为主的木质素模型物反应的影响

组别	草酸用量/%	1a 转化率/ %	选择性/%				
			愈创木酚	6aa	5a	3a	4aa
1	1	77	<1	0	1.6	6	94
2	2	91	4	0	3	9.6	84
3	4	96	<1	0	8	10.3	81
4	7	96	8	0	11	9.4	71
5	10	94	7	0	12	10.7	70

反应条件：1a 模型物 50 mg；低共熔溶剂配比：氯化胆碱 4.2 g(30 mmol)，乙二醇 3.6 g(60 mmol)，1%～10%草酸；80℃反应 6 h。以十八烷为内标物，用 GC-FID 测定转化率和选择性。

反应时间对 1a 的转化率有较大影响，如图 5.18 所示，1a 的转化率随着反应时间的增加而显著增加；反应 24 h 时，反应转化率大于 90%。值得一提的是，在不同反应时间下，4aa 的选择性总是大于 90%(表 5.6)，说明在此功能性低共熔溶剂中的反应比较具有选择性。从以上结果可知，相对多的草酸用量、短的反应时间，或相对少的草酸用量、长的反应时间都可以选择性地得到 4aa。

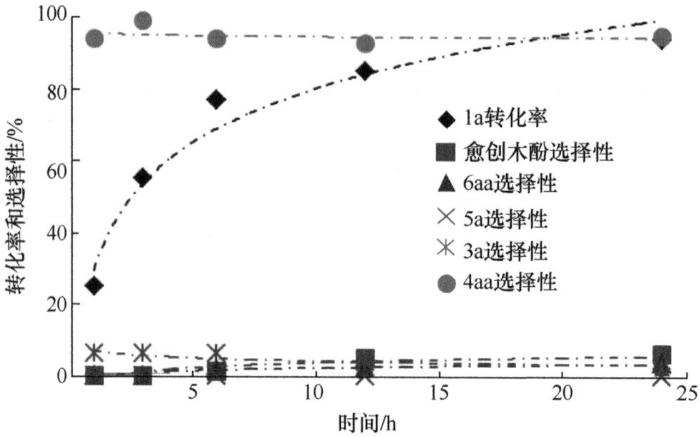

图 5.18　反应时间对以二醇产物 4aa 为主的木质素模型物反应的影响

表 5.6　反应时间对以二醇产物 4aa 为主的木质素模型物反应的影响

组别	反应时间/h	1a 转化率/%	选择性/%				
			愈创木酚	6aa	5a	3a	4aa
1	1	25	0	0	0	6	94
2	3	55	0	0	0	6	99
3	6	77	<1	0	1.6	6	94
4	12	85	5	0	2.3	4	93
5	24	94	6	0	3.6	2	95

反应条件：1a 模型物 50 mg；低共熔溶剂配比：氯化胆碱 4.2 g(30 mmol)，乙二醇 3.6 g(60 mmol)，1%草酸 0.08 g (0.6 mmol)；80℃。以十八烷为内标物，用 GC-FID 测定转化率和选择性。

1. 不同二醇和丙三醇体系低共熔溶剂中的木质素模型物研究

除了氯化胆碱/草酸/乙二醇体系低共熔溶剂外，其他二醇体系和丙三醇体系抑制缩合低共熔溶剂也用来对 1a 进行保护。如图 5.19 所示，在丙三醇基衍生抑制缩合低共熔溶剂中，可以选择性得到 73%产率的 4ab 和 4ab′混合物；在 1,3-丙二醇和 1,2-丁二醇基抑制缩合低共熔溶剂中，能够得到 41%的 4ac 和 18%的 4ad，其相对低产率的原因可能是这两种二醇在制备低共熔溶剂过程中，需要较长时间形成均相的低共熔溶剂体系。所有产物均通过气相色谱-质谱或者碳氢二维核磁进行确定，具体结果见图 5.20～图 5.25。

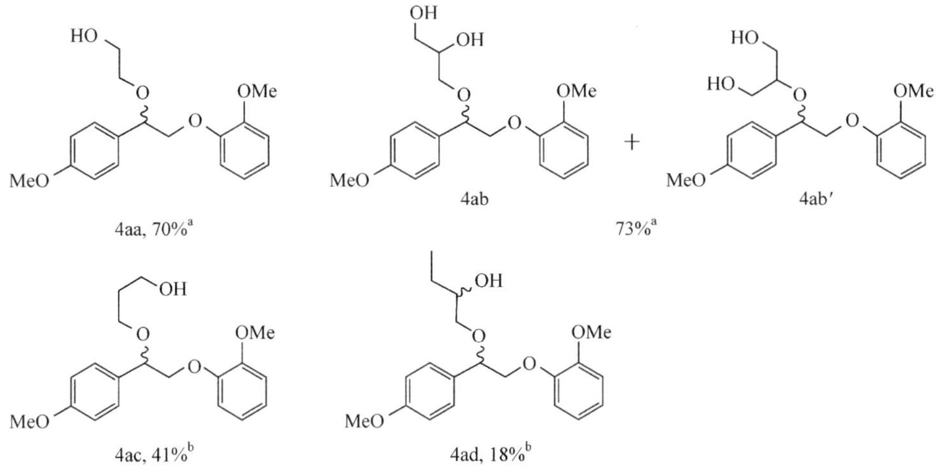

图 5.19　不同二醇和丙三醇基溶剂体系下木质素模型物反应

a 表示分离得率；b 表示气相得率

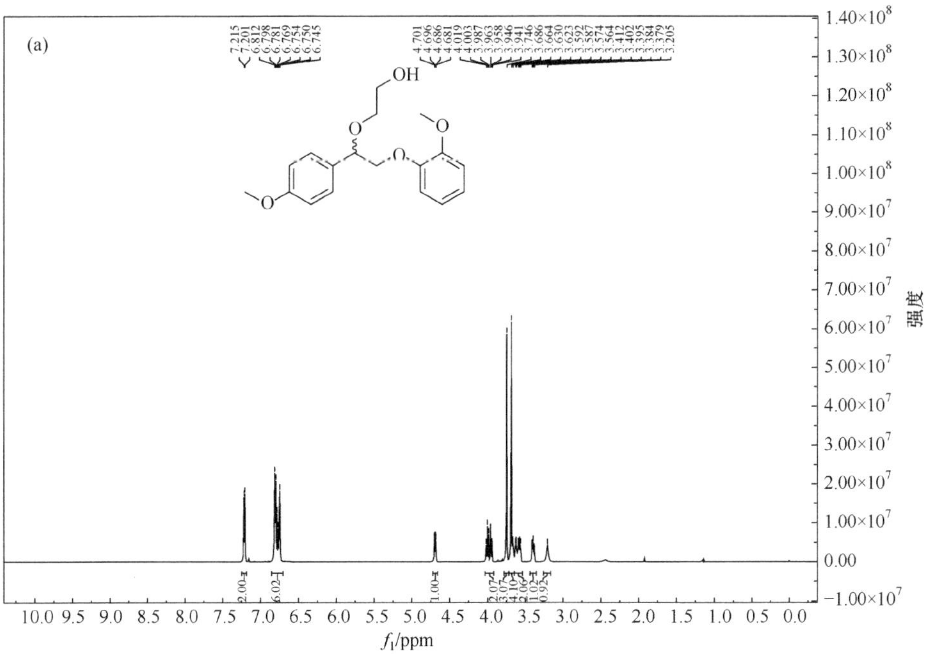

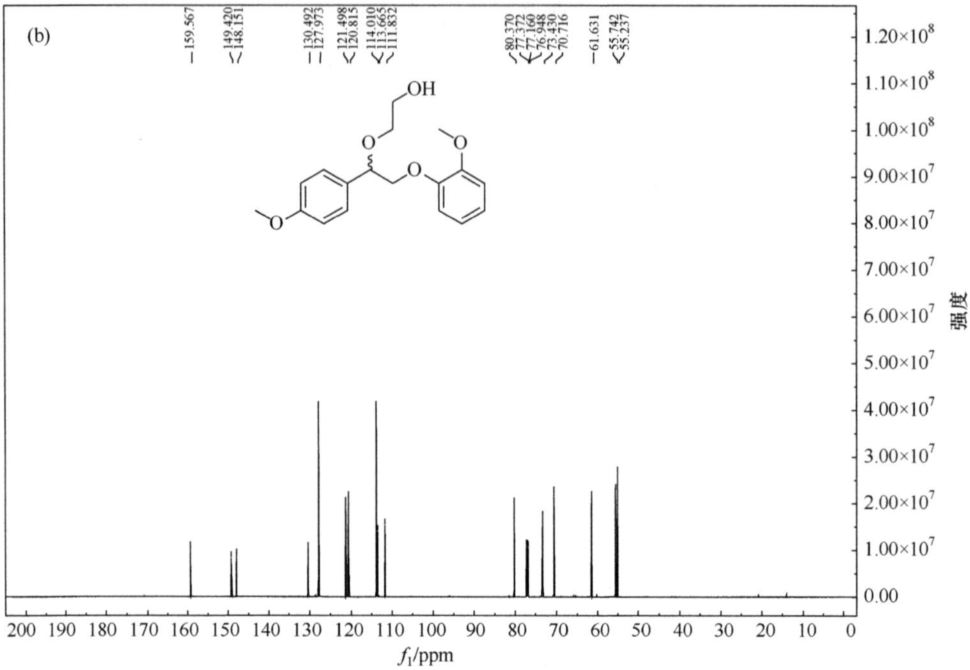

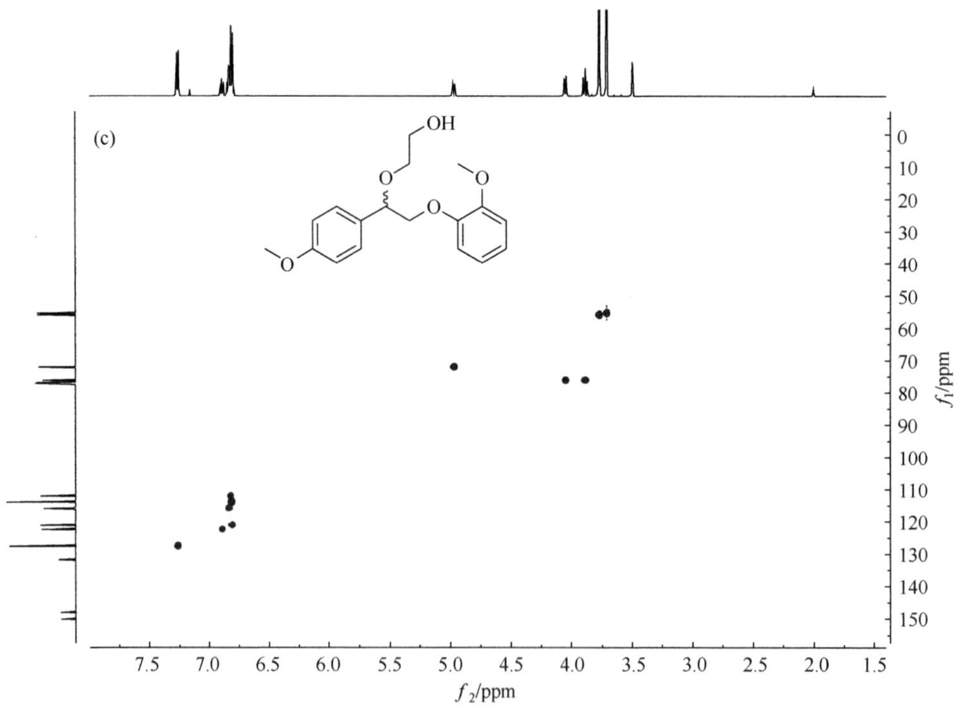

图 5.20　4aa 的(a)氢谱、(b)碳谱和(c)碳氢二维核磁谱图

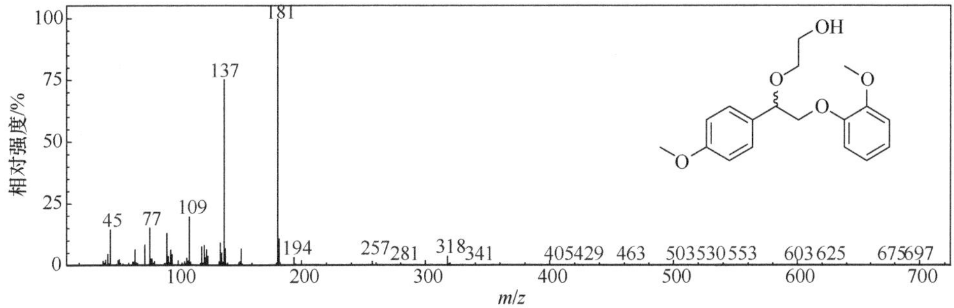

图 5.21　4aa 的质谱谱图

产物 4aa 的确认：产物 4aa 采用碳氢核磁，用碳氢二维核磁和气相色谱-质谱测试分子量来确认其结构，具体结果见图 5.20 和图 5.21。氢谱上积分得到的氢数量和碳谱中碳的数量均与 4aa 吻合。

基于丙三醇三组分低共熔溶剂中，抑制缩合产物 4ab 和 4ab′为同分异构体，其比例为 97∶3，而 4ab 则为非对映异构体，具有两个手性中心，比值约为 1∶1。采用碳氢核磁和二维核磁及分子量来确认其结构，具体结果见图 5.22～图 5.24。

基于其他二醇体系的三组分低共熔溶剂得到的抑制缩合产物如 4ac 和 4ad 则采用 GC/MS 来确认其结构，如图 5.25 和图 5.26 所示。

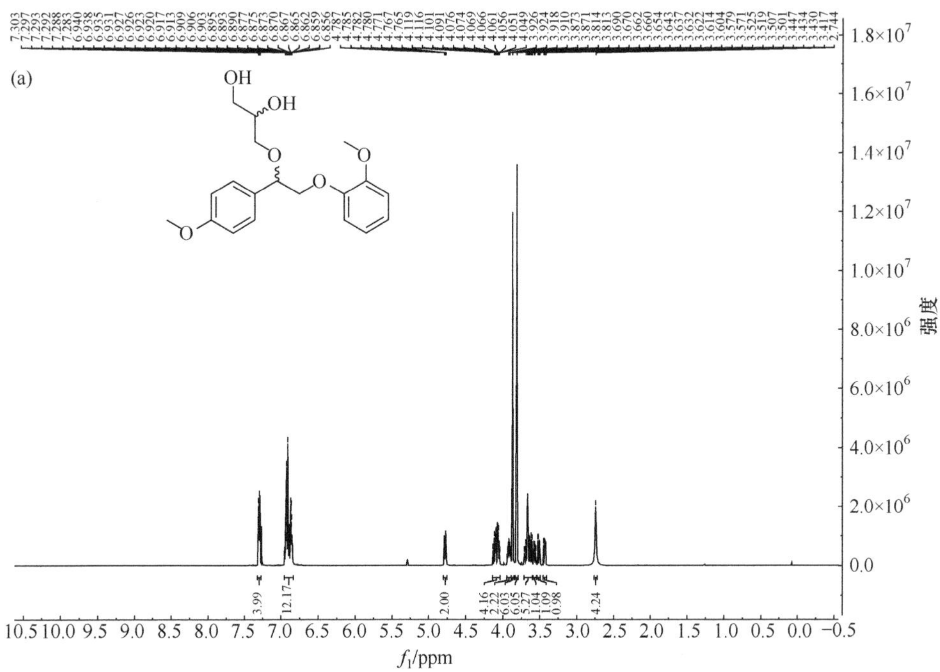

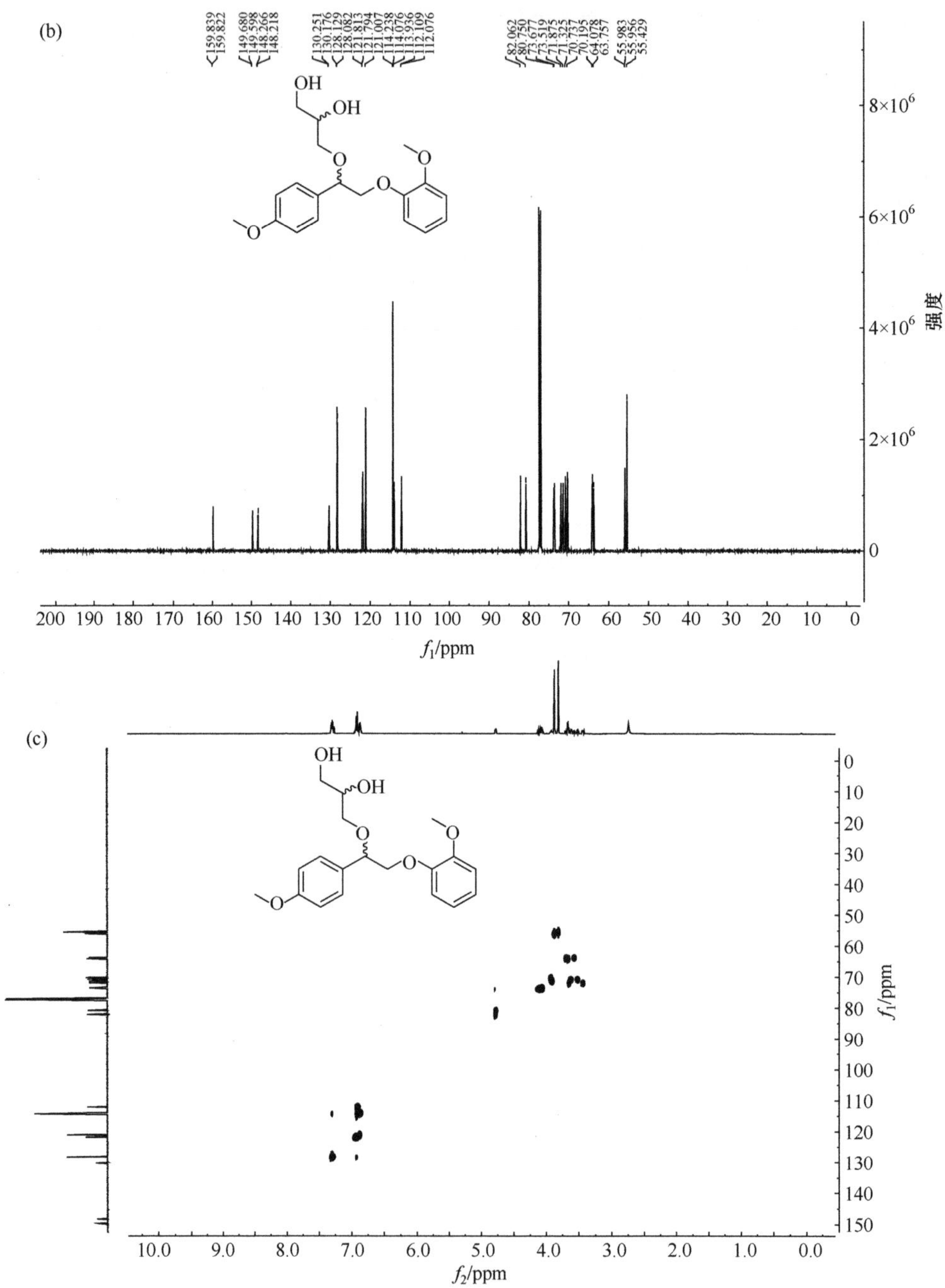

图 5.22　4ab 的(a)氢谱、(b)碳谱和(c)碳氢二维核磁谱图

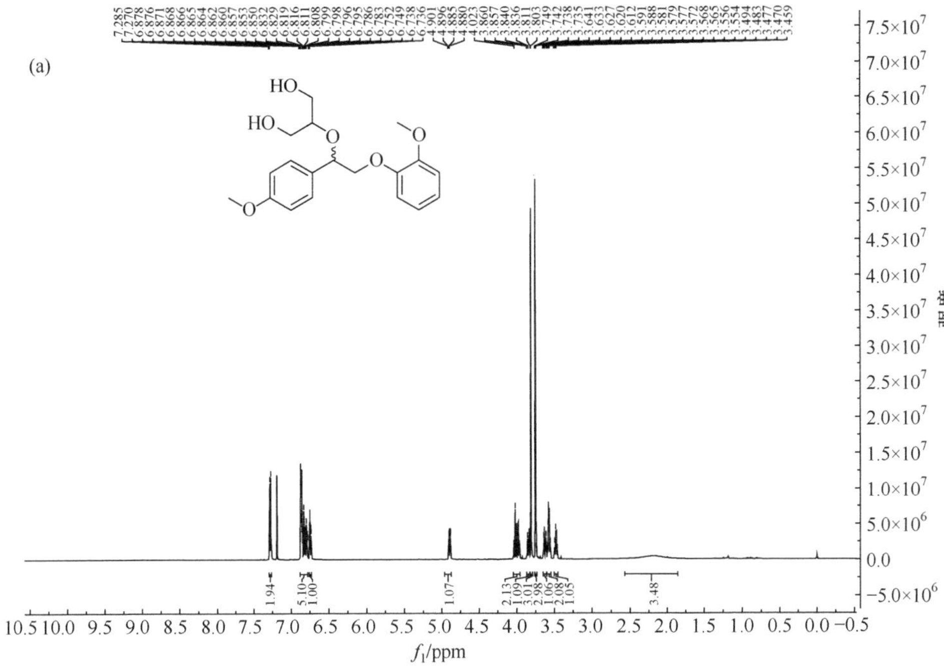

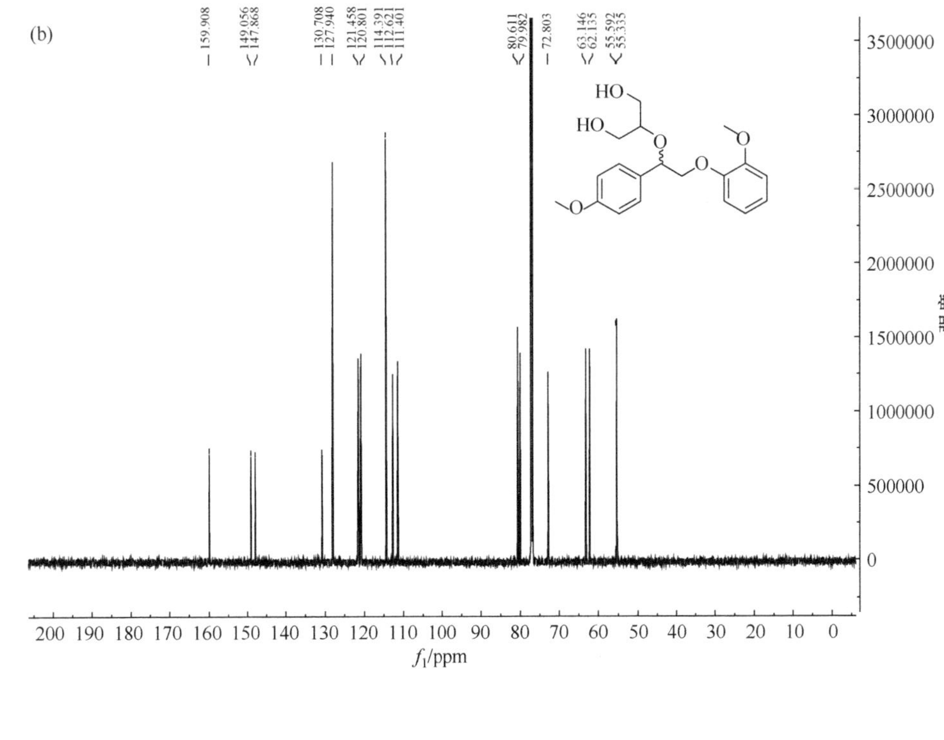

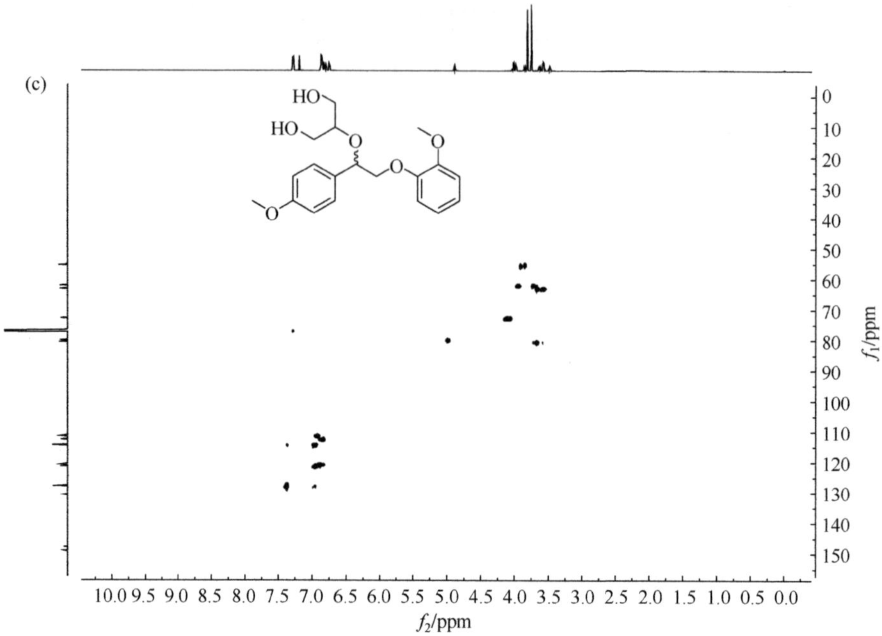

图 5.23　4ab′的(a)氢谱、(b)碳谱和(c)碳氢二维核磁谱图

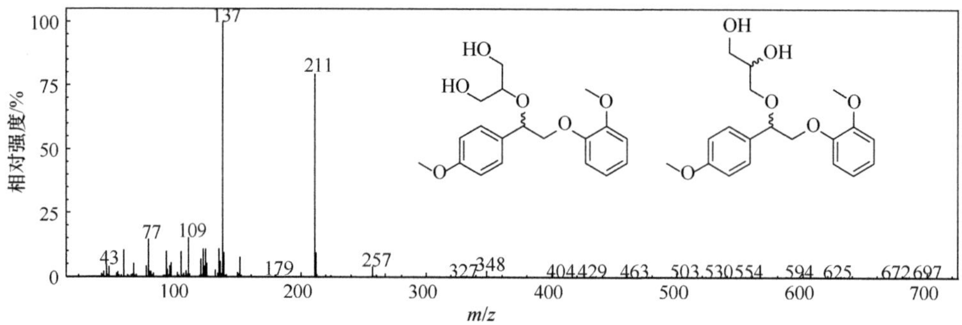

图 5.24　4ab 和 4ab′的质谱谱图

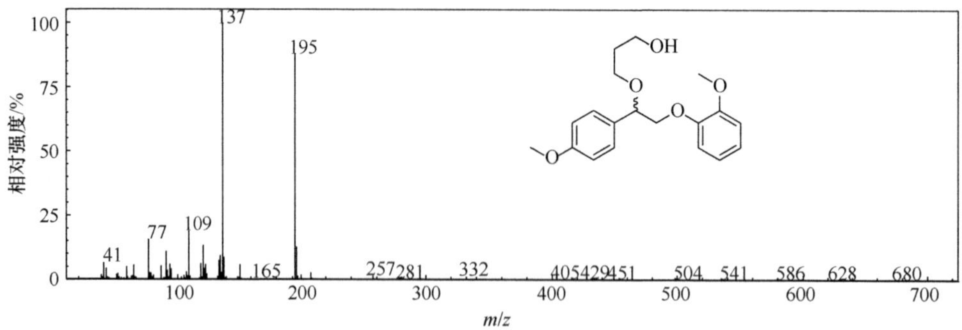

图 5.25　4ac 的质谱谱图

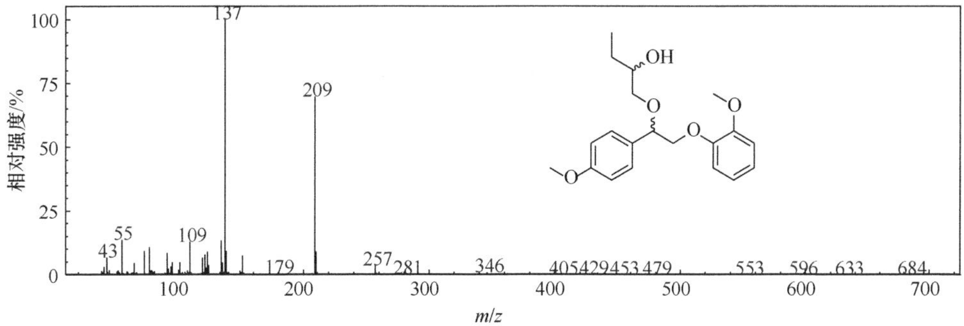

图 5.26　4ad 的质谱谱图

2. 乙二醇体系低共熔溶剂中复杂木质素模型物研究

此外，对更加复杂的木质素模型物(分别代表在木质素中不同位置的模型物)的抑制缩合也在乙二醇基抑制缩合低共熔溶剂中进行了研究，如图 5.27 所示。76%产率的 4ba 和 71%产率的 4ca 从甲基化的模型物原料中选择性得到，82%产率的 4da 也从酚的原料中得到。相关气相色谱-质谱和二维核磁谱见图 5.28～图 5.30(a 代表分离得率，b 代表气相得率)。

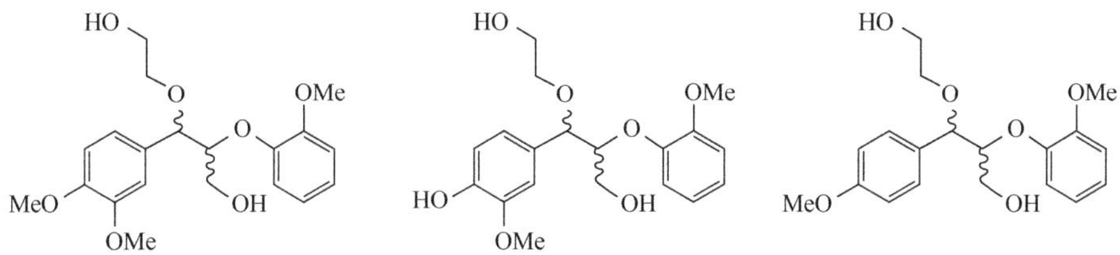

4ca, 71%[b]　　4da, 82%[a]　　4ba, 76%[a]

图 5.27　乙二醇基抑制缩合低共熔溶剂中复杂木质素模型物的反应

反应后产物 4ba 采用柱层析色谱法对其进行分离，通过碳氢核磁和 2D HSQC 及 GC-MS 进行结构确认，产物 4ba 为非对映异构体，比值约为 1∶1，经过对氢谱进行积分得到的氢数量和碳谱中碳的数量均与 4ba 吻合。具体结果如图 5.28～图 5.30 所示。

乙二醇抑制缩合产物 4ca 主要采用 GC-MS 测定分子量来确定，见图 5.31。

乙二醇抑制缩合产物 4da 采用柱层析色谱法分离后，采用碳氢核磁和二维核磁进行表征，确定其结构，对氢谱进行积分得到的氢个数和碳谱得到的碳个数与 4da 一致，具体结果见图 5.32。

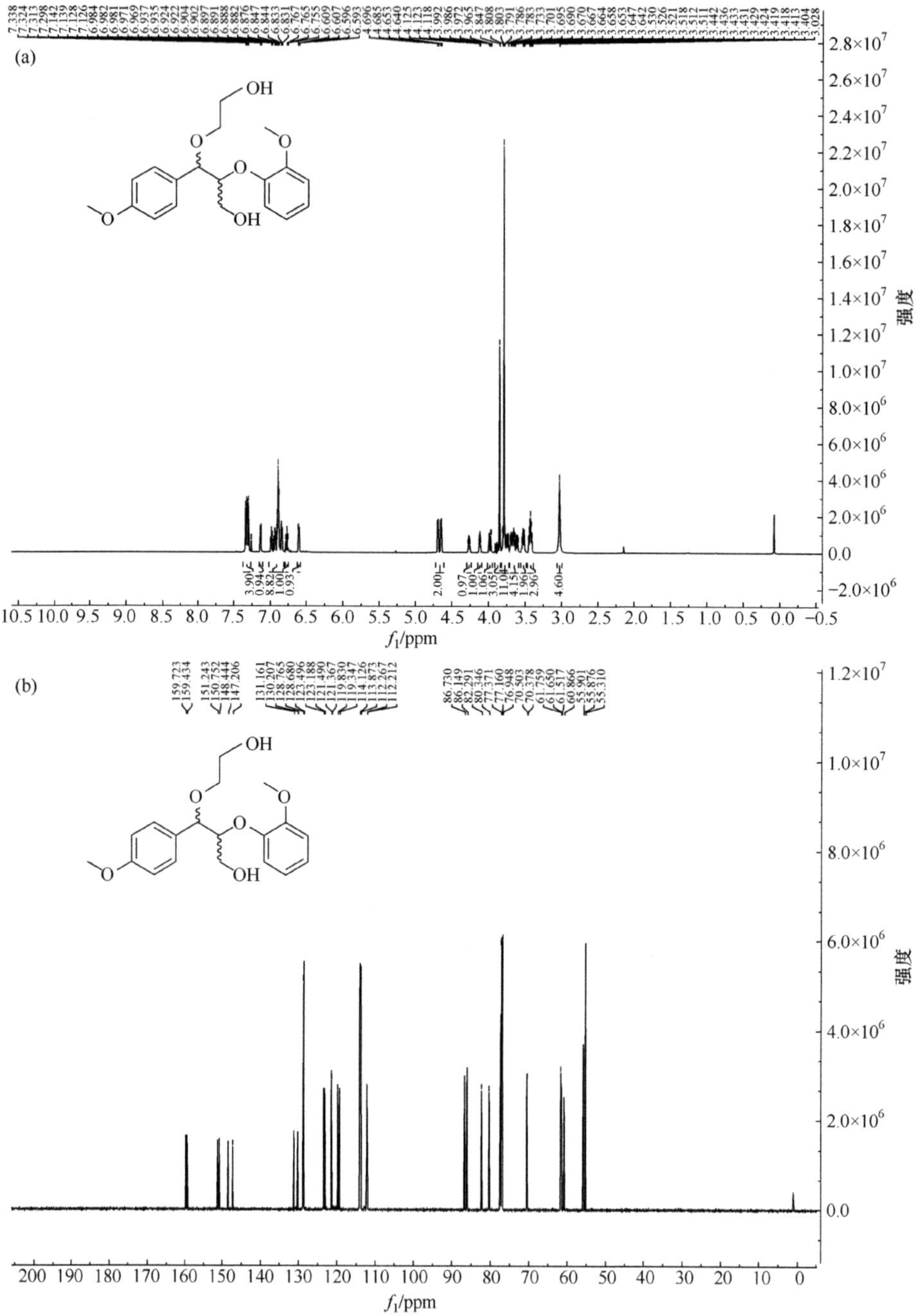

图 5.28　4ba 的(a)氢谱和(b)碳谱

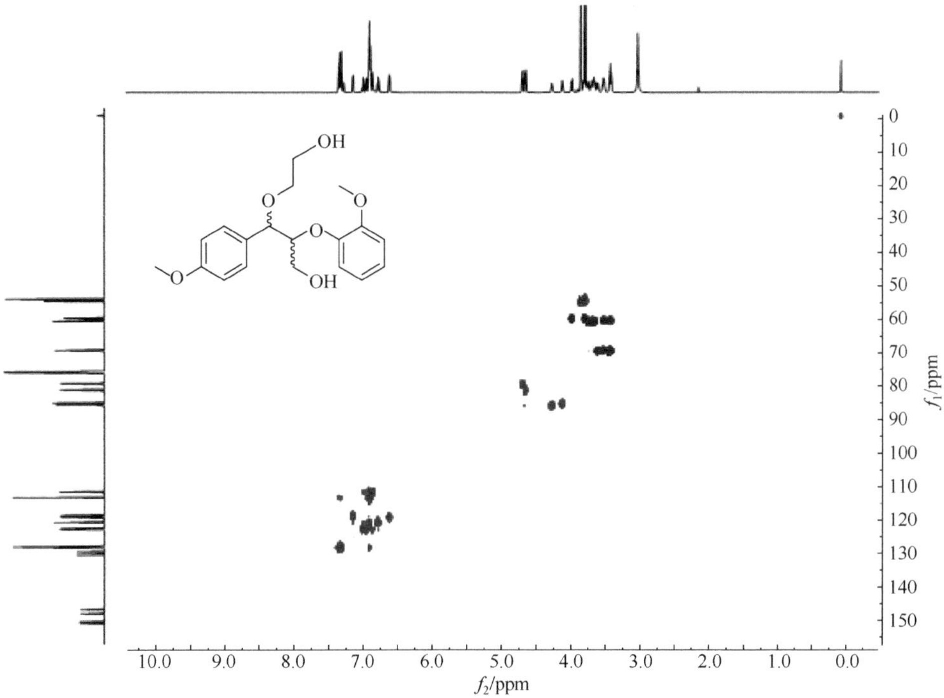

图 5.29　4ba 的二维核磁谱图

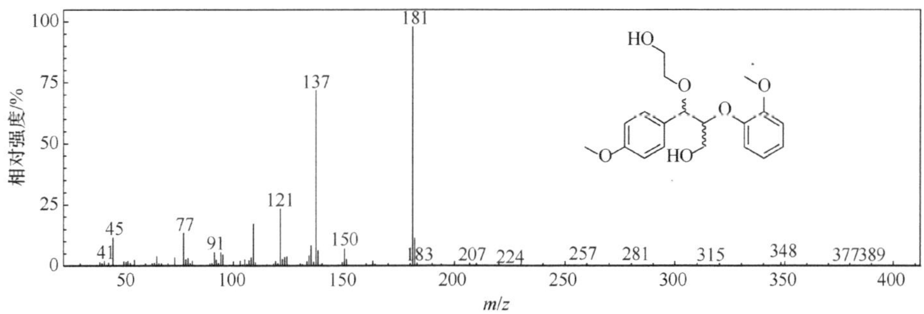

图 5.30　4ba 的质谱谱图

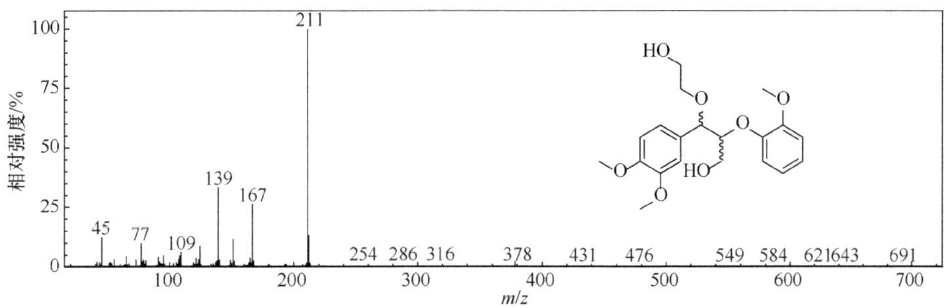

图 5.31　4ca 的质谱谱图

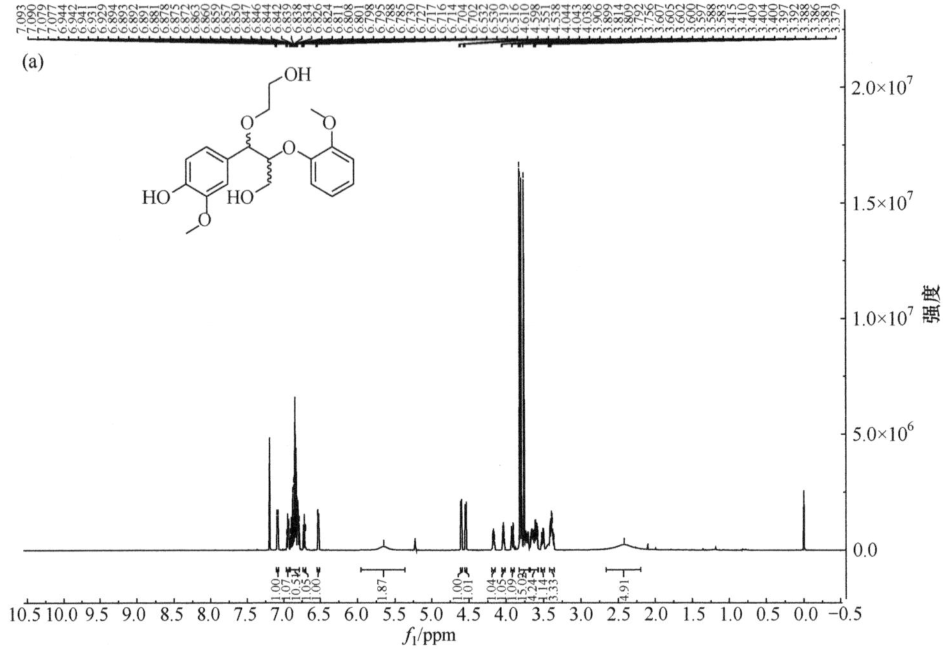
(a)
OH
O
O
O
HO
HO
O
2.0×10^7
1.5×10^7
1.0×10^7
5.0×10^6
0.0
强度
1.00
1.07
0.51
1.05
1.00
1.87
1.00
1.01
1.04
1.05
1.09
15.03
4.24
1.14
3.33
4.91
10.5 10.0 9.5 9.0 8.5 8.0 7.5 7.0 6.5 6.0 5.5 5.0 4.5 4.0 3.5 3.0 2.5 2.0 1.5 1.0 0.5 0.0 −0.5
f1/ppm

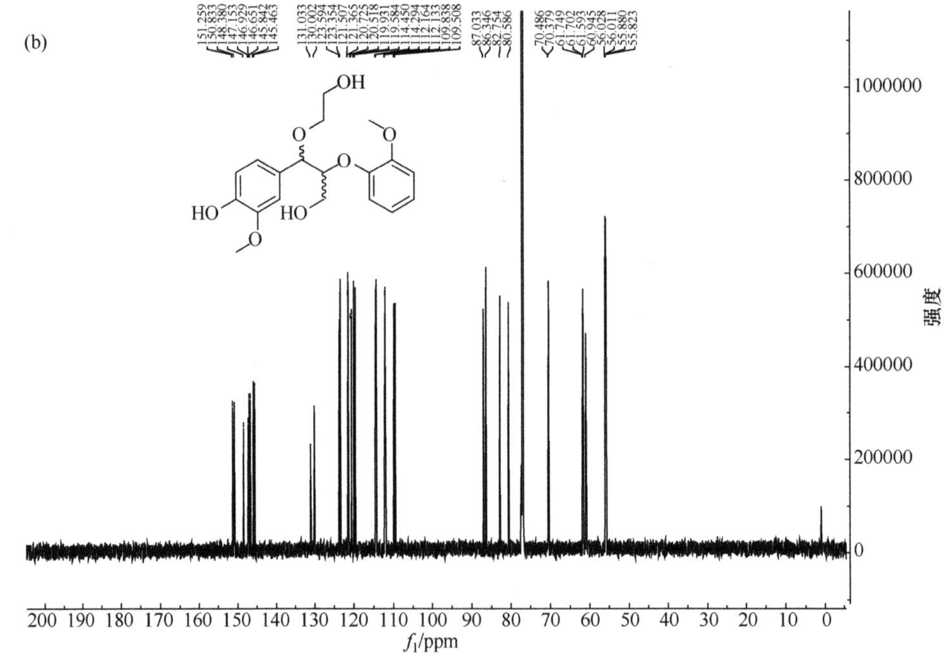
(b)
151.259
150.833
148.380
147.153
146.929
146.651
145.842
145.463
131.033
130.002
123.594
123.354
121.507
121.365
120.725
120.518
119.931
119.584
114.450
114.294
112.164
112.133
109.838
109.508
87.033
86.346
82.754
80.586
70.486
70.379
61.779
61.702
61.593
60.945
56.028
56.011
55.880
55.823
OH
O
O
O
HO
HO
O
1000000
800000
600000
400000
200000
0
强度
200 190 180 170 160 150 140 130 120 110 100 90 80 70 60 50 40 30 20 10 0
f1/ppm

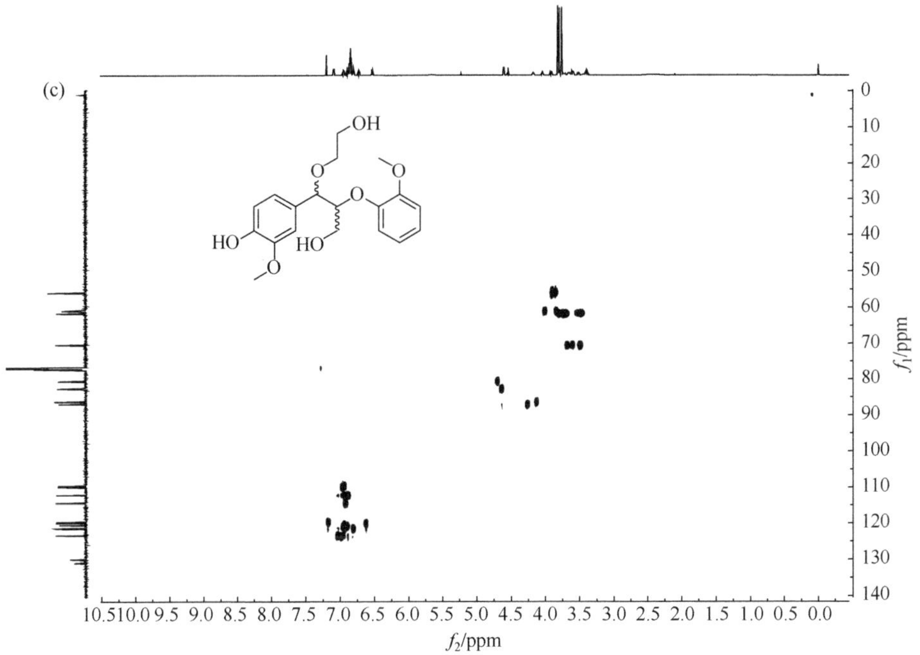

图 5.32　4da(a)氢谱、(b)碳谱和(c)2D HSQC 谱图

5.4　转化机制分析

针对木质素缩合问题，从木质素模型物角度出发，针对性地制备了可调控的氯化胆碱/草酸/乙二醇新型功能性三组分低共熔溶剂(图 5.33)。结果发现，通过调节乙二醇和草酸的相对比例，实现反应路径的调控。即草酸比例较高的断键-抑制缩合低共熔溶剂，通过体系中的乙二醇来选择性保护断键后形成的醛以抑制木质素的缩合；草酸比例较低的衍生-抑制缩合低共熔溶剂，选择性地保护反应中形成的碳正离子，从而通过“断键稳定”和“衍生保护”达到了抑制缩合的目的。

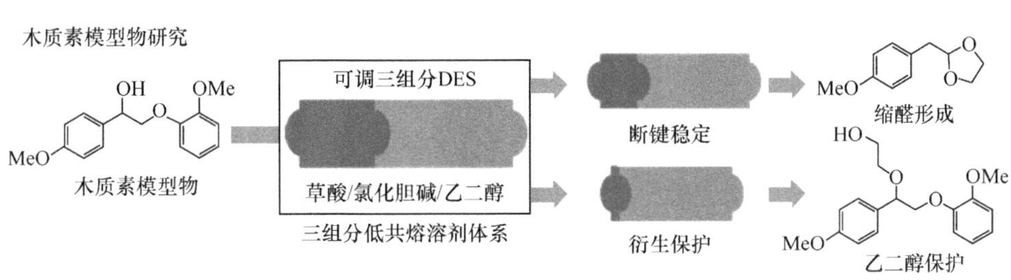

图 5.33　断键-抑制缩合低共熔溶剂和衍生-抑制缩合低共熔溶剂的提出

通过以上实验分析结果可以归纳总结出木质素模型物的反应机理，如图 5.34

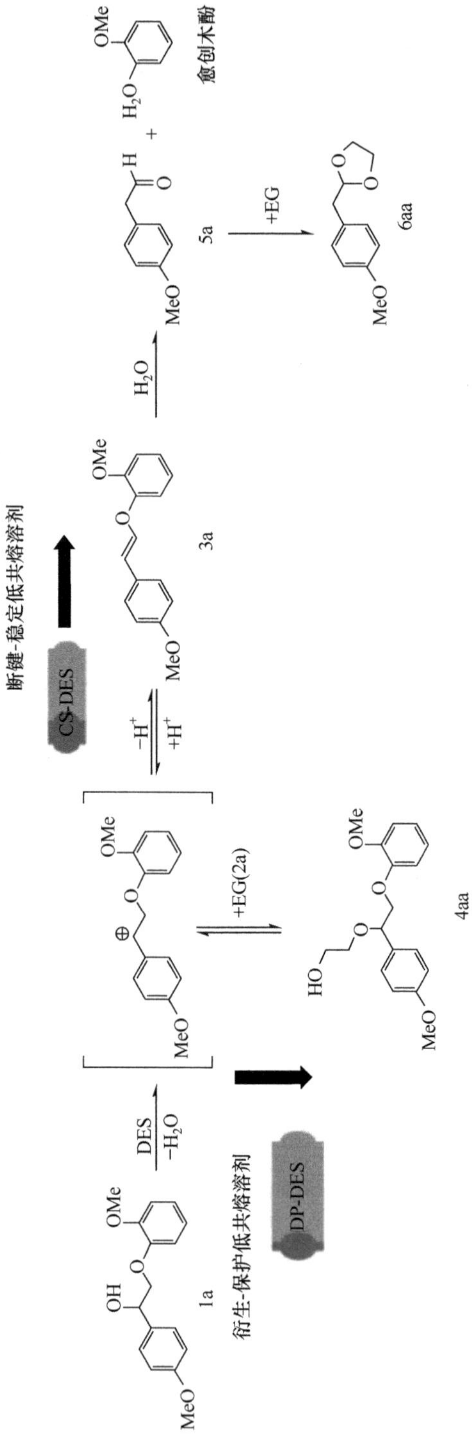

图5.34　木质素模型物在低共熔溶剂中的反应路径调控和转化机制分析

所示，在功能性三组分低共熔溶剂中，木质素模型物首先脱水生成碳正离子，一部分碳正离子直接与体系中的乙二醇发生反应，生成 4aa。另一部分碳正离子通过脱去氢离子形成烯醚中间体 3a，3a 进一步水解断键生成愈创木酚和醛 5a，不稳定的 5a 与体系中的乙二醇反应生成 6aa。即木质素模型物在抑制缩合的低共熔溶剂中对于碳正离子和不稳定醛的抑制缩合同时进行。然而低共熔溶剂特点之一是对于其氢键供受体进行调节，因此本章提出通过控制低共熔溶剂中草酸的用量来实现木质素模型物反应路径的调控，具体为：当低共熔溶剂体系中草酸用量较多时(即以缩醛为主要产物)，木质素模型物 1a 在形成碳正离子后，进一步断键，得到愈创木酚和乙二醇抑制缩合的醛 6aa；当低共熔溶剂体系中草酸用量较少时(即以二醇产物为主要产物)，碳正离子不会进一步断键，乙二醇直接对碳正离子进行抑制缩合，选择性得到 4aa。其他二醇体系和不同木质素模型物底物的反应也遵循这个反应机制。

5.5　本 章 总 结

针对木质素缩聚的问题，本章制备了可调控的新型氯化胆碱/草酸/乙二醇三组分低共熔溶剂体系，采用木质素模型物研究揭示三组分低共熔溶剂抑制缩合的作用机制。通过对草酸和乙二醇相对比例的调控，得到的断键稳定型低共熔溶剂(较高草酸比例)能对产生的不稳定的醛进行保护，木质素模型物转化率可达>99%，断键后得到的愈创木酚和缩醛产率经优化后均可达到约 70%。在衍生保护型低共熔溶剂(较低草酸比例)中，可以对 70%的木质素模型物反应中的不稳定碳正离子进行保护，得到乙二醇抑制缩合的木质素模型物。针对更加复杂的木质素模型物，可以得到 76%～80%的抑制缩合木质素模型物。

参 考 文 献

[1] 蒋挺大. 木质素[M]. 北京: 化学工业出版社, 2009: 19-20.

[2] 赵新坤, 李赫龙, 余雕, 等. 木质素模型化合物合成研究的现状与展望[J]. 生物质化学工程, 2018, 52(1): 41-52.

[3] Deuss P J, Lahive C W, Lancefield C S, et al. Metal triflates for the production of aromatics from lignin[J]. ChemSusChem, 2016, 9(20): 2974-2981.

[4] Deuss P J, Lancefield C S, Narani A, et al. Phenolic acetals from lignins of varying compositions via iron(Ⅲ) triflate catalysed depolymerisation[J]. Green Chemistry, 2017, 19(12): 2774-2782.

[5] Miles-Barrett D M, Neal A R, Hand C, et al. The synthesis and analysis of lignin-bound Hibbert ketone structures in technical lignins[J]. Organic & Biomolecular Chemistry, 2016, 14(42): 10023-10030.

[6] Alvarez-Vasco C, Ma R, Quintero M, et al. Unique low-molecular-weight lignin with high purity

extracted from wood by deep eutectic solvents (DES): a source of lignin for valorization[J]. Green Chemistry, 2016, 18(19): 5133-5141.

[7] Shen X, Wen J, Mei Q, et al. Facile fractionation of lignocelluloses by biomass-derived deep eutectic solvent (DES) pretreatment for cellulose enzymatic hydrolysis and lignin valorization[J]. Green Chemistry, 2019, 21(2): 275-283.

[8] Guo Z, Zhang Q, You T, et al. Short-time deep eutectic solvent pretreatment for enhanced enzymatic saccharification and lignin valorization[J]. Green Chemistry, 2019, 21(11): 3099-3108.

[9] Liu Y, Chen W, Xia Q, et al. Efficient cleavage of lignin-carbohydrate complexes and ultrafast extraction of lignin oligomers from wood biomass by microwave-assisted treatment with deep eutectic solvent[J]. ChemSusChem, 2017, 10(8): 1692-1700.

[10] Hiltunen J, Kuutti L, Rovio S, et al. Using a low melting solvent mixture to extract value from wood biomass[J]. Scientific Reports, 2016, 6: 32420.

[11] Chen Z, Wan C. Ultrafast fractionation of lignocellulosic biomass by microwave-assisted deep eutectic solvent pretreatment[J]. Bioresource Technology, 2018, 250: 532-537.

[12] Das L, Li M, Stevens J, et al. Characterization and catalytic transfer hydrogenolysis of deep eutectic solvent extracted sorghum lignin to phenolic compounds[J]. ACS Sustainable Chemistry & Engineering, 2018, 6(8): 10408-10420.

[13] Dawange M, Galkin M V, Samec J S M. Selective aerobic benzylic alcohol oxidation of lignin model compounds: route to aryl ketones[J]. ChemCatChem, 2015, 7(3): 401-404.

[14] Buendia J, Mottweiler J, Bolm C. Preparation of diastereomerically pure dilignol model compounds[J]. Chemistry-A European Journal, 2011, 17(49): 13877-13882.

[15] Deuss P J, Scott M, Tran F, et al. Aromatic monomers by *in situ* conversion of reactive intermediates in the acid-catalyzed depolymerization of lignin[J]. Journal of the American Chemical Society, 2015, 137(23): 7456-7467.

[16] Scott M, Deuss P J, de Vries J G, et al. New insights into the catalytic cleavage of the lignin β-O-4 linkage in multifunctional ionic liquid media[J]. Catalysis Science & Technology, 2016, 6: 1882-1891.

第 6 章　抑制缩合低共熔溶剂中木质纤维可控精炼

6.1　背景概述

近些年，不同种类低共熔溶剂对木质原料进行有效解聚处理并分离木质素的相关研究较多[1,2]，一些研究也采用木质素衍生的单体来制备木质素基低共熔溶剂用于木质原料预处理，如氯化胆碱/香草醛等。氯化胆碱/丙三醇/水合氯化铝或氯化胆碱/对甲苯磺酸/乙二醇三组分低共熔溶剂体系也相继开发用于木质原料预处理[3-5]。有文献报道了对氯化胆碱/乳酸低共熔溶剂提取的木质素做催化转化处理，然而实验条件较为苛刻，反应产物的选择性较差。

本章在氯化胆碱/草酸/乙二醇三组分低共熔溶剂能够有效抑制木质素模型物缩合的作用机制基础上，对更为复杂的木质原料进行解聚处理，目的在于从木质原料中得到高芳基醚键含量的乙二醇抑制缩合木质素，并将该木质素进一步通过催化转化选择性地制备出芳香基单体化合物；同时纤维素组分也通过酶解转化为单糖，提供一条可调控的绿色溶剂体系下的木质原料炼制转化为化学品的途径。

6.2　材料和方法

6.2.1　原材料和试剂

经过苯醇抽提处理过的绝干桦木作为原料备用；氯化胆碱、乙二醇和水合草酸、无水乙醇、四氢呋喃、2-甲基四氢呋喃、环戊基甲醚、乙酸乙酯、乙醚和正丁醇等有机溶剂均为分析纯，购于西格玛奥德里奇(上海)贸易有限公司，用于木质素分离处理[6-8]。三氟甲磺酸铁(Ⅲ)购自梯希爱(上海)化成工业发展有限公司，5%钌负载量的钌碳催化剂，购自西格玛奥德里奇(上海)贸易有限公司，作为催化剂对木质素进行氢解转化，分析纯的甲醇、绝干的二氧六环作为反应溶剂，3,5-二甲基苯酚作为内标。

6.2.2　实验方法

1. 抑制缩合低共熔溶剂的制备

抑制缩合低共熔溶剂的制备同第 5 章，不同的是必要条件下增加草酸的相对含量。

2. 抑制缩合低共熔溶剂中木质原料解聚及分离

将 2 g 的木质原料与 46 g 的断键稳定型抑制缩合低共熔溶剂或 32 g 的衍生保护型抑制缩合低共熔溶剂混合于 100 mL 圆底烧瓶中，烧瓶在搅拌条件下加热到一定的温度(通常 80～100℃)，一定的反应时间后，混合物冷却至室温并加入 50 mL 无水乙醇，碳水化合物剩余物通过简单过滤(额外采用 100 mL 无水乙醇分两次清洗)进行回收并在干燥器中干燥处理。滤液经过旋转蒸发仪除去乙醇后得到木质素和低共熔溶剂的混合物，分别采取水沉淀法和溶剂萃取法分离木质素。水沉淀法是在混合物中加入大量的水，使木质素沉淀出来，然后过滤回收木质素。溶剂提取法则采用 100 mL 四氢呋喃(萃取 3 次)和 50 mL 水对混合物进行萃取，将萃取的有机部分混合后去除溶剂并在饱和食盐水中沉淀后分离得到固体木质素粉末。剩余的水溶液部分通过旋转蒸发仪去除水回收低共熔溶剂[9]。

3. 抑制缩合木质素催化加氢解聚

抑制缩合木质素的催化加氢解聚在 100 mL 的美国 Parr 公司生产的反应釜中进行，反应釜配有机械搅拌器。通常，反应釜中加入 200 mg 的钌碳催化剂、200 mg 的抑制缩合木质素和 20 mL 的无水甲醇。反应釜密封后通过反复充放氢气来排除反应釜内的空气，然后室温下充进压力约 40 bar(1 bar=10^5Pa)的氢气。将反应釜加热到 220℃后在 400 r/min 下搅拌反应 18 h。反应后，待反应釜降温至室温后释放釜内氢气，加入 20 mg 的 3,5-二甲基酚作为内标并搅拌 10 min。混合物离心并通过 0.45 μm 聚四氟乙烯过滤后进到气相色谱-质谱联用仪(GC-MS)和气相色谱-火焰离子化检测器(GC-FID)中进行定性和定量分析。

4. 抑制缩合木质素催化酸解

将 50 mg 的抑制缩合木质素、0.9 mL 的 1,4-二氧六环、20 μL 0.25 mol/L 的十八烷 1,4 二氧六环母液，和 15 μL 乙二醇加入到装有聚四氟乙烯搅拌子的 20 mL 的玻璃微波反应管中，采用带有硅胶的盖子密封。密封好的反应管放入到预先加热到 140℃的铝模块中，随后加入 50 mL 三氟甲磺酸铁催化剂(浓度为 100 mg/mL)反应 15 min。反应后玻璃管采用冰水混合物迅速冷却，采用硅藻土进行过滤并采用 1,4-二氧六环进行清洗。滤液浓缩后形成较黏的固体，采用超声结合涡流搅拌分散于二氯甲烷中，然后将甲苯加入到混合物中，同样进行超声和涡流搅拌，随后将混合物离心分离澄清的液体，整个过程重复 3 次。将混合后的有机溶剂部分在真空下浓缩，然后用 2 mL 二氯甲烷稀释并过滤后进到 GC-MS 和 GC-FID 中进行定性和定量分析。

5. 纤维素酶解转化

称取 0.3 g 纤维素固含物，加入 7.5 mL 缓冲液(5 mmol/L 乙酸钠缓冲液，pH = 5)，再加入 2.88 mg 盐酸四环素，最后加入 0.02 mL 的 CTec2 纤维素复合酶，在 50℃下水浴振荡，每隔一定时间取 0.2 mL 酶解液高温灭活，通过高效液相色谱(HPLC)测定糖含量。

6.3 表 征 检 测

6.3.1 核磁共振检测

木质素和回收低共熔溶剂的碳氢二维核磁信号和相关核磁谱图均采用德国布鲁克公司生产的 Avance NEO 600 采集，通常将 60 mg 试样溶解于 0.6 mL 的相应氘代试剂当中[10]。

6.3.2 GC-MS 检测

采用日本岛津公司的 GC-2010 plus 系统，配有 QP2010 SE 型检测器，载气为氦气或者氢气。具体设置为：进样量为 2 μL，分流比为 10∶1，氦气流速为 1 mL/min。设备配有 HP5 柱(30 m × 0.25 mm × 0.25 μm)，运行温度曲线以 60℃等温 5 min 开始，然后以 10℃/min 升温速率升至 260℃，再以 20℃/min 的升温速率升至 300℃，保持 5 min。

6.3.3 GC-FID 检测

GC-FID 检测使用美国安捷伦公司的 6890 系列，配备 6890N FID，使用氮气作为载运气。标准设置：1 μL 进样量，50∶1 的分流比，1 mL/s 的氮气流量。GC 设备配有 HP5 柱(30 m × 0.25 mm × 0.25 μm)，运行温度曲线以 60℃等温 5 min 开始，然后以 10℃/min 升温速率升温至 260℃，再以升温速率 20℃/min 升至 320℃，保温 5 min。

6.3.4 HPLC 测试

采用美国安捷伦公司生产的 Agilent 1260 型 HPLC 测定处理前后固含物中纤维素、半纤维素和木质素的含量，利用葡萄糖和木糖标准曲线，以葡萄糖质量浓度测定纤维素含量，以木糖为代表测定半纤维素含量变化。流动相为 4 mmol/L 的硫酸溶液，Aminex HPX-87H 有机酸分析柱(300 mm× 7.8 mm，5.0 μm)，采用示差检测器，柱温 50℃，进样量 20 μL。

6.4　结果与讨论

6.4.1　木质素分离方法

1. 传统木质素分离方法

水沉淀法是常用的从低共熔溶剂中分离木质素的主要方法[11]，因此首先采用传统的水沉淀法分离，见图 6.1。然而，当采用相同的用来处理木质素模型物的低共熔溶剂和条件时，只有少量的木质素沉淀出来，即便将草酸在低共熔溶剂中的用量从 1 %提高到 10 %，如图 6.2 所示。

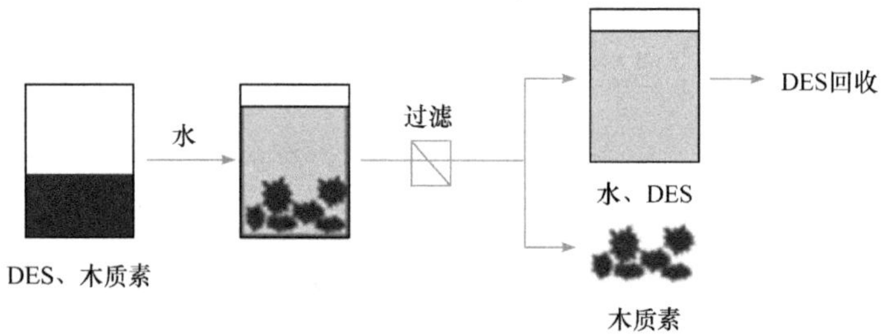

图 6.1　传统水沉淀法分离低共熔溶剂中的木质素

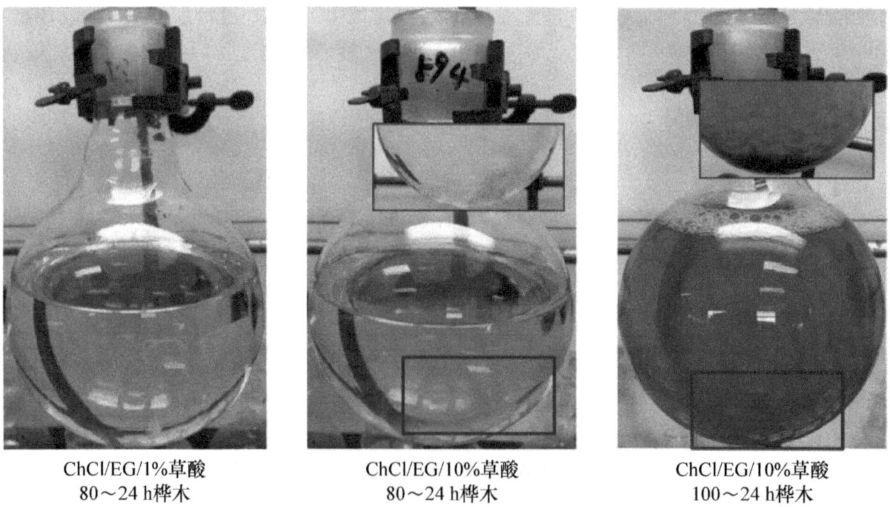

图 6.2　水沉淀法分离得到木质素数码照片

考虑到木质原料中存在的抗解聚屏障和较强的内部氢键作用，进一步尝试提高反应温度到 100℃。结果发现沉淀出的木质素的量显著增多，得到的纤维素剩余物的质量分数为 67%，然而通过传统沉淀法得到的木质素经过滤分离后质量仅为木质原料中木质素含量的 15%，且木质素颜色较黑，而经过离心分离则木质素在水中形成稳定的水分散液，如图 6.3 所示。

图 6.3　水沉淀法过滤得到的木质素(15%产率)和离心后稳定木质素水分散液照片

2. 溶剂提取法

考虑到可能由于乙二醇对木质素的抑制缩合增加了木质素的亲水特性，因此，部分乙二醇抑制缩合的木质素与水互溶。基于这个考虑，进一步提出采用溶剂提取法来分离低共熔溶剂中的木质素，如图 6.4 所示。将得到的木质素和低共熔溶剂分为等量的 6 份，各约 1 mL，如图 6.5 所示。向每份低共熔溶剂和木质素混合物中分别加入相应的有机溶剂，约 2 mL，经过摇晃和超声后，发现除了丁醇外，溶剂和低共熔溶剂均出现分层，溶剂萃取效果不明显，如图 6.6 所示。在体系中接着加入 1 mL 水并摇晃、超声后，明显出现有机溶剂和水相的分层，如图 6.7 所

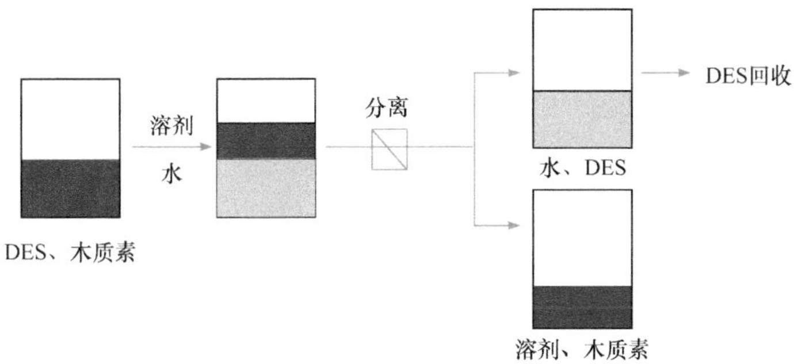

图 6.4　溶剂提取法分离低共熔溶剂中木质素

示，尤其是四氢呋喃(THF)作为溶剂时，四氢呋喃层的颜色很深，而水层几乎没有颜色。因此，综合考虑溶剂的萃取效果和沸点，选取四氢呋喃作为溶剂从低共熔溶剂中分离木质素[12]。

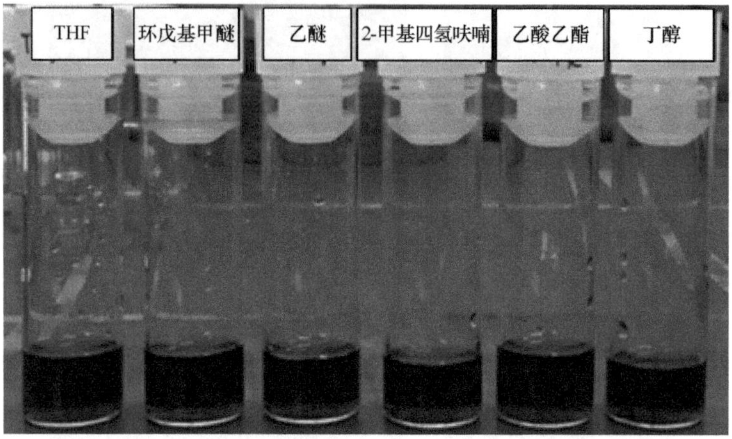

图 6.5　低共熔溶剂和木质素混合物的照片

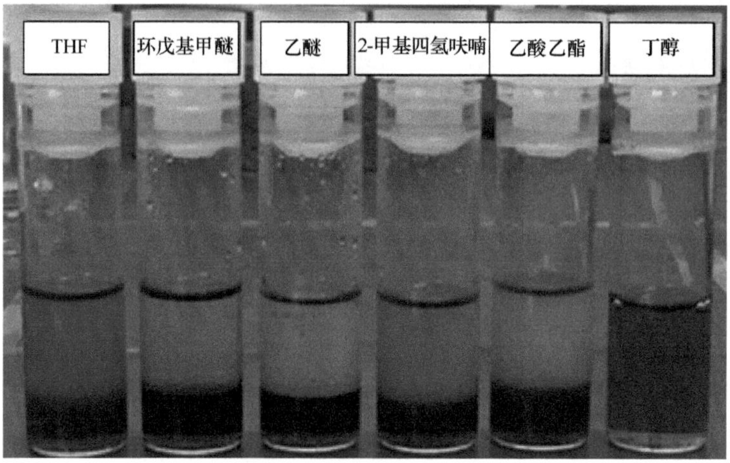

图 6.6　加入相应 2 mL 有机溶剂后低共熔溶剂和木质素混合物的照片

因此，通过四氢呋喃和水溶剂萃取来分离木质素，步骤和过程如图 6.8 所示，木质素的得率从 15%提高到了 40%±3.5%。通过该方法，抑制缩合低共熔溶剂能够很简单地回收至少两次，其回收产率均大于 93%。回收的低共熔溶剂进行再次反应依然有效，可以分离得到 41% 的木质素(表 6.1)。当抑制缩合低共熔溶剂中的草酸用量为 20%时，木质素的产率显著地提高到了 53%±10.7%。当采用断键稳定型抑制缩合低共熔溶剂在 80℃反应 24 h 时或 120℃反应 30 min，分离得到的木质素产率分别为 43%和 44%，略低于采用氯化胆碱/草酸两组分低共熔溶剂分离木质素的产率(51%)，具体木质素产率如表 6.1 所示。

图 6.7　加入相应 2 mL 有机溶剂和 1 mL 水后低共熔溶剂和木质素混合物的照片

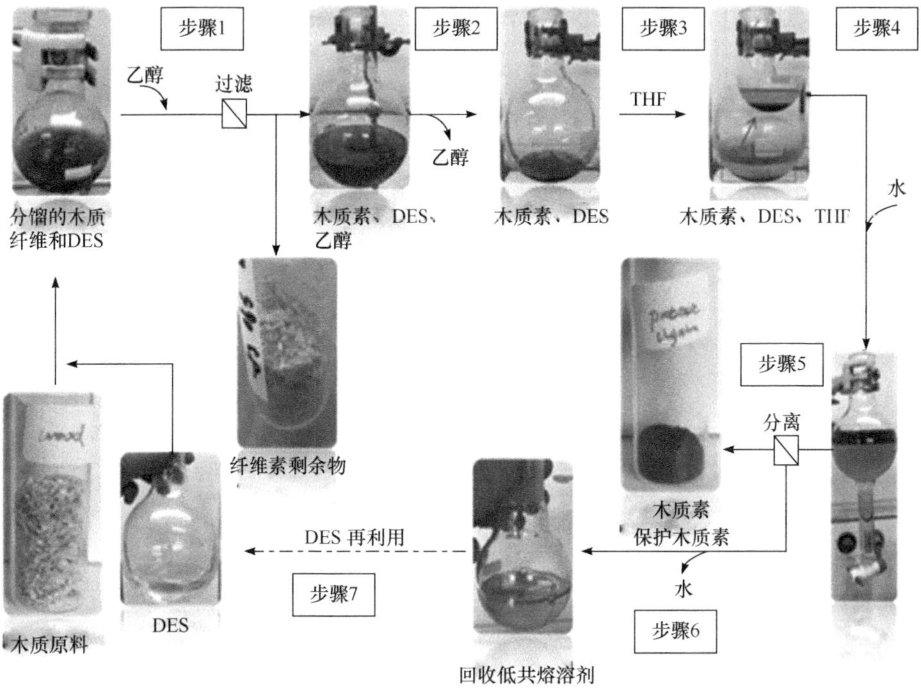

图 6.8　木质原料在低共熔溶剂中解聚后组分分离和溶剂回收

表 6.1　不同低共熔溶剂处理条件下木质素的产率

序号	低共熔溶剂体系	温度/℃	反应时间/h	木质素产率/%
1	衍生抑制缩合低共熔溶剂(10%草酸)	100	24	40±3.5
2	回收衍生抑制缩合低共熔溶剂(10%草酸)	100	24	41
3	衍生抑制缩合低共熔溶剂(20%草酸)	100	24	53±10.7
4	氯化胆碱/草酸低共熔溶剂	120	0.5	51
5	断键稳定型抑制缩合低共熔溶剂	120	0.5	44
6	断键稳定型抑制缩合低共熔溶剂	80	24	43

6.4.2　木质素结构分析

1. 抑制缩合木质素与相应模型物对比

抑制缩合木质素的结构采用碳氢二维核磁的异核单量子相干谱(HSQC)来表征，磨木木质素用作对比参照试样。首先，通过对抑制缩合木质素的二维核磁和抑制缩合的木质素模型物的二维核磁对比来确认其结构，如图 6.9 所示。从图中可以看出，抑制缩合木质素模型物在α、β和乙二醇基团上的碳氢信号均能够重叠，

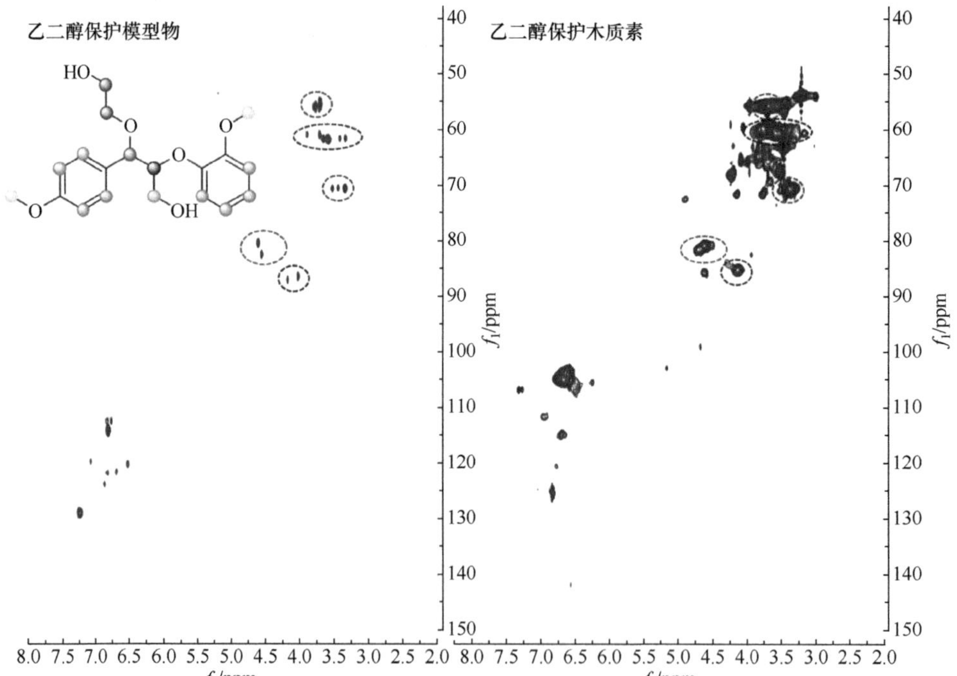

图 6.9　乙二醇抑制缩合的木质素模型物和木质素的二维核磁图谱对比

证明了抑制缩合木质素中乙二醇在β-O-4 结构的α位置形成了保护，因此确认了得到的木质素在保留了β-O-4 结构的同时，乙二醇也对其进行了抑制缩合。

2. 抑制缩合木质素与磨木木质素对比

如图 6.10 所示，在磨木木质素的侧链区信号中，可以明显看出木质素的三种主要结构，分别为β-O-4、β-β 和β-5。通过二维核磁半定量分析可以发现，磨木木质素中每 100 个苯环单元β-O-4 的含量为 63。然而在抑制缩合木质素中，可以明显发现β-O-4 的信号相对减弱，每 100 个苯环单元的含量为 7～8，乙二醇抑制缩合的木质素β'-O-4 信号显著增强，其每 100 个苯环单元的含量为 40～45。

当抑制缩合低共熔溶剂中草酸的用量提高到 20%时，虽然木质素的产率显著提高，但是分离得到的木质素出现显著的缩合信号，乙二醇抑制缩合的木质素β'-O-4 信号的含量为每 100 个苯环 26～38。氯化胆碱/草酸低共熔溶剂分离得到的木质素则表现出明显的木质素缩合信号，几乎全部芳基醚键被切断，如图 6.11 和图 6.12 所示。

当采用回收的低共熔溶剂再次进行木质素分离时，分离的木质素的β'-O-4 含量显著提高，为每 100 个苯环单元 21；乙二醇抑制缩合的β'-O-4 含量相对降低，为每 100 个苯环单元含量 30，如图 6.13 所示，这可能是由于回收的低共熔溶剂相比于原始的草酸含量降低。

此外，采用断键稳定型抑制缩合低共熔溶剂在 120℃或 80℃下反应也可得到乙二醇抑制缩合的木质素，β'-O-4 含量为每 100 个苯环单元 47 和 32。如图 6.14 和图 6.15 所示。

6.4.3　回收低共熔溶剂的表征

采用四氢呋喃溶剂提取法分离木质素，相比于水沉淀法，由于不用加入大量的水，低共熔溶剂的回收也相对容易。经过两次回收后发现，其回收率均大于 94%。通过核磁氢谱测试发现，新配制的低共熔溶剂除各组分的特征峰外，也存在少量的草酸和氯化胆碱、草酸和乙二醇的酯键特征峰，但这些酯键产物均来源于低共熔溶剂组分，因此其估测纯度为 100%(图 6.16)。对于回收的低共熔溶剂，除了上述的特征峰外，也出现了一些未知的物质信号峰，对这些位置峰积分后，其估测纯度为 99.8%(图 6.17)，说明回收后的低共熔溶剂也具有很高的纯度。

采用半定量氢核磁对回收的低共熔溶剂进行纯度分析，结果如图 6.18 所示。采用氘代水作为溶剂，29.7 mg 愈创木酚作为外标，半定量计算主要以乙二醇中亚甲基的氢、氯化胆碱中的甲基氢和愈创木酚中的甲基氢作为标准。计算结果表明，相比于形成低共熔溶剂的氯化胆碱、草酸、乙二醇和初始低共熔溶剂(DP10 DES)，回收的低共熔溶剂(RDP10 DES)中的氯化胆碱几乎无变化，乙二醇则损失了约 30%。

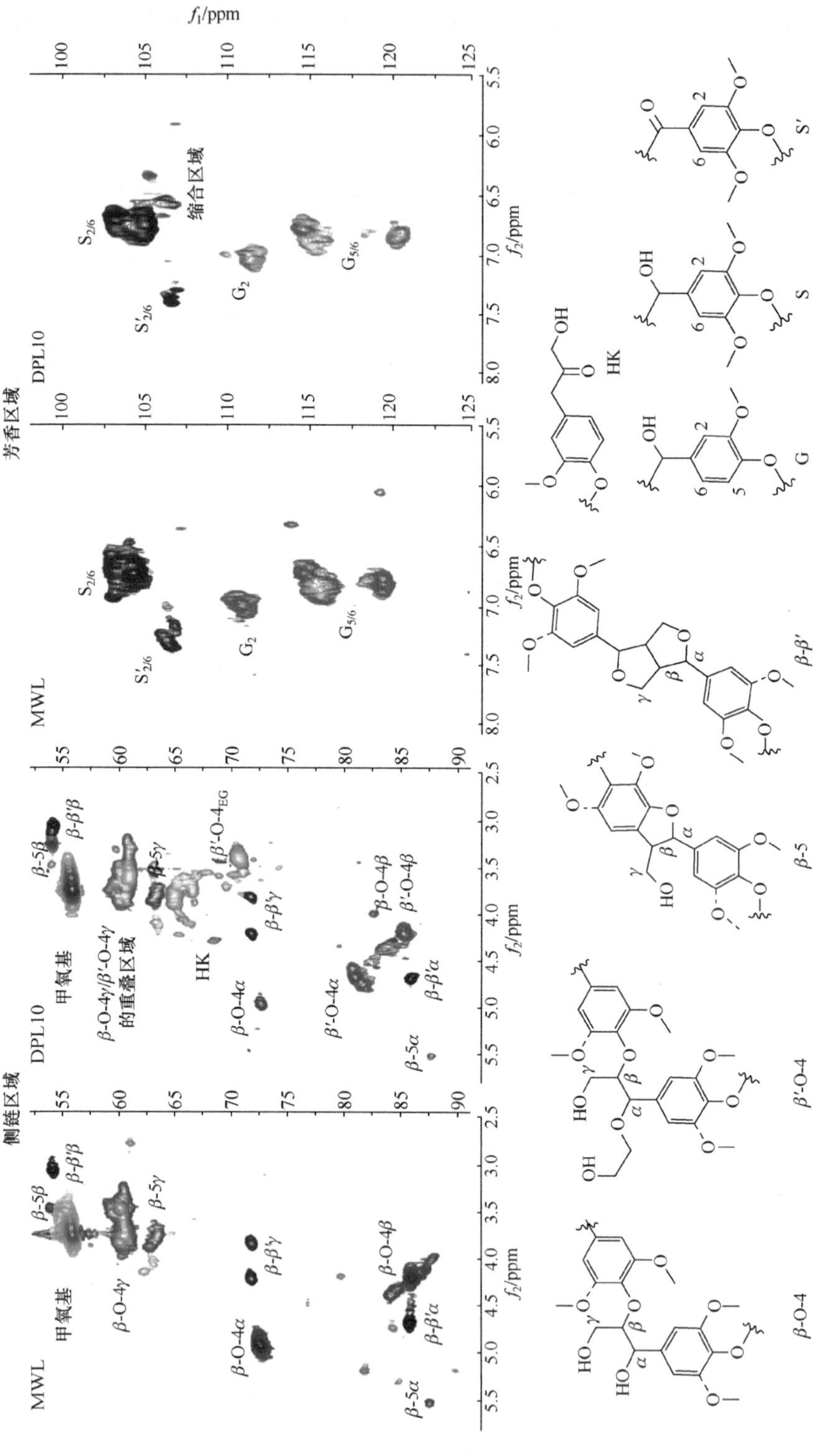

图6.10　磨木木质素(MWL)和乙二醇抑制缩合木质素(DPL10)的二维核磁谱图对比

另外，由于氢谱核磁测试检测不到草酸的变化，因此进一步通过 pH 测试反应中草酸的变化，发现回收的低共熔溶剂的 pH 值由最初的 1.06 增加到 2.57，说明在解离木质纤维素过程中草酸也是有一定损耗的,但总体上并不影响其进一步利用，所以也可以通过简单补偿少量的草酸和乙二醇来恢复低共熔溶剂的解离特性。以上结果说明，本章采用的方法能够有效地回收高得率和高纯度的低共熔溶剂。

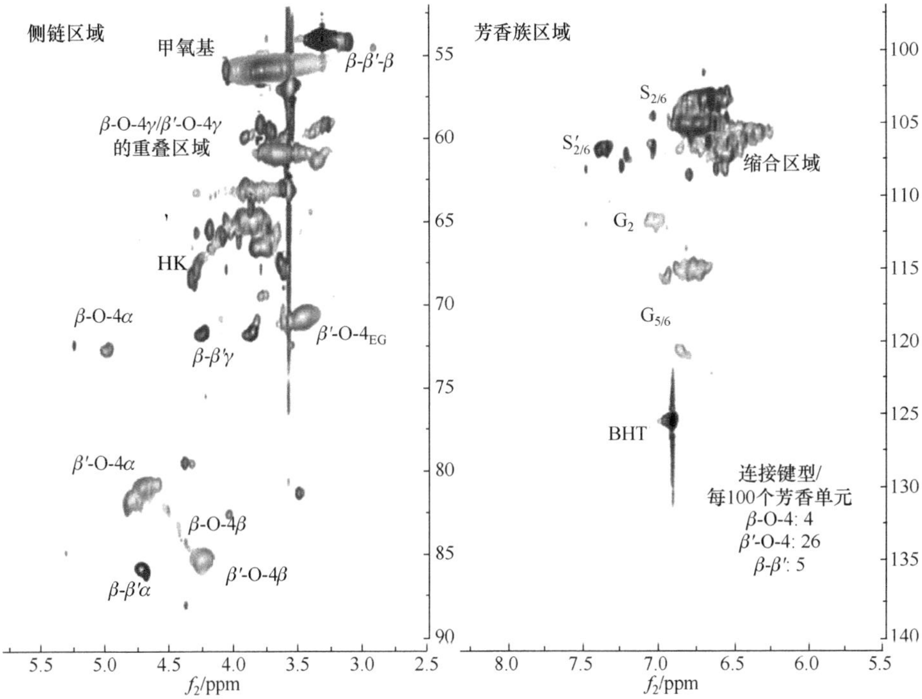

图 6.11 衍生保护型抑制缩合低共熔溶剂(20%草酸用量)分离木质素的 2D HSQC 谱图

6.4.4 抑制缩合木质素的催化氢解和酸解

当对氯化胆碱/草酸低共熔溶剂分离木质素进行催化氢解时，仅得到 4%产率的芳香单体化合物。然而，对得到的抑制缩合木质素进行催化转化处理后(图 6.19)，在钌碳催化剂的催化氢解处理中，200℃下共可以得到 22%产率的芳香单体化合物，其中 7PGOH 和 7PG 的选择性为 33%，7PSOH 和 7PS 的选择性为 62%。当温度提高到 220℃时，芳香单体化合物的总产率提高到 24%，7PSOH 和 7PS 的选择性达 77%。相比于缩合的氯化胆碱/草酸木质素，其单体得率提高了 5～6 倍，说明了抑制缩合的木质素比较适合后续解聚转化制备高附加值芳香化学品(表 6.2)。

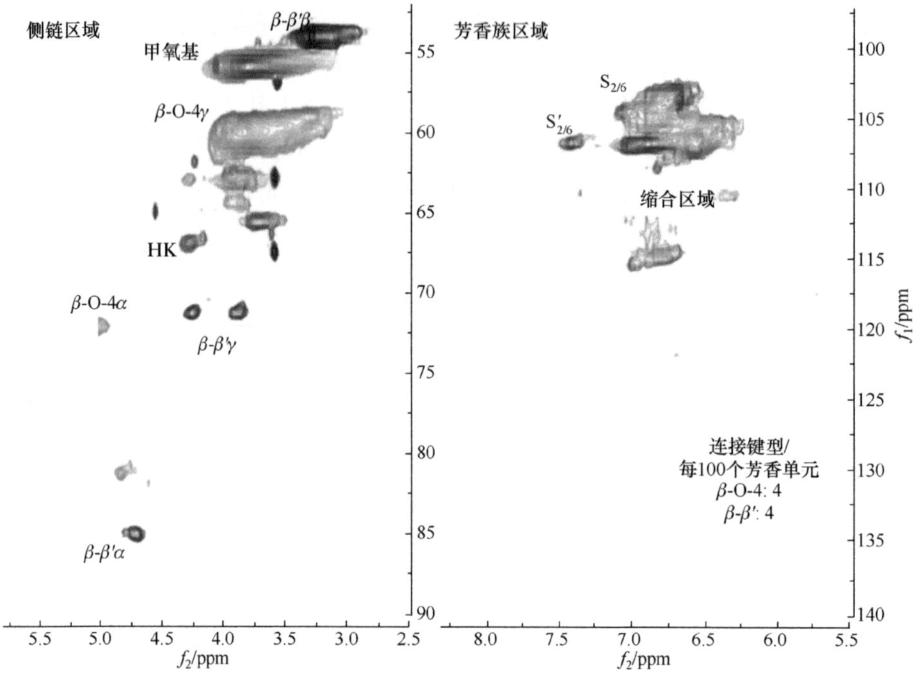

图 6.12　氯化胆碱/草酸低共熔溶剂分离木质素的 2D HSQC 谱图

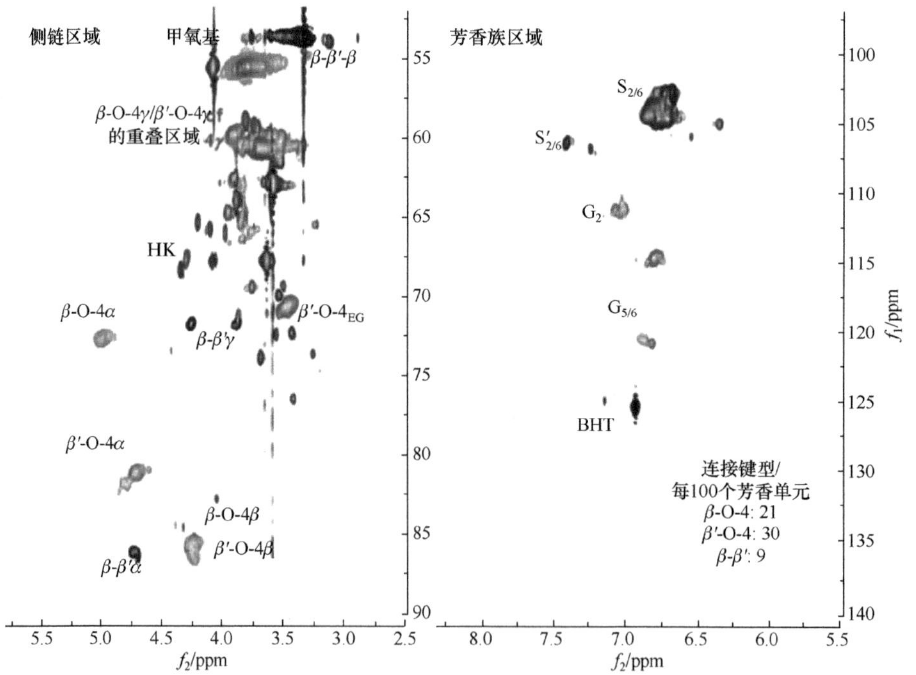

图 6.13　衍生保护型抑制缩合低共熔溶剂(10%草酸用量)分离木质素的 2D HSQC 谱图

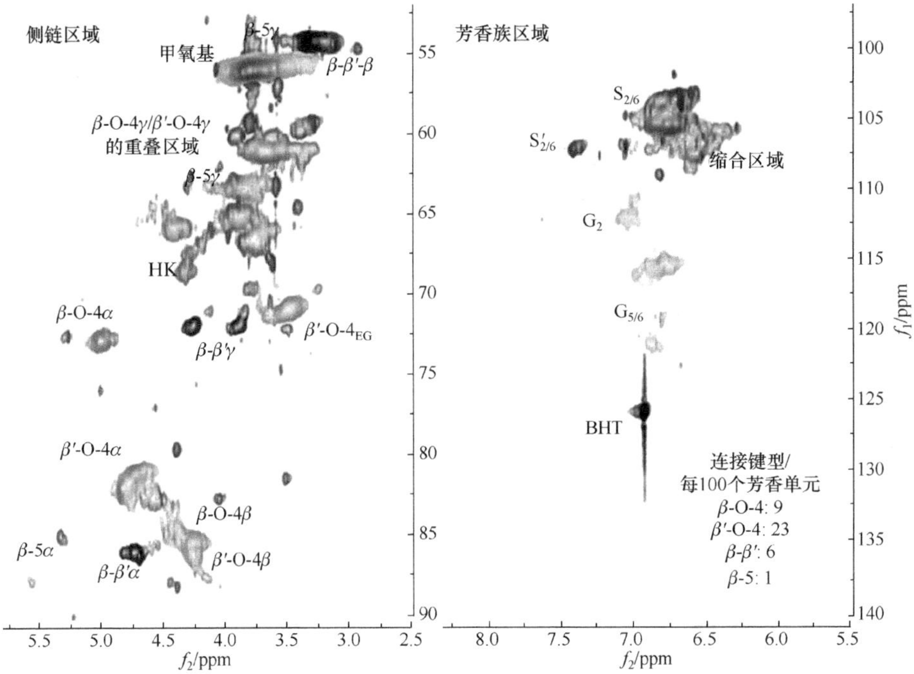

图 6.14　断键稳定型抑制缩合低共熔溶剂 120℃分离木质素的 2D HSQC 谱图

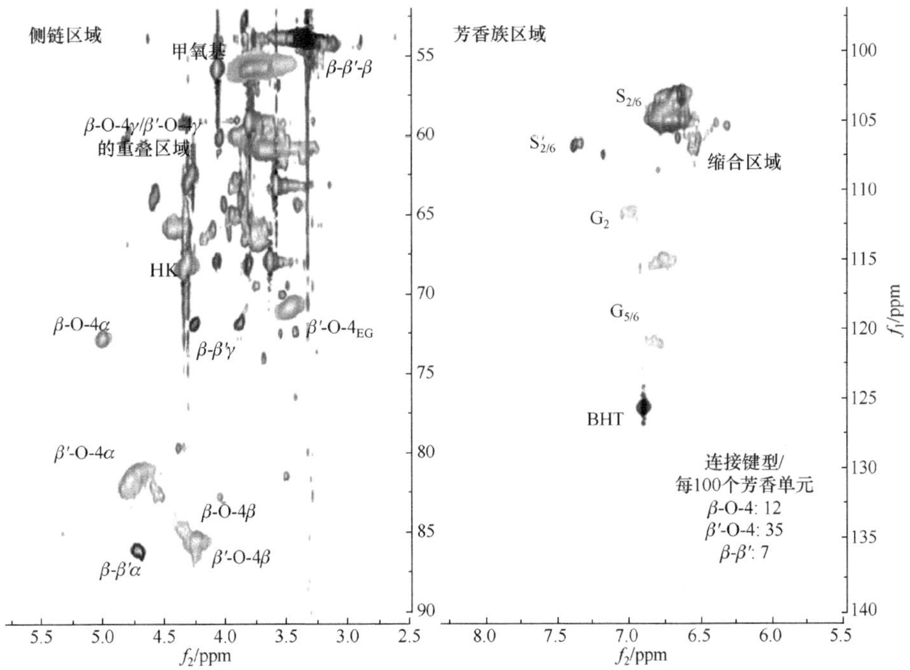

图 6.15　断键稳定型抑制缩合低共熔溶剂 80℃分离木质素的 2D HSQC 谱图

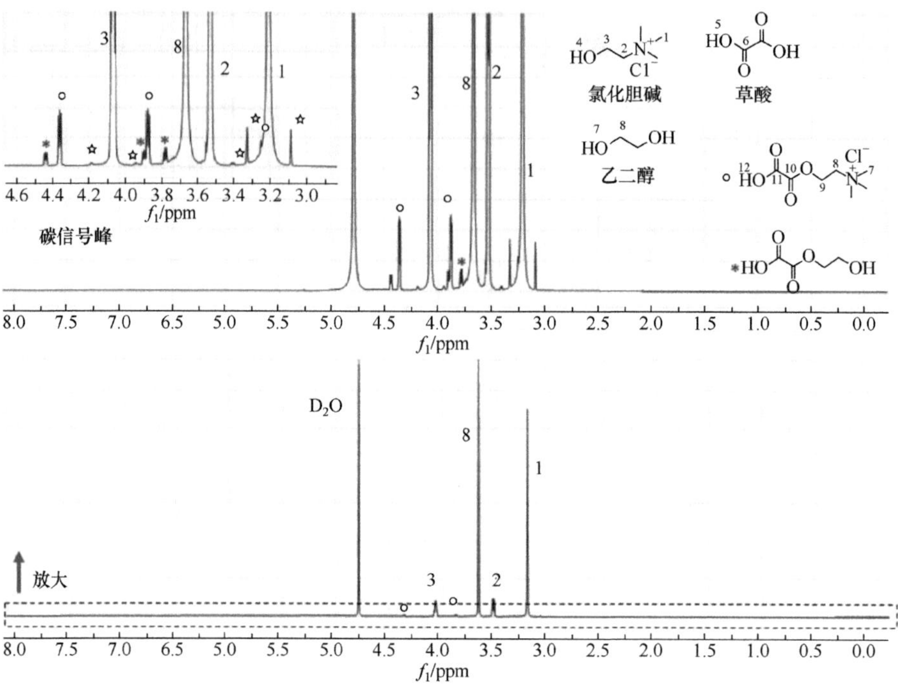

图 6.16　新配制的低共熔溶剂，溶剂为氘代水，估测纯度为 100%

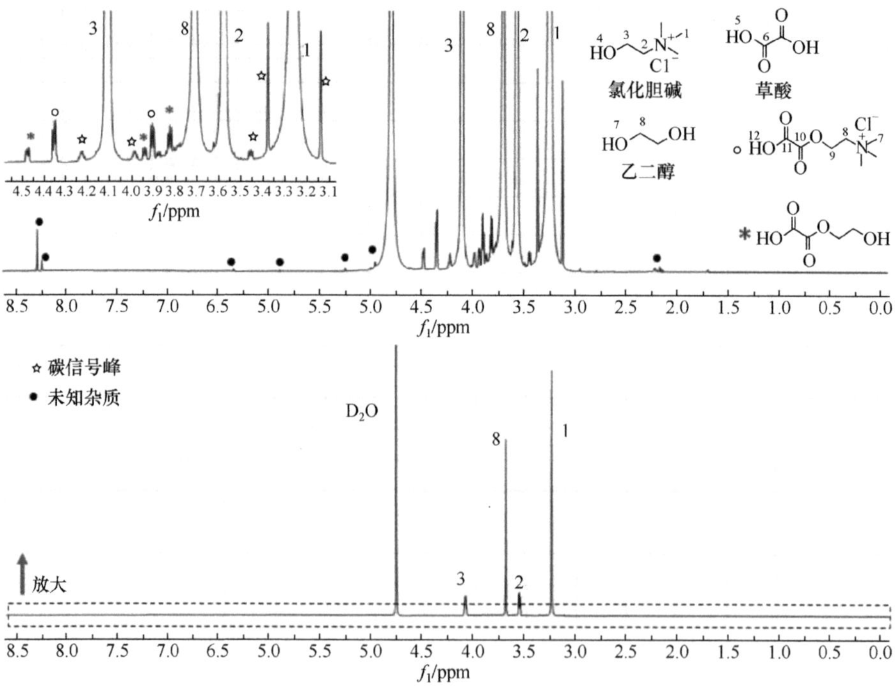

图 6.17　解离木质纤维后回收的低共熔溶剂，溶剂为氘代水，估测纯度为 99.8%

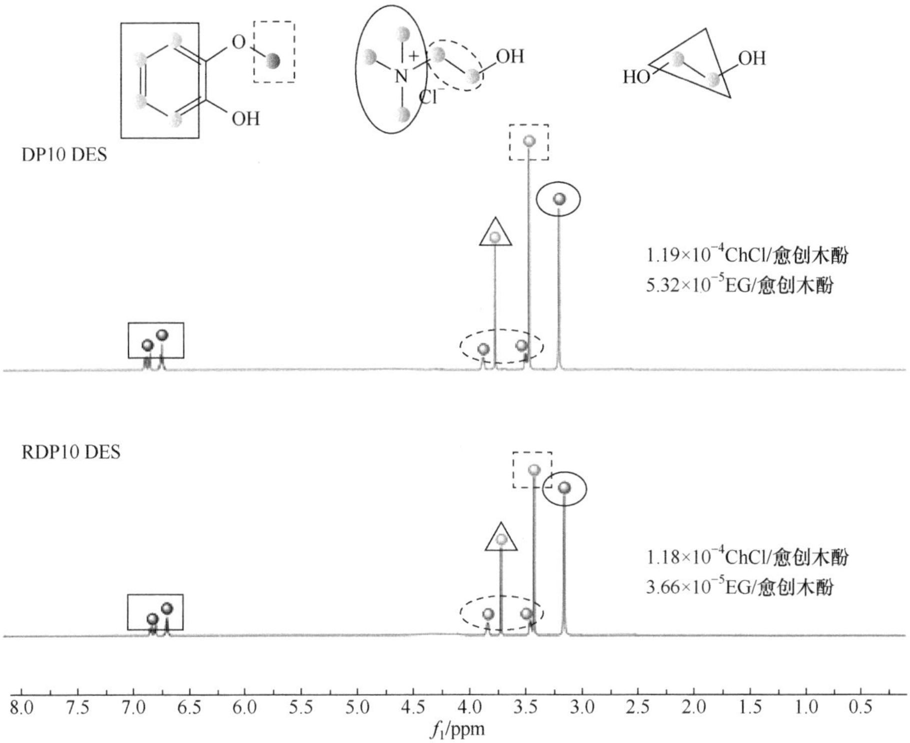

图 6.18　半定量氢谱分析回收低共熔溶剂(RDP10 DES)的组分变化，氘代水作为溶剂，愈创木酚作为外标

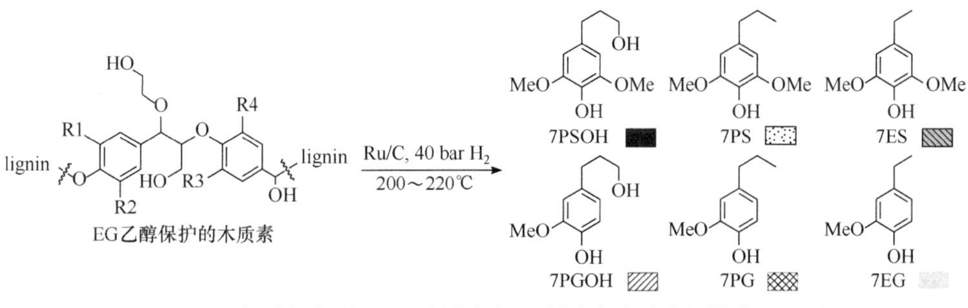

图 6.19　钌碳催化剂(Ru/C)催化氢解抑制缩合木质素的转化机理图

表 6.2　钌碳催化剂催化木质素氢解的产物分布

序号	1	2	3	4
木质素类别	ChCl/OAL	DPL10	DPL10	CSL80
温度/℃	220	200	220	220
单体得率/%	4	22	24	20

续表

序号	1	2	3	4
单体产物分布	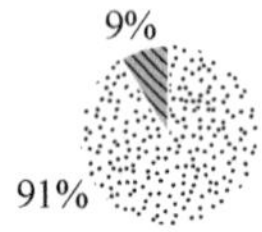	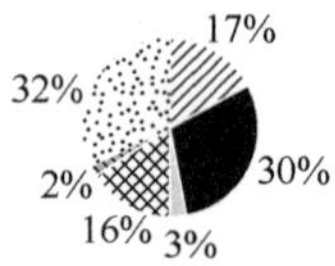	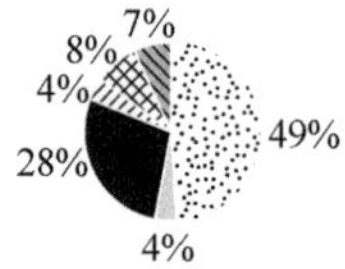	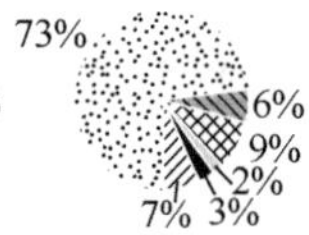

进一步研究抑制缩合木质素在催化酸解/保护策略下的解聚效果，结果发现，经过简单优化后，最高的芳香缩醛产物(8AG 和 8AS)得率为 13.8%且具有较高的选择性；其中也发现了 C_3 的 8AS′产物，这是由解聚后的希伯特酮(HK)与乙二醇反应得到的缩醛。由于乙二醇本身修饰于木质素中，即便反应不添加乙二醇也会得到 3.3%的缩醛单体，添加 60%的乙二醇后，单体产率增大，提高了约 3～5 倍(表 6.3)。

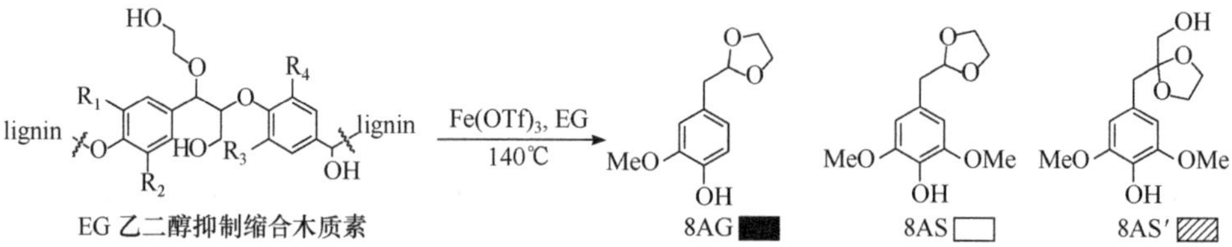

表 6.3　Fe(OTf)₃ 催化木质素酸解的产物分布及优化

序号	1	2	3	4	5	6
催化剂量/%	10	10	10	10	10	15
乙二醇量/%	—	30	30	60	60	60
时间/min	15	15	30	15	30	30
单体得率/%	3.3	10	10.8	13.8	12.4	11
单体产物分布	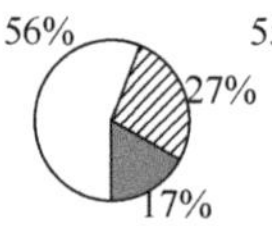	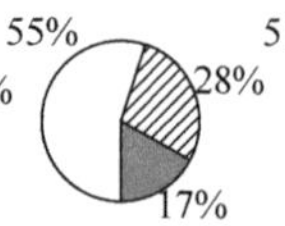	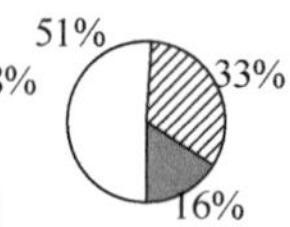	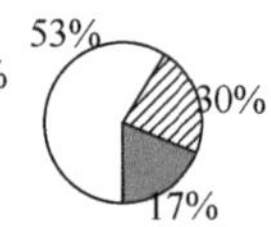	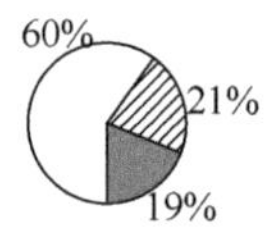	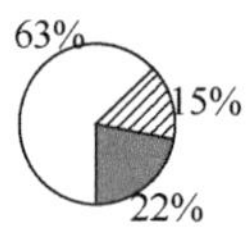

6.4.5　纤维素剩余物的组分含量

对纤维素剩余物中各个组分的含量采用 HPLC 进行测定，如表 6.4 所示。从表中可以看出，不同的低共熔溶剂体系处理对木质原料中纤维素组分影响不大。纤维素的含量均为原始的 91%以上，而半纤维素则损失了约 50%～80%，根据低共熔溶剂的体系不同木质素脱出率在约 50%～68%。原因可能是在木质原料解聚过程中,“抗解聚屏障”被破坏,因此半纤维素降解严重,并溶解于低共熔溶剂中;纤维素由于其特有的结晶结构,在低共熔溶剂中依然保持稳定,去除屏障后,高纤维素含量的纤维素剩余物是一种良好的酶解糖化处理原料。

表 6.4　纤维素剩余物中各组分含量的测定

纤维素剩余物	纤维素得率/%	纤维素/%	半纤维素/%	脱木质素/%
衍生抑制缩合 DES(10 %草酸)	70.07 ± 7.47	97.7±1.50	39.28 ± 1.55	56.0±2.14
衍生抑制缩合 DES(20 %草酸)	57.08 ± 0.76	91.9±0.87	30.95 ± 2.18	67.9±4.62
断键抑制缩合 DES120	63.29 ± 2.06	94.7±1.42	41.79 ± 0.63	61.4±1.92
断键抑制缩合 DES80	61.75 ± 1.01	93.4±1.00	39.83 ± 0.64	68.5±3.55
氯化胆碱/草酸 DES	52.78 ± 0.14	92±3.43	22.69 ± 2.15	49.6±3.68

6.4.6　纤维素剩余物的微观形貌表征

为观测处理后纤维素剩余物表面的微观结构变化,采用扫描电镜对纤维素剩余物进行表征,如图 6.20 所示。结果表明,氯化胆碱/草酸低共熔溶剂处理后,纤维表面出现许多纳米颗粒,而经过抑制缩合低共熔溶剂处理后表面则未出现颗粒状物质,表面纳米纤维网络交织明显,纤维素剩余表面的纳米颗粒可能为处理过程中形成的缩合木质素或假木质素。

为进一步探究纤维素剩余物表面的纳米颗粒的成分,采用氯化胆碱/草酸低共熔溶剂分别处理微晶纤维素、微晶纤维素加木聚糖、微晶纤维素加木聚糖加木质

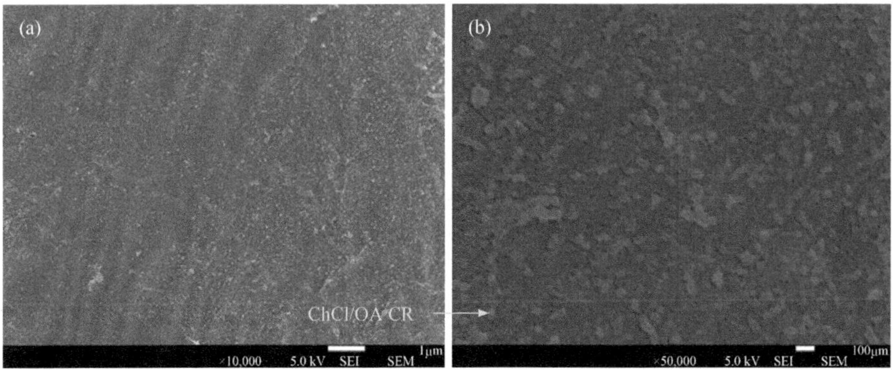

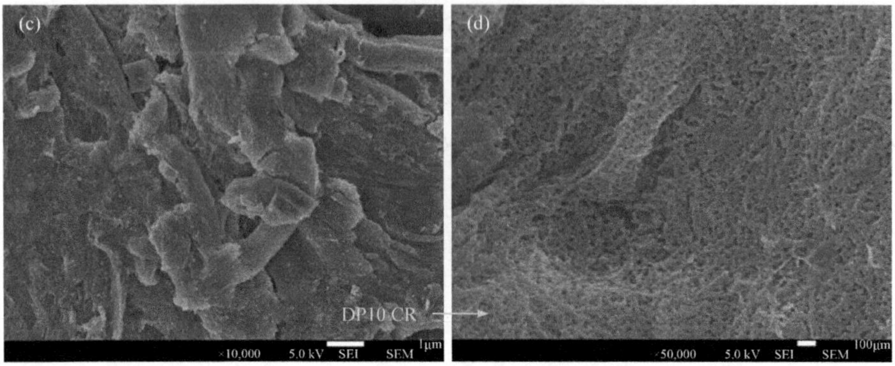

图 6.20　氯化胆碱/草酸低共熔溶剂处理后纤维素剩余物(ChCl/OA CR)和衍生保护型抑制缩合低共熔溶剂处理后纤维素剩余物(DP10 CR)的扫描电镜照片对比

素，处理后对分离的固体剩余物进行扫描电镜表征，结果如图 6.21 所示。氯化胆碱/草酸低共熔溶剂处理微晶纤维素和微晶纤维素加木聚糖后，固体剩余物表面均无颗粒状结构出现，说明上述纳米颗粒不是假木质素。当木质素添加到处理组分中后，表面出现明显的颗粒状结构；当采用抑制缩合木质素处理同样的组分组合时，并未发现颗粒状结构，而是呈现出明显的纤维结构。以上结果均说明了固体剩余表面的纳米颗粒为缩合木质素，而抑制缩合低共熔溶剂则能够较好地抑制木质素的缩合。

图 6.21　氯化胆碱/草酸低共熔溶剂处理(a, b)微晶纤维素、(c, d)微晶纤维素加木聚糖、(e, f)微晶纤维素加木聚糖加木质素后固体剩余物的扫描电镜照片；(g, h)抑制缩合低共熔溶剂处理微晶纤维素加木聚糖加木质素后固体剩余物的扫描电镜照片

6.4.7　纤维素剩余物的酶解糖化处理

对不同低共熔溶剂处理得到的纤维素剩余物，采用 CTec 混合酶对其进行水

解，酶解得到的葡萄糖和木糖采用 HPLC 进行测定，如图 6.22 所示。从图中可以看出，对氯化胆碱/草酸低共熔溶剂处理后的纤维素剩余物酶解 96 h 得到 58.8%±5.01%的葡萄糖和 75.3%±1.40%的木糖。抑制缩合低共熔溶剂处理后的纤维素剩余物酶解得到的葡萄糖和木糖含量最高，分别达到 95.9%±2.12%和 86.7%±1.53%。当抑制缩合低共熔溶剂中的草酸含量达到 20%时，酶解的葡萄糖得率略微下降，为 92.5%±1.63%。断键稳定型抑制缩合低共熔溶剂解离后的纤维素剩余物，酶解后也能得到 85%以上的葡萄糖，说明也具有较好的效果。以上结果说明在三组分低共熔溶剂处理木质原料体系中，不仅能得到可以转化为芳香单体化合物的乙二醇抑制缩合的木质素，也能得到可以转化为高产率单糖的纤维素剩余物，实现了木质纤维的高效精炼转化。

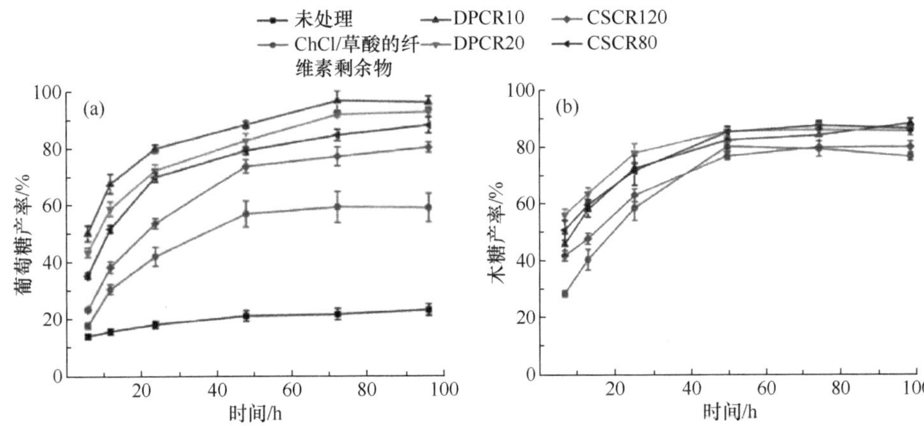

图 6.22　不同低共熔溶剂分离纤维素剩余物经酶解糖化得到的(a)葡萄糖和(b)木糖产率

6.5　本 章 总 结

本章在明确三组分低共熔溶剂作用机制的基础上，采用新型氯化胆碱/草酸/乙二醇低共熔溶剂对木质原料进行了可控解聚，结果表明：木质原料在氯化胆碱/10%草酸/乙二醇低共熔溶剂中 100℃下反应 24 h，木质原料解聚效果明显。采用四氢呋喃提取法，40%～53%的乙二醇抑制缩合木质素能够分离出来，乙二醇抑制缩合的木质素中β-O-4 的总含量较高，可以通过 Ru/C 催化氢解或 $Fe(OTf)_3$ 催化酸解分别得到 24%的芳香基单体化合物或 13.8%的芳香基缩醛化合物。纤维素组分可以进一步酶解转化为产率>95%的葡萄糖等化学品。反应后可以对低共熔溶剂实现高产率的回收，两次回收产率均大于 94%，回收低共熔溶剂的纯度高且再次利用有效。

参 考 文 献

[1] 周敏姑, 郭英杰, 郝子越, 等.氯化胆碱/乳酸低共熔溶剂预处理对杨木酶水解特性的影响[J]. 西北农林科技大学学报, 2020, 48(12): 55-63.

[2] 钟磊, 王超, 吕高金, 等.低共熔溶剂在木质素分离方面的研究进展[J]. 林产化学与工业, 2020, 40(3): 12-22.

[3] Zhang X, Liu W, Yang D, et al. Biomimetic supertough and strong biodegradable polymeric materials with improved thermal properties and excellent UV-blocking performance[J]. Advanced Functional Materials, 2019, 29(4): 1806912.

[4] Farooq M, Zou T, Riviere G, et al. Strong, ductile, and waterproof cellulose nanofibril composite films with colloidal lignin particles[J]. Biomacromolecules, 2019, 20(2): 693-704.

[5] Lievonen M, Valle-Delgado J J, Mattinen M L, et al. A simple process for lignin nanoparticle preparation[J]. Green Chemistry, 2016, 18(5): 1416-1422.

[6] Duval A, Vilaplana F, Crestini C, et al. Solvent screening for the fractionation of industrial kraft lignin[J]. Holzforschung, 2016, 70(1): 11-20.

[7] Giummarella N, Linden P A, Areskogh D, et al. Fractional profiling of kraft lignin structure: unravelling insights on lignin reaction mechanisms[J]. ACS Sustainable Chemistry & Engineering, 2020, 8(2): 1112-1120.

[8] Wang J, Qian Y, Li L, et al. Atomic force microscopy and molecular dynamics simulations for study of lignin solution self-assembly mechanisms in organic-aqueous solvent mixtures[J]. ChemSusChem, 2020, 13(17): 4420-4427.

[9] Pandey M P, Kim C S. Lignin depolymerization and conversion: a review of thermochemical methods[J]. Chemical Engineering & Technology, 2011, 34(1): 29-41.

[10] Martınez A T, Rencoret J, Marques G, et al. Monolignol acylation and lignin structure in some nonwoody plants: a 2D NMR study[J]. Phytochemistry, 2008, 69(16): 2831-2843.

[11] 赵保成. 巨尾桉细胞壁木质素及木质素-碳水化合物复合体(LCC)结构解析[D]. 北京: 北京林业大学, 2018.

[12] Yan Z, Liao G, Zou X, et al. Size-controlled and super long-term stable lignin nanospheres through a facile self-assembly strategy from kraft lignin[J]. Journal of Agricultural and Food Chemistry, 2020, 68(31): 8341-8349.

第 7 章　二醇调控低共熔溶剂促进木质纤维全组分精炼

7.1　背 景 概 述

木质资源每年产量达 3 亿 t[1]，实现全组分利用具有极高的效益比。除前几章讨论过的木质素分离和梯次分级利用，利用纤维素来生产生物乙醇也是提高木质资源利用效益的有效途径之一，但在实现木质组分分级利用之前首先需要解决的关键问题是：木质组分之间的生物抗解聚屏障，以及分离组分间的缩合吸附等。

针对“抗解聚屏障”问题，研究者们提出了各种解离策略，包括酸法、碱法、有机溶剂法、离子液体法等，结合一些微波辅助、添加催化剂、供氢加压等附加手段，取得了一定的成果，能有效地将纤维素、半纤维素或木质素分离出来[2-10]。为进一步提升木质组分的分离转化效率，低共熔溶剂的使用逐渐成为解离木质纤维的主流，它能针对解离过程中所遇到的问题进行选择性解决，以达到对应预期效果。李利芬等[11]为解决木质纤维抗解聚屏障问题选用氯化胆碱/乳酸低共熔溶剂在微波照射下超快解离了柳枝稷和玉米秸秆纤维，得到纯度较高的纤维素和木质素。董艳梅等[12]分别利用氯化胆碱/草酸低共熔溶剂和氯化胆碱/尿素低共熔溶剂通过两步法处理稻草，有效提升了糖产量。张成武[13]通过四种不同的胆碱基低共熔溶剂对杨木和冷杉进行预处理，探索出胆碱基酸性低共熔溶剂能更好地分离出木质素，且所得木质素纯度高达 95%，为提高木质素的转化利用效率奠定了良好基础。

由前期工作可知，采用低共熔溶剂处理木质纤维过程中出现的缩合现象会限制分离组分的转化利用。如对纤维素进行酶解时，其表面未脱除干净的木质素会与纤维素酶形成无效吸附[14]，明显降低纤维素的酶解效率。针对分离过程中组分间的缩合吸附，乙二醇是一种很好的抑制木质素缩合的调控分子。本章设计在氯化胆碱/二水草酸基础上，添加适量的乙二醇，组成乙二醇调控的氯化胆碱/草酸低共熔溶剂，并将乙二醇拓展延伸为 1,3-丙二醇、1,4-丁二醇和 1,5-戊二醇，探索类似结构的二醇是否与乙二醇一样抑制木质素缩合，并促进纤维素酶解效率的提升，以期缓解木质素缩合问题并促进纤维素酶解，为木质组分的综合利用提供科学依据。

7.2　材料和方法

7.2.1　二醇调控低共熔溶剂的配制

分别取氯化胆碱和二水草酸，在80℃下油浴加热，形成均一溶液，得到两组分低共熔溶剂。保持同样的物质的量比氯化胆碱和二水草酸(分别为0.2 mol)，分别加入0.2 mol的乙二醇、1,3-丙二醇、1,4-丁二醇和1,5-戊二醇，配制成四种不同的三组分低共熔溶剂，封口备用。

7.2.2　DES解离木质纤维

将2 g干燥好的杨木粉加到已配好的低共熔溶剂中，油浴锅温度升至110℃时，将装有溶剂和木粉的烧瓶放入油浴锅中，搅拌加热5 h，转速为300 r/min。加热完毕后取出冷却，用400 mL乙醇溶液(乙醇：水 = 7：3，体积比)将烧瓶内的反应液转移至500 mL的烧杯中，室温下搅拌2 h后进行真空抽滤，将上面的纤维素固含物取出放入烘箱中干燥。滤液收集于圆底烧瓶中，接入到旋转蒸发仪上，在50℃水浴加热条件下旋转蒸发出乙醇，取下含浓缩液的烧瓶，加入适量水，使木质素沉淀下来，真空抽滤得到分馏木质素，滤液留存备用[15]。分别用另四种二醇基低共熔溶剂处理杨木木粉，具体预处理条件及分离组分简称见表7.1。

表7.1　预处理条件及产物简称

溶剂组分	溶剂物质的量比	预处理条件	纤维素固含物	分馏木质素
氯化胆碱/草酸	1：1		CO-R	CO-L
氯化胆碱/草酸/乙二醇	1：1：1		COEG-R	COEG-L
氯化胆碱/草酸/丙二醇	1：1：1	110℃，5 h	COPG-R	COPG-L
氯化胆碱/草酸/丁二醇	1：1：1		COBD-R	COBD-L
氯化胆碱/草酸/戊二醇	1：1：1		COPD-R	COPD-L

7.2.3　纤维素酶解处理

称取0.2 g纤维素固含物，加入7.5 mL缓冲液(5 mmol/L乙酸钠缓冲液，pH = 5)，再加入2.88 mg盐酸四环素，最后加入0.02 mL的CTec2纤维素复合酶，在

50℃恒温振荡箱内进行酶水解实验，每隔一定时间取 0.5 mL 酶解液高温灭活，通过液相测定糖含量。

7.2.4　分离木质素的氢解转化

对分离的木质素进一步氢解转化，分别以氯化胆碱/草酸木质素(CO-L)和抑制缩合木质素(COPD-L)作为反应原料，加入 5%钌负载量的钌碳催化剂，乙二醇作为溶剂在 190℃下反应 10 h，采用二氯甲烷和水对产物进行萃取分离并采用气相色谱内标法进行定量分析。

7.2.5　半纤维素转化组分的检测

对于在解离过程中半纤维素组分及纤维素组分降解转化的产物采用液相色谱法进行定性和定量分析计算，测试仪器为美国安捷伦公司的 1260 系列高效液相色谱，配有自动进样器和紫外检测器，C_{18}色谱柱，乙腈和水作为流动相。糠醛和羟甲基糠醛标准品分别用于定性和定量分析。

7.3　二醇调控低共熔溶剂的抑制缩合作用

7.3.1　解离后固含物组分分析

为解析二醇调控低共熔溶剂的抑制缩合作用，以乙二醇调控氯化胆碱/草酸低共熔溶剂(COEG DES)为例，发现相比于氯化胆碱/草酸低共熔溶剂(CO DES)，COEG DES 解离后的固含物和木质素均呈现出较浅的颜色(图 7.1)，可能是由于

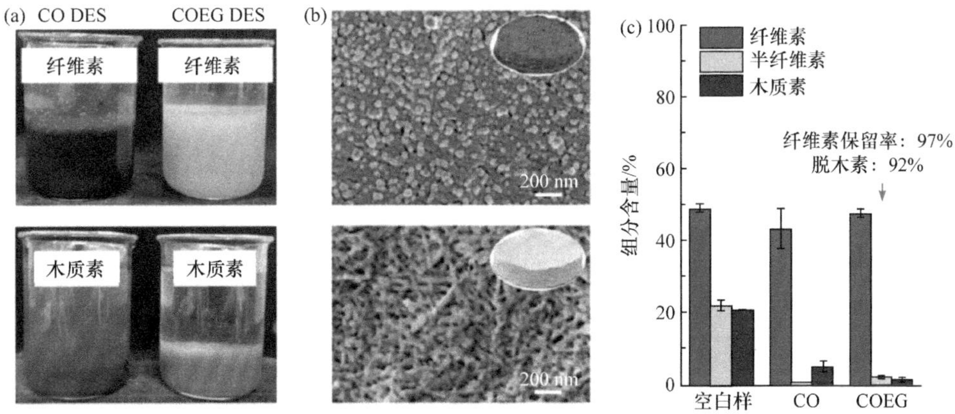

图 7.1　CO DES 和 COEG DES 解离木质纤维后固含物和木质素的(a)宏观照片、(b)固含物的扫描电镜照片和(c)组分含量测试结果

COEG DES 有较好的抑制缩合作用。微观下的扫描电镜照片显示，抑制缩合后的固含物表面并未见明显的颗粒状物质，纳米纤维交织结构明显[图 7.1(b)]。组分含量测试结果也显示 COEG DES 处理后的固含物既保留了几乎全部的纤维素(97%)，也去除了 92%的木质素[图 7.1(c)]，说明该固含物是一种较为理想的造纸、酶解、制备纳米纤维素的原料。

7.3.2 解离后木质素结构和抑制缩合机理分析

为进一步解析乙二醇在低共熔溶剂中的调控作用和机理，采用二维核磁对木质素进行结构表征并分析抑制缩合的机理(图 7.2)。结果发现经 CO DES 处理分离的木质素具有典型的缩合木质素结构，经计算缩合率为 53%，芳基醚键连接均断裂消失。用经乙二醇调控后的 COEG DES 处理木质纤维，发现分离的木质素有一部分的芳基醚键得以保留，同时缩合率下降到 41%；除木质素中原有的芳基醚键信号外，也发现了乙二醇对木质素的烷氧基化改性信号，说明了乙二醇的抑制缩合调控作用。

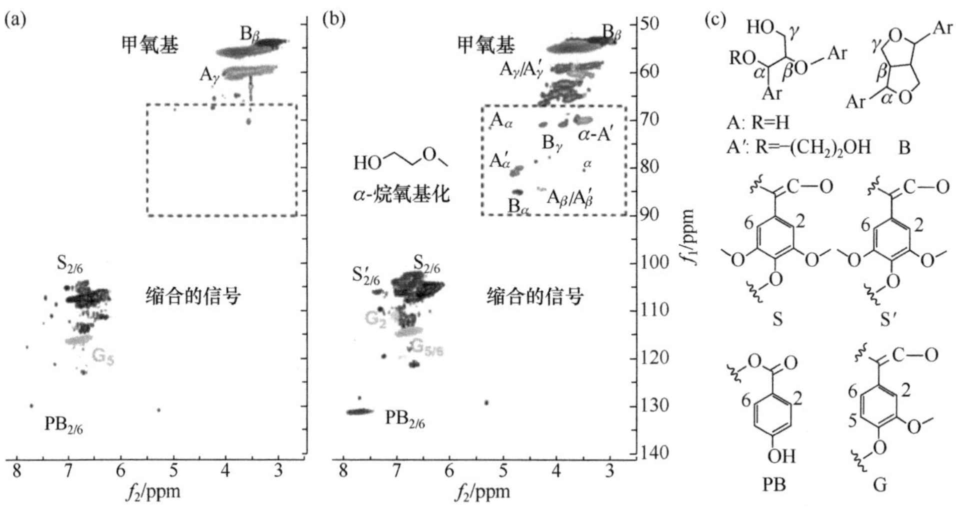

图 7.2　分离的木质素(a)CO-L 和(b)COEG-L 的二维核磁谱图及(c)相应信号的分子式

具体可能的抑制缩合机理分析如图 7.3 所示，在 CO DES 中，强酸性体系使得所有的木质素醚键均断裂，活性的碳正离子缩合形成更加稳固的碳碳键合；而在 COEG DES 中，其会与活性的碳正离子发生烷氧基化反应，从而实现了抑制缩合的目的。

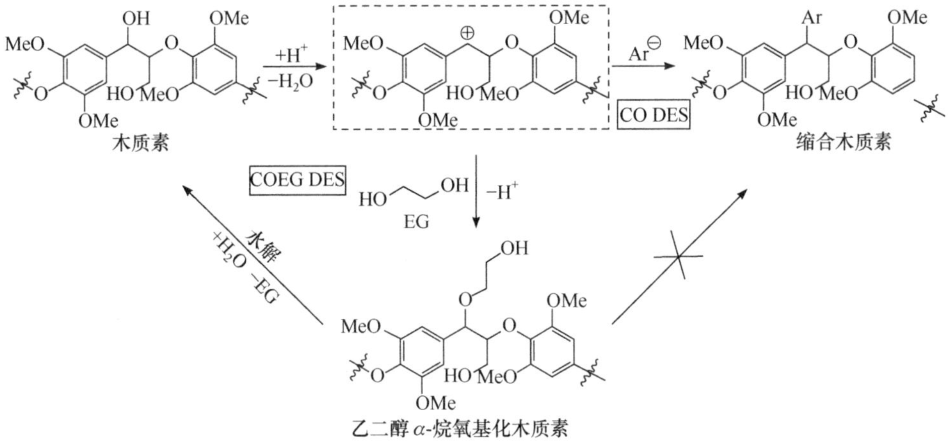

图 7.3　COEG DES 可能的抑制木质素缩合机理

7.4　不同二醇调控低共熔溶剂解离后的固含物表征及转化

7.4.1　解离固含物的组分含量分析

基于 COEG DES 中乙二醇的调控作用，进一步研究不用二醇的调控作用。表 7.2 显示，不同的二醇均具有类似的效果，组分含量分析显示，固含物的得率均为约 54%，纤维素和半纤维素的保留率以及木质素的去除率均随二醇碳链的长度增加而提高，COPD DES 的调控效果最好。

表 7.2　解离后固含物的组分含量分析

溶剂	固含物/%	固含物组分构成/%		木质素去除率/%
		纤维素	半纤维素	
COEG DES	54.8±0.89	87.3±1.06	4.4±0.12	91.9±0.56
COPG DES	53.7±1.08	85.3±3.94	5.7±0.27	95.4±0.55
COBD DES	54.5±1.37	90.8±1.11	5.8±0.26	95.8±0.13
COPD DES	53.5±0.81	91.5±2.62	6.0±0.36	96.4±0.41

7.4.2　解离固含物的结构表征

对固含物进行 X 射线衍射表征(图 7.4)，所有的固含物均为代表性的纤维素 I 型结构，其结晶度约为 70%，说明了经不同二醇体系调控的低共熔溶剂处理后，由于无定形木质素和半纤维素的去除，纤维素的纯度和相对结晶度进一步提高。

通过固含物的宏观照片和电子显微镜表征发现，经二醇体系调控的低共熔溶剂预处理得到的固含物如图 7.5 所示，这四种三组分低共熔溶剂处理后所得纤维

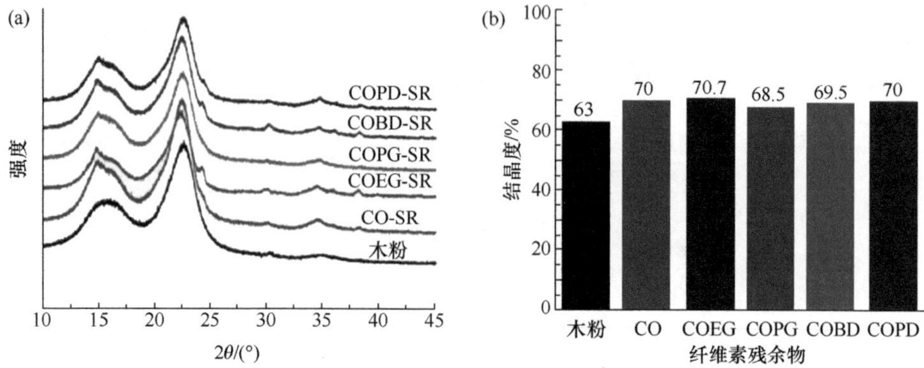

图 7.4　解离后固含物的(a)X 射线衍射曲线和(b)结晶度

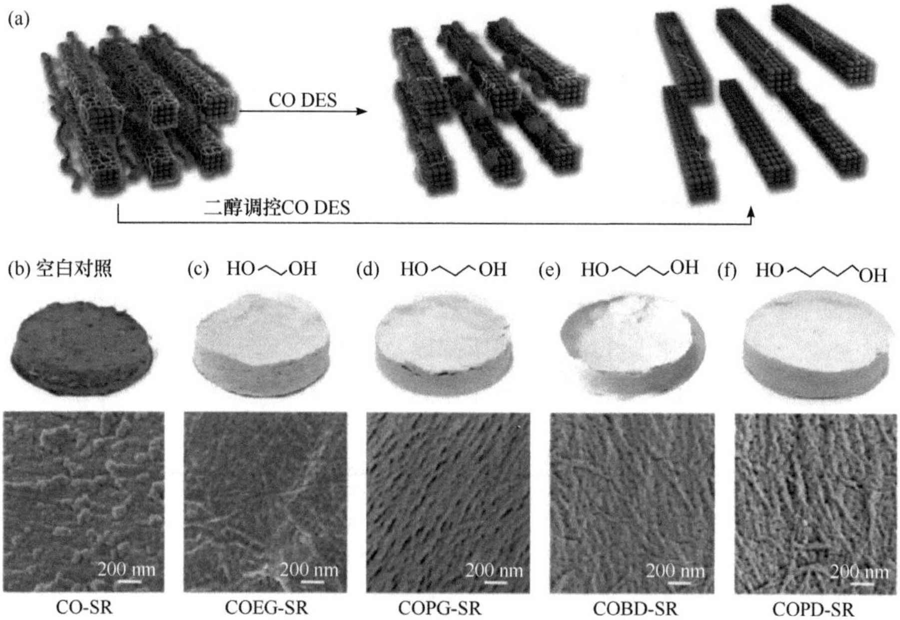

图 7.5　(a)处理后脱除木质素的示意图及(b～f)解离后固含物的宏观照片和微观扫描电子显微镜照片

素固含物的颜色都是整体偏白，且随二醇烷烃链的加长，颜色越来越白；干燥的固含物纤维颗粒越来越细小，呈现细致松软状态，小纤维之间紧密靠拢，无明晰缝隙。高倍扫描电镜表征进一步发现，经二醇调控的低共熔溶剂处理后的固含物表面均无颗粒状物质附着，纳米纤维交织特征明显，孔隙结构丰富，说明得到的固含物是一种纳米纤维的聚集体或组装体。

7.4.3　解离固含物纳米开纤化

上述表征说明处理后的纤维交织状固含物是一种制备纳米纤维素的理想原料，因此以 COPD-SR 为例，采用简单的超声处理(1000 W，20 min)后，便可获得均匀分散的纳米纤维素水分散液(图 7.6)。通过透射电镜表征发现，得到的纳米纤维素具有高长径比(最高可达 320)，其平均直径为 5.7 nm，这种特征使其具有较好的应用前景。

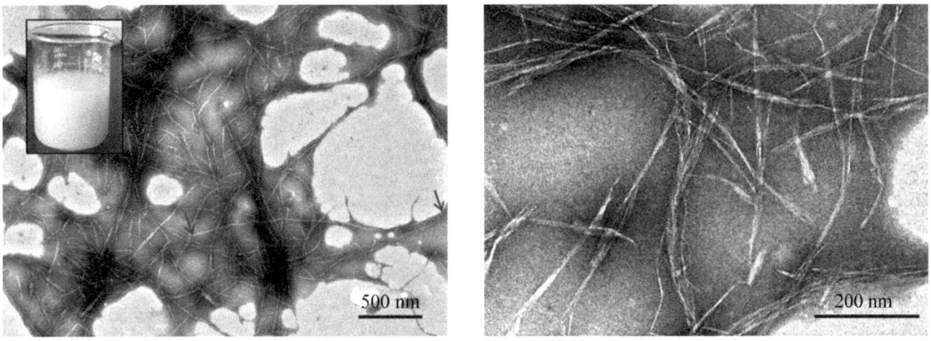

图 7.6　解离后纤维素固含物经超声后的产物浆液照片和扫描电镜照片

将上述纤维素纳米纤维制备成膜后，可以发现得到的膜材料具有较好的柔韧性，呈半透明状态(图 7.7 嵌图)。此外，其力学拉伸测试显示，该膜材料的最大拉伸强度接近 80 MPa(图 7.7)，说明该纤维素纳米纤维膜具有优异的力学性能。以上性能主要归结于纤维素纳米纤维高的长径比和活性羟基官能团。

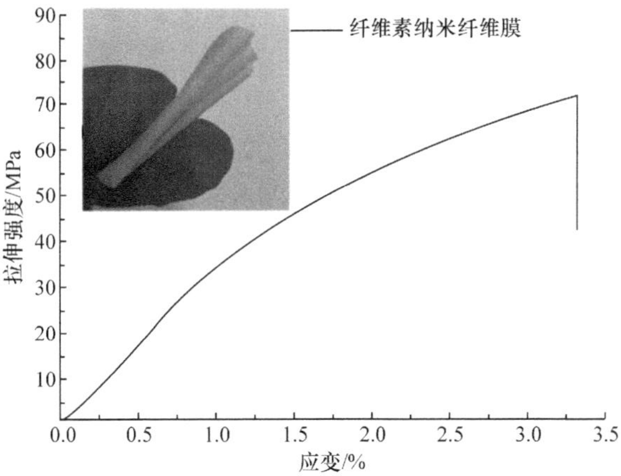

图 7.7　纤维素纳米纤维制备成膜后的柔韧性照片示意和力学拉伸应力-应变曲线

7.4.4 固含物的酶解转化

除了将固含物转化为纳米材料外，其高纯度的纤维素和低木质素吸附率都有利于进一步的酶解转化。因此，对不同二醇调控低共熔溶剂处理后的纤维素固含物进行酶解处理，结果如图 7.8 所示。与未处理的木材相比，所有经二醇调控低共熔溶剂处理的纤维素固含物酶解 72h 后均展现出优异的葡萄糖得率(92%～99%)[图 7.8(a)]。而经过 CO DES 处理后固含物的葡萄糖得率仅为 68%，可能是由于缩合木质素在纤维素表面的竞争性吸附导致了纤维素酶没能与纤维素充分结合。处理后固含物中的半纤维素经酶解后可得到较高得率的木糖，其得率在 91%～99%之间[图 7.8(b)]。

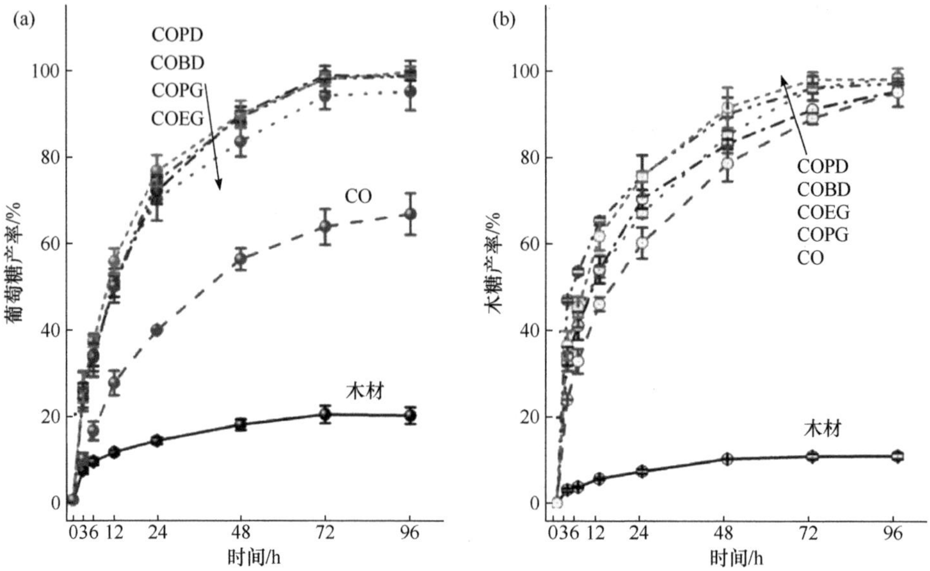

图 7.8 不同二醇调控低共熔溶剂处理后的纤维素固含物进行酶解后的(a)葡萄糖产率和(b)木糖产率

7.5 木质素结构解析及转化

7.5.1 木质素表面颜色及得率

分馏木质素是在弱酸水中沉淀析出的，通过分馏木质素的数码照片(图 7.9)可以看到，经二醇系列调控低共熔溶剂处理后的分馏木质素颜色普遍呈浅棕色，且分馏木质素的得率随烷烃链长度增加而逐步提升。这表明这四种不同烷烃链长度二醇的加入均能有效抑制木质素的缩合，并逐步提高木质素的提取率。

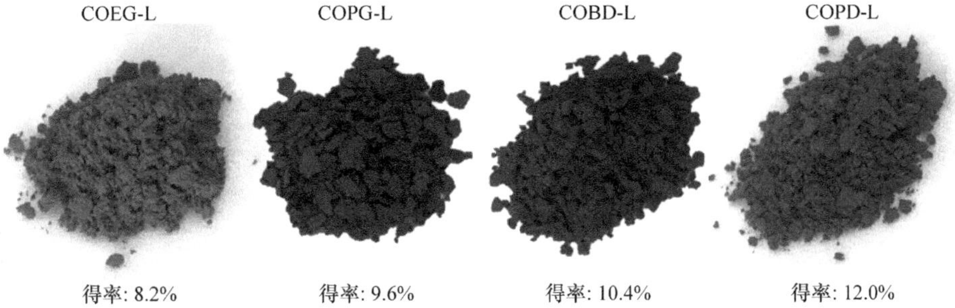

图 7.9 二醇系列调控低共熔溶剂预处理后分馏木质素的数码照片

7.5.2 分馏木质素的二维核磁表征

为验证二醇对木质素的抑制缩合情况，同样采用二维核磁对木质素进行了结构表征，如图 7.10 所示。结果表明，COEG-L、COPG-L、COBD-L 和 COPD-L 的侧链区结构相似，都保留了木质素侧链区的大部分连接键。在β-O-4′结构和β-O-4 结构的β位置交叉信号逐渐增强，说明烷烃链越长，对木质素芳基醚键的保护越好。同样β-O-4′结构的α位置信号也越来越强，表明β-O-4′结构逐渐增多，即随烷烃链的延长，越来越多的二醇接入到了木质素β-O-4 结构的α位置上。随着二醇烷烃链的延长，分馏木质素的 S 型、G 型缩合信号逐渐减弱，表明二醇的烷烃链增长，有助于减少木质素的缩合。以上结构分析说明接入到木质素侧链上的二醇分子烷烃链长，所形成的空间位阻大，阻碍了木质素之间的缩合反应，从而抑制了木质素的缩合。

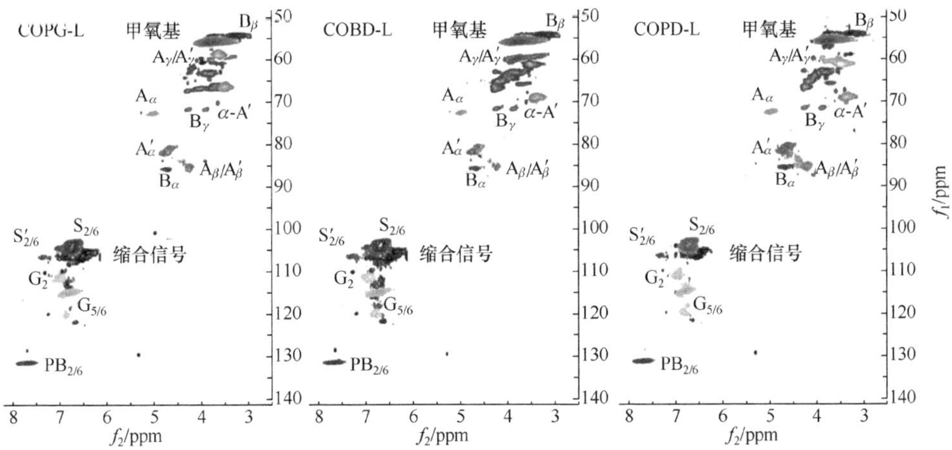

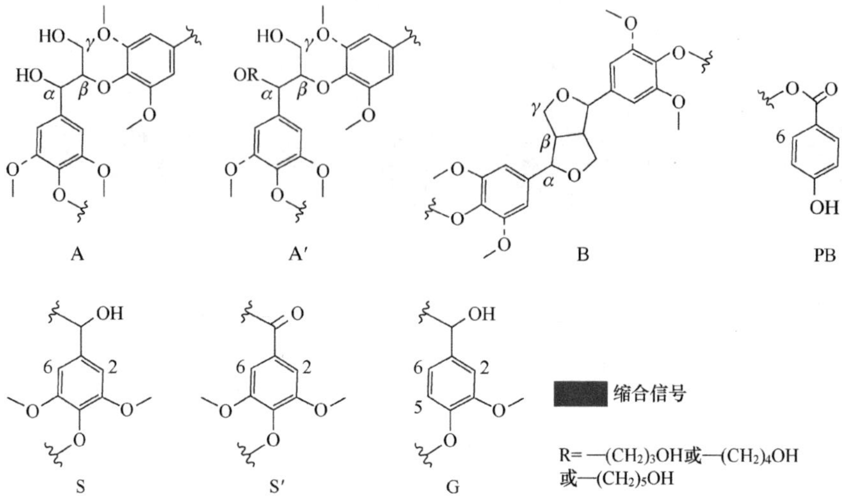

图 7.10　分馏木质素的 ^{13}C-^{1}H 二维核磁谱图与对应结构单元

为进一步验证分馏木质素接上了二醇的醇羟基，对其进行了磷谱核磁定量测试，表征木质素上的醇羟基和酚羟基的含量，结果如图 7.11 和表 7.3 所示。随烷烃链长度增长，醇羟基含量逐步升高，从未加入二醇的 0.07 mmol/g 逐渐提升为 1.85 mmol/g。COEG-L 的酚羟基含量相对最高，随着溶剂中二醇的烷烃链长度加长，酚羟基含量逐步下降，与核磁谱图中β-O-4′结构形成的结论相符。这表明这种二醇调控低共熔溶剂在处理杨木粉过程中，二醇分子会接入到木质素侧链β-O-4 结构的α位置上，对木质素的侧链易断的β-O-4 结构进行保护，从而减少了酚羟基的形成，呈现更多的醇羟基。

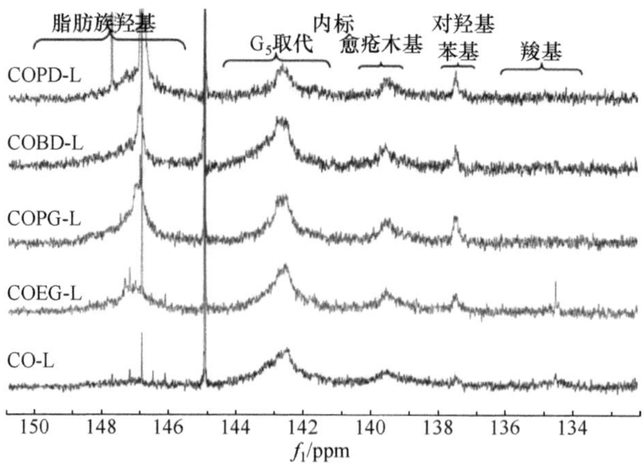

图 7.11　分馏木质素的 ^{31}P 核磁谱图

表 7.3　分馏木质素中羟基分布情况

木质素	醇羟基含量/(mmol/g)	酚羟基总量/(mmol/g)	酚羟基含量/(mmol/g)			羧酸羟基含量/(mmol/g)
			G_5替代	愈创木基	对羟苯基	
CO-L	0.07	2.78	2.18	0.50	0.05	0.05
COEG-L	1.47	3.05	2.07	0.70	0.22	0.06
COPG-L	1.51	2.20	1.41	0.43	0.15	0.21
COBD-L	1.67	2.03	1.73	0.47	0.07	0.17
COPD-L	1.85	1.35	0.81	0.31	0.08	0.15

除此之外，也发现与木质素的得率、醚键含量、缩合率以及羟基含量存在一定的相关关系。从图 7.12 中可以看出，分离的木质素得率和二醇中碳的个数存在线性相关关系，拟合曲线为 $y = 8.6x + 26.9(R^2 = 0.9832)$，最高的木质素得率可达 70%。二醇中碳个数同样与醚键含量和缩合率存在线性相关关系，其拟合曲线分别为 $y = 7.11x - 7.76(R^2 = 0.9928)$和 $y = -9.2x + 59.7(R^2 = 0.9937)$，对调控木质素的结构具有一定的指导意义。最后，也发现二醇碳个数和酚羟基含量、脂肪族羟基含量存在较显著的二次多项式相关关系，其拟合曲线分别为 $y = 0.1775x^2 - 1.8235x + 6.0085(R^2 = 0.9848)$和 $y = 0.0275x^2 - 0.0595x + 1.4695(R^2 = 0.9420)$，这种规律的揭示对于木质素的官能团调控具有重要指导意义。

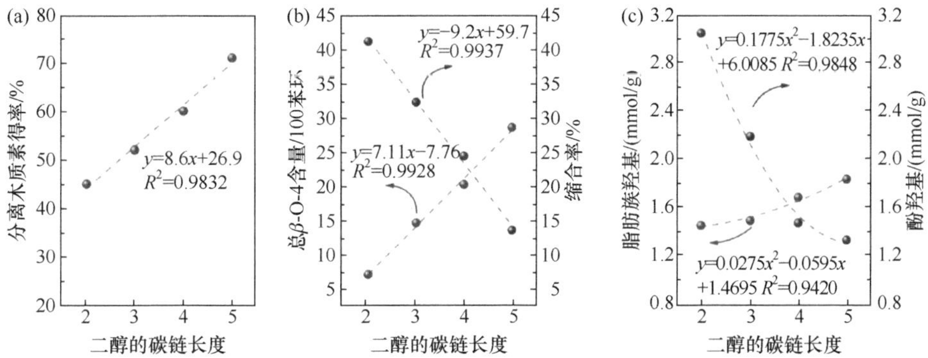

图 7.12　二醇的碳链长度与木质素的(a)得率、(b)醚键含量、缩合率以及(c)羟基含量的相关关系图

7.5.3　木质素解聚转化

由于二醇调控 DES 对木质素具有较好的抑制缩合作用，保留了醚键结构，因此木质素适合进一步解聚制备芳香化学品。以 COPD-L 为原料，采用钌碳催化剂，乙二醇作为反应溶剂，在 190℃下反应 10 h 对木质素进行解聚处理，结果如图 7.13

所示。CO-L 解聚后丙基苯酚单体的得率仅为 0.54%，而 COPD-L 解聚后单体得率显著提高，为 15.4%，单体产率提高了 29 倍左右。值得注意的是，解聚后的单体产物具有较好的选择性，主要产物均为丙基苯酚。以上研究结果表明二醇调控的抑制缩合木质素较适用于后续解聚制备高附加值芳香化学品。

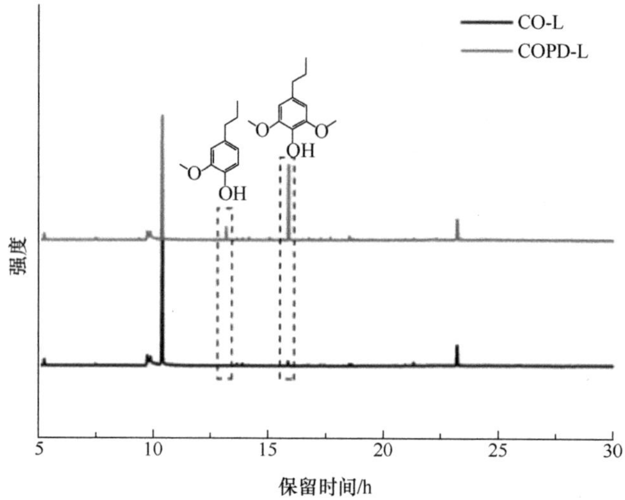

图 7.13　抑制缩合与否的木质素经催化制备丙基苯酚单体的结果对比

7.6　半纤维素转化产物检测

前期研究发现，在低共熔溶剂解离木质纤维过程中，一部分半纤维素保留在固含物中，另一部分半纤维素则溶解/降解在溶剂中，为进一步确定半纤维素的转化产物，采用高效液相色谱对产物进行分析，结果如图 7.14 所示。通过对 CO DES

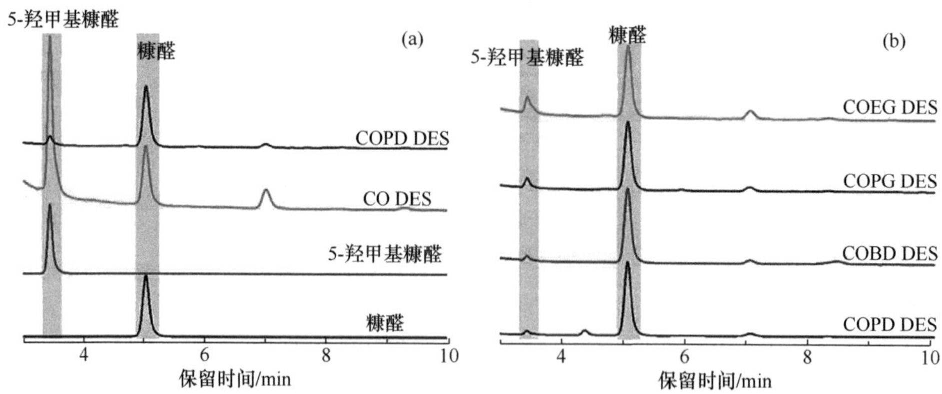

图 7.14　半纤维素转化为(a)羟甲基糠醛和(b)糠醛的高效液相色谱检测结果

和 COPD DES 处理后的滤液分析发现，CO DES 处理对纤维素和半纤维素均有降解作用，产生较多相应的 5-羟甲基糠醛(5-HMF)，而 COPD DES 则对纤维素降解具有较好的抑制作用，产生的 5-HMF 量很少；进一步对不同低共熔溶剂处理体系的半纤维素产物进行解聚处理，发现随着二醇碳链的增加，其对纤维素降解的抑制作用愈发明显，也说明了二醇调控低共熔溶剂对半纤维素转化的调控作用；经过定量计算发现，COPD DES 处理后可选择性得到 13%的糠醛。

7.7 本章总结

本章采用结构类似的不同烷烃链长度的二醇调控氯化胆碱/二水草酸形成了四种二醇基三组分低共熔溶剂，探讨了这类二醇的加入对木质组分全组分精炼转化的影响。结果发现二醇的加入能够有效抑制木质素缩合并提高木质素的去除率，得到纯度较高的富含纤维素固含物、二醇烷氧基化改性的木质素和选择性降解为糠醛的半纤维素，实现了木质组分的高效解离。

此外也对解离组分的高附加值转化进行探索，发现富含纤维素的固含物既能够通过简单超声制备得到高长径比的纤维素纳米纤维，也能够通过酶解将其全部转化为葡萄糖。对解离的木质素，发现二醇的碳个数与分离木质素的结构和官能团存在相关关系，为调控木质素的结构和官能团提供了理论参考。通过对木质素进一步氢解转化发现木质素单体的得率相比于缩合木质素提高了近 29 倍，具有较好的精炼价值。对半纤维素的转化发现二醇调控低共熔溶剂能够有效抑制纤维素组分的降解，半纤维素选择性转化为糠醛。本章内容提供了一种新型二醇调控低共熔溶剂用于木质组分全组分精炼的研究，为林木生物质高效精炼提供一种新思路。

参考文献

[1] 王红彦，左旭，王道龙，等. 中国林木剩余物数量估算[J]. 中南林业科技大学学报，2017, 37(2): 29-38.

[2] Yuan L, Chen D, Liao H, et al. Ultrasonic-assisted ball milling hydrolysis of brich wood with dilute citric acid[J]. Journal of Hunan University, 2012, 39(12): 68-72.

[3] Yao F, Tian D, Shen F, et al. Recycling solvent system in phosphoric acid plus hydrogen peroxide pretreatment towards a more sustainable lignocellulose biorefinery for bioethanol[J]. Bioresource Technology, 2018, 275: 19-26.

[4] 张莉，徐建国，张龙. NaOH-硫脲-H_2O 溶剂体系对木质纤维素的溶解及组分分离[J]. 过程工程学报, 2013, 13(3): 385-390.

[5] Zhang K, Pei Z, Wang D. Organic solvent pretreatment of lignocellulosic biomass for biofuels and biochemicals: a review[J]. Bioresource Technology, 2016, 199: 21-33.

[6] Hamada Y, Yoshida K, Asai R, et al. A possible means of realizing a sacrifice-free three component separation of lignocellulose from wood biomass using an amino acid ionic liquid[J]. Green Chemistry, 2013, 15(7): 1863-1868.

[7] 林美露. 木质素对复合纤维素酶的吸附规律及木质纤维素酶解强化的研究[D]. 广州: 华南理工大学, 2018.

[8] Wang Y, Dai L, Fan L, et al. Review of microwave-assisted lignin conversion for renewable fuels and chemicals[J]. Journal of Analytical and Applied Pyrolysis, 2016, 119: 104-113.

[9] Sun Z, Bottari G, Afanasenko A, et al. Complete lignocellulose conversion with integrated catalyst recycling yielding valuable aromatics and fuels[J]. Nature Catalysis, 2018, 1(1): 82-92.

[10] Warner G, Hansen T S, Riisager A, et al. Depolymerization of organosolv lignin using doped porous metal oxides in supercritical methanol[J]. Bioresource Technology, 2014, 161: 78-83.

[11] 李利芬, 吴志刚, 梁坚坤, 等. 低共熔溶剂在木质纤维类生物质研究中的应用[J]. 林业工程学报, 2020, 5(4): 20-28.

[12] 董艳梅, 安艳霞, 马阳阳, 等. 深度共熔溶剂预处理木质纤维素生物质研究进展[J]. 化工进展, 2021, 40(3): 1594-1603.

[13] 张成武. 低共熔溶剂预处理木质纤维素的研究[D]. 天津: 天津大学, 2016.

[14] Abbott A P, Boothby D, Capper G, et al. Deep eutectic solvents formed between choline chloride and carboxylic acids: versatile alternatives to ionic liquids[J]. Journal of the American Chemical Society, 2004, 126(29): 9142-9147.

[15] Liu Y, Chen W, Xia Q, et al. Efficient cleavage of lignin-carbohydrate complexes and ultrafast extraction of lignin oligomers from wood biomass by microwave-assisted treatment with deep eutectic solvent[J]. ChemSusChem, 2017, 10(8): 1692-1700.

第 8 章　低共熔溶剂高效预处理生物质结合超声制备纳米纤维素

8.1　背 景 概 述

纤维素是一种天然可降解的糖基高分子聚合物并主要存在于植物细胞壁中，起到强度支撑作用，由植物细胞壁中分离出来的纤维素被广泛应用于制浆造纸、食品添加剂和药物成型剂等非常广泛的领域。然而，对纤维素的提取利用的首要环节在于有效地突破“抗解聚屏障”，即木质素-碳水化合物复合体[1-4]。虽然以往可以通过物理法[5]、化学法[6-12]、生物法[13]以及几者相结合的处理技术加以实现，然而如何在温和条件下简便、高效地实现这一进程仍然具有吸引力和挑战性。

近些年来，从木质资源中提取制备纳米纤维素的研究不断发展，这是因为纳米纤维素在很多交叉领域有着显著的应用潜力，如增强聚合物、多孔气凝胶、天然光学材料、多孔碳材料[14]等。随着研究的发展，纳米纤维素的制备技术逐渐趋向于溶剂绿色化、过程简单化并同时考虑环境友好和可持续等特征。基于之前的研究结果，微波加热低共熔溶剂能够有效去除木质原料的“抗解聚屏障”，脱除木质原料中的木质素和半纤维素，这样得到的纤维素剩余物经过简单的机械处理，具有制备纤维素纳米晶的潜力。因此本章研究内容主要为采用低共熔溶剂对不同木质原料进行预处理，再将得到的纤维素剩余物通过高频超声法制备成纳米纤维素，检验所制备出的纳米纤维素的形态和性能特征。此外，也采用这种方法对具有超高纤维素含量及超强氢键作用的棉花纤维进行预处理，以实现通过非强酸法超快速地、高产率地制备纳米纤维素。

8.2　材料和方法

8.2.1　原材料和试剂

杨木木粉、杉木木粉、竹粉、玉米秸秆、麦草等均为初级加工制品，购自淘宝电商。未经任何预处理的棉花(*Gossypium hirsutum* L.)原料购买于新疆石河子。

氯化胆碱和水合草酸购自上海阿拉丁生化科技股份有限公司。铜-乙二胺配合物(1 mol/L，分子量 121.63)用于纤维素聚合度的测试，购自天津市光复科技发展有限公司。硫酸、氢氧化钠、乙酸和丙酮购买于天津市科密欧化学试剂有限公司。所有的试剂均为分析纯。

8.2.2 实验方法

1. 低共熔溶剂的制备

氯化胆碱和水合草酸以 1∶1 的物质的量比混合，在 80℃减压条件下搅拌 1 h 直至得到无色透明的液体后备用。

2. 低共熔溶剂预处理生物质原料

同前述章节的实验方法，将 0.5 g 不同的生物质原料与 10 g 低共熔溶剂混合后分别进行微波或油浴加热处理。反应后冷却至室温，采用丙酮和水混合溶剂对纤维素进行分离清洗，将不干燥的纤维素剩余物配制成质量分数为 0.5%的水分散液，进行超声处理，得到纳米纤维素的水分散液，继而再对制备的纳米纤维素进行表征分析。

3. 微波加热低共熔溶剂预处理棉花纤维

0.25 g 棉花纤维与 10 g 低共熔溶剂混合于特氟龙内衬的聚醚醚酮微波反应罐中。该反应罐采用北京祥鹄科技发展有限公司的 XH-800 型微波加速反应系统在 70～100℃的温度范围内加热，加热功率为 800 W，具体的加热条件设置见表 8.1。预处理后，将不溶的固体剩余物采用水和丙酮进行清洗分离。为方便记录，将微波加热低共熔溶剂预处理棉花纤维分别记为：MwDES-70 CFs、MwDES-80 CFs、MwDES-90 CFs 和 MwDES-100 CFs，其中的数字对应预处理的温度。预处理棉花纤维的产率计算：产率为预处理后棉花纤维的质量占所加入棉花原料质量的百分比。

表 8.1 实验条件

序号	温度/℃	功率/W	时间/min
MwDES-70 CFs	70	800	5
MwDES-80 CFs	80	800	3
MwDES-90 CFs	90	800	3
MwDES-100 CFs	100	800	3

4. 预处理后棉花纤维超声制备纳米纤维素

预处理后的棉花纤维首先配制成 0.5%浓度的水溶液，然后该水溶液采用宁波新芝生物科技股份有限公司生产的 JY99-IIDN 型超声波发生器进行超声处理。超声探针采用直径为 25 mm 的钛合金探针，超声频率为 20 kHz，输出功率为 1200 W，处理时间为 30 min。对得到的纳米纤维素水分散液，根据不同条件和所得到纳米纤维素的特征分别标记为：MwDES-70 CNCs、MwDES-80 CNCs、MwDES-90 CNCs 和 MwDES-100 CNCs。

8.3　结构表征分析

8.3.1　预处理后棉花纤维的形貌观察

采用日本电子产的 JSM-7500F 型扫描电子显微镜对未处理和预处理后棉花纤维的表面形貌进行观察，检测电压为 15 kV。在检测前，所有试样表面均进行真空溅射铂金处理。

采用日本电子产的 JEM-2100 透射电子显微镜对进一步经超声制备得到的纳米纤维素进行观察，检测电压为 200 kV。具体检测步骤为：将一滴(约 5 μL)稀释的纤维素水分散液滴到覆盖有碳膜的电子显微镜网格上，采用质量分数为 1%的磷钨酸溶液对纤维素进行负染来增加图像的对比度。纳米纤维素的尺寸通过对透射电镜照片中产物的测量来实现，采用的测量软件是购自北京天地宇科技发展有限公司的 TDY-5.2 型图像分析系统。

8.3.2　纤维素晶型及相对结晶度

纤维素的结晶特性通过日本理学公司生产的 D/max2200 型 X 射线衍射仪来完成，激发源为铜靶，测试电压和电流分别为 40 kV 和 30 mA。衍射数据的计量范围为 $2\theta = 10°$～$40°$，扫描速率为 4°/min。相对结晶度的计算通过 Segal 法计算，公式如下：

$$\mathrm{CrI}(\%)=\frac{I_{200}-I_{\mathrm{am}}}{I_{200}}\times 100 \tag{8.1}$$

其中，I_{200} 为 2θ 约在 22.6°时对应 200 晶面的衍射峰强度，该强度代表材料结晶区和非结晶区强度的总和；I_{am} 为在 $2\theta = 18°$所对应的非结晶区衍射强度。

8.3.3　傅里叶变换红外光谱检测表面官能团

纤维素表面的化学性质采用美国赛默飞世尔科技的 Nicolet Magna 560 型傅里

叶变换红外光谱仪进行测量，采用金刚石衰减总反射率接触模式。吸收模式下数据的测试范围为 650～4000 cm^{-1}，每个光谱扫描 32 次，分辨率为 4 cm^{-1}。

8.3.4 碳原子化学连接方式的 ^{13}C 核磁共振分析

采用德国布鲁克生产的 DRX-400 型 ^{13}C CP/MAS 核磁共振波谱仪对预处理的棉花纤维和所获得的纳米纤维素的碳原子连接方式进行分析。光谱是使用 CP、MAS 和大功率质子分离方法的组合，用 4mm MAS 探头获得。基于核磁共振法的纤维素结晶度指数计算方法是将晶体峰(将峰从 87 ppm 到 93 ppm 的积分)的面积除以分配给 C4 峰的总面积(积分区域为 80～93 ppm)。

8.3.5 纤维素聚合度、表面电位和电荷的测量

纤维素聚合度采用 1835-4-0.80 型乌式黏度计测量，以铜-乙二胺作为溶解纤维素的溶剂。纤维素水分散液的 Zeta 电位采用英国马尔文仪器有限公司的 Nano ZS 型动态光散射测量仪测量。纤维素表面的电荷密度采用上海仪电科学仪器股份有限公司的 DDS-11A 型电导计通过电导滴定法测试。

8.3.6 纤维素热稳定性测量

纤维素的热稳定性采用美国珀金埃尔默公司生产的 Pyris6 型热重测量仪进行测试，升温范围为室温至 600℃，升温速率为 10℃/min，加热气体氛围为氮气。微分热重曲线则由热重曲线数据演化而来，代表质量损失的变化速率。

8.3.7 溶液中羟甲基糠醛含量的测定

羟甲基糠醛(HMF)含量的定量测定采用美国沃特世公司的超高效液相色谱，配置 Acquity BEH C_{18} 色谱柱，粒径为 1.7 μm，规格为 2.1 mm × 50 mm，紫外检测器，测试波长为 280 nm。流动相为乙腈/水(5 : 95，体积比)，流速为 0.25 mL/min。

8.4 产物性能检测

8.4.1 低共熔溶剂预处理制备杨木纳米纤维素

基于 3.4.2 节研究结果发现，微波加热低共熔溶剂处理木材的纤维素剩余物可以通过简单的超声处理制备纳米纤维素，如图 8.1 所示，其纳米纤维素直径主要分布在 4～8 nm。然而采用油浴加热处理后的纤维素剩余物经过简单超声处理可以制得纤维素纳米纤维，其直径分布在 4～16 nm，说明微波作用对纤维素的非结晶区具有较显著的降解效果，处理过程中非结晶区会被破坏而导致纤维长度缩短。

由以上结果可以得出，低共熔溶剂可以有效地对木质原料进行脱木质素处理，不同的加热方式可以制备出对应的纤维素纳米晶或纳米纤维。

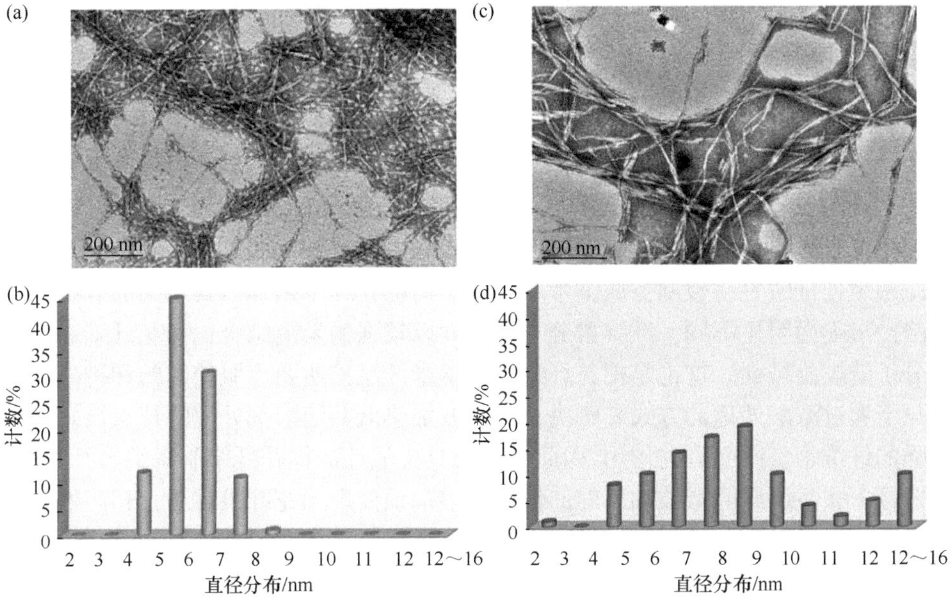

图 8.1　低共熔溶剂的微波(a，b)和油浴(c，d)处理的透射电镜图和相应直径分布统计图

8.4.2　不同生物质原料制备纳米纤维素

首先以玉米秸秆为原料，采用氯化胆碱/草酸低共熔溶剂进行预处理，加热方式为油浴加热，目的是制备纤维素纳米纤维。原料经预处理后洗净，直接进行超声处理，就可以制备获得纤维素纳米纤维，如图 8.2 所示。然而从透射电镜图中可以看出，在纤维素纳米纤维间也还存在一些黑色的纳米颗粒，分析为超声处理后残留的少量木质素经超声处理后的表现。对纤维素剩余物经过简单的酸性亚氯酸钠漂白处理 30 min，超声制备出的纳米纤维素中的木质素纳米颗粒会消失不见，

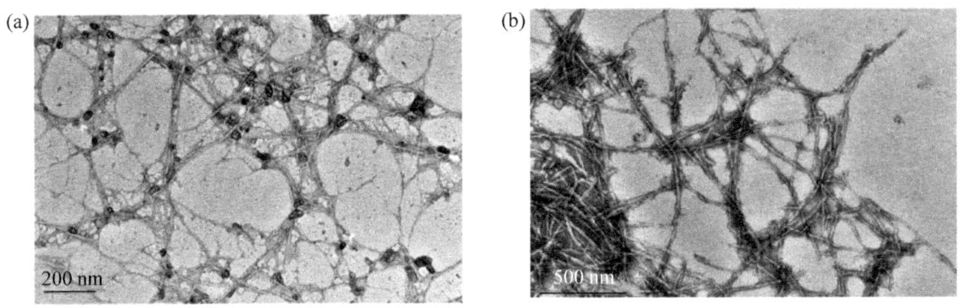

图 8.2　低共熔溶剂预处理并结合超声制备玉米秸秆纳米纤维素：(a)未漂白和(b)漂白

说明漂洗处理可以有效去除剩余或吸附的木质素颗粒。

因此，氯化胆碱/草酸低共熔溶剂预处理，经过简单的漂白并结合超声后处理就可制备纤维素纳米纤维。继而再对不同的生物质原料进行表观现象观察以及透射电镜表征。如图 8.3 所示，发现杉木、竹子、麦草和玉米秸秆等经过上述处理均可得到稳定分散在水中的纤维素纳米纤维。对于超高纤维素含量的棉花纤维，虽然上述方法同样可以制备得到纳米纤维素，但是在溶液中依然可以发现团聚的棉花纤维原料。结合文献报道可知，棉花的纤维素相比于木质原料中的纤维素并不完全相同，木质原料中纤维素周围由低聚合度的半纤维素包围，因此在处理过程中半纤维素组分容易被降解去除，纤维素的可及度和润胀度都达到较高程度，因此超声处理时更易被制备成纳米纤维素。而棉花纤维素却因其超高的纤维素含量(约 96%)而明显不同，纤维素分子链之间以较强的氢键结合，棉花纤维表面呈现分子链螺旋排列。这也是棉花纤维制备纳米纤维素所要克服的问题和挑战，以往只能通过浓酸处理的方式来解决，而微波加热低共熔溶剂处理的特点恰好具有较强的纤维素氢键断裂的作用，因此针对较具挑战性的棉花纤维制备纳米纤维素，本章接下来主要研究微波加入辅助低共熔溶剂预处理棉花纤维再结合超声处理制备棉花纳米纤维素。

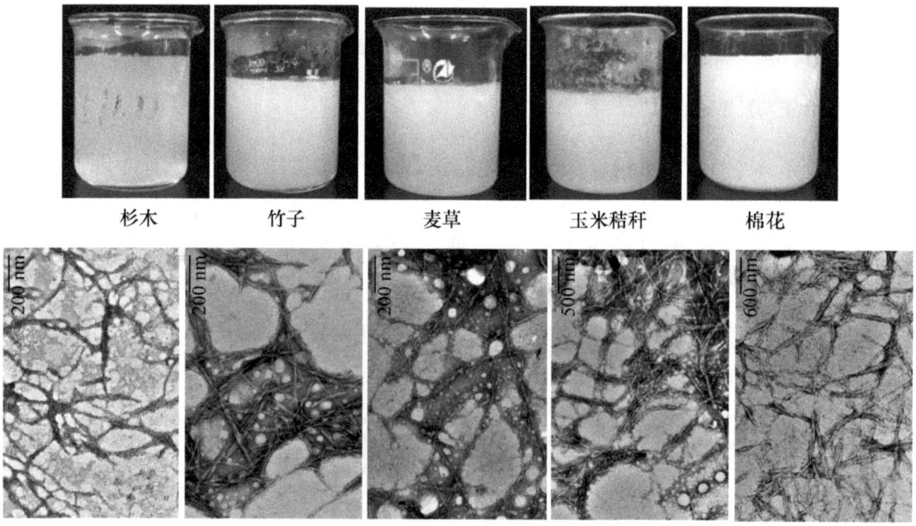

图 8.3　低共熔溶剂预处理不同生物质原料再结合超声制备的纳米纤维素

8.4.3　超高含量棉花纤维制备纳米纤维素

棉花纤维在温和处理条件下难以制备纳米纤维素，通常采用浓酸处理制备棉花纤维素纳米晶或化学预处理结合超高强度机械处理制备棉花纤维素纳米纤维，然而以上两种方法均有一定的缺点，例如，浓酸处理操作比较危险，对设备腐蚀严重并且纳米纤维素产率相对较低；化学结合超强机械处理则能耗很高，化学预处理也对环境产生一定影响。因此采用绿色的处理方式，从棉花纤维制备高产率的纳米纤维素具有实际意义。

1. 酸、碱和低共熔溶剂预处理宏观照片对比

对四种不同溶剂包括 5%稀硫酸、5%氢氧化钠、酸性亚氯酸钠和低共熔溶剂结合微波预处理的棉花纤维均进行超声处理，超声后的水分散液数码照片如图 8.4 所示。由图可以看出，稀酸处理、碱液处理和酸性亚氯酸钠处理 2 h 的棉花纤维经过超声处理后均无明显变化，而经过微波加热低共熔溶剂预处理的棉花纤维经超声可得到稳定分散的白色悬混液，说明微波加热低共熔溶剂预处理对棉花纤维影响显著，能够有效促进棉花纤维的纳米纤丝化。

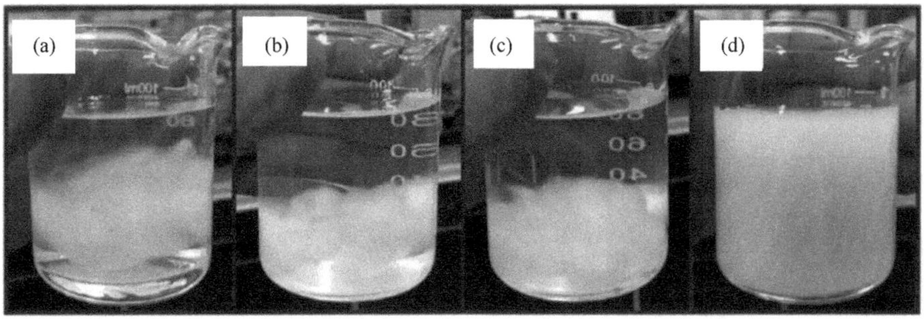

图 8.4　棉花纤维经不同预处理后再超声得到的水分散液图片：(a) 5%稀硫酸处理 2 h；(b) 5%氢氧化钠处理 2 h；(c) 酸性亚氯酸钠处理 2 h；(d)微波加热低共熔溶剂处理 3 min

2. 不同溶剂预处理棉花纤维的扫描电镜照片对比

由图 8.5 所示的扫描电镜照片可以看出，酸、碱处理后的棉花纤维表面微观构造类似，而经过传统酸性亚氯酸钠处理后的棉花纤维表面出现纤丝状的结构，可能是由于酸性亚氯酸钠处理能够有效地去除棉花纤维表面的少量果胶或低分子量糖类。经过微波加热低共熔溶剂处理后，可以明显发现纤维素表面出现很多纤维状结构交织在一起，说明在该条件下棉花纤维有一定的解聚，部分纤维素分子链被破坏，初步形成纳米纤维。

3. 不同温度下低共熔溶剂预处理效果分析

确定微波加热低共熔溶剂对棉花纤维具有显著的解聚效果后，对不同的微波加热条件进行了筛选和优化，微波加热温度从 70℃到 100℃，处理时间均为 3 min。

从图 8.6 的光学显微镜照片可以看出，70℃处理后的棉花纤维依然呈现较长的纤维，其螺旋结构清晰可见。当温度提高到 80℃时，棉花纤维显著变短。当将温度进一步提高到 90℃和 100℃时，可以观测到棉花纤维降解为更加细小的颗粒或短纤维。以上结果说明温度对低共熔溶剂的作用效果有显著影响，温度条件设置对棉花纤维的解聚和纳米化效果具有显著影响。但同时也可以发现，高温下预处理后棉花纤维的颜色随之加深，经过超声处理后其溶液的颜色变化也较明显，说明高温下棉花纤维素降解加剧，有胶体化或酯化的特征出现。

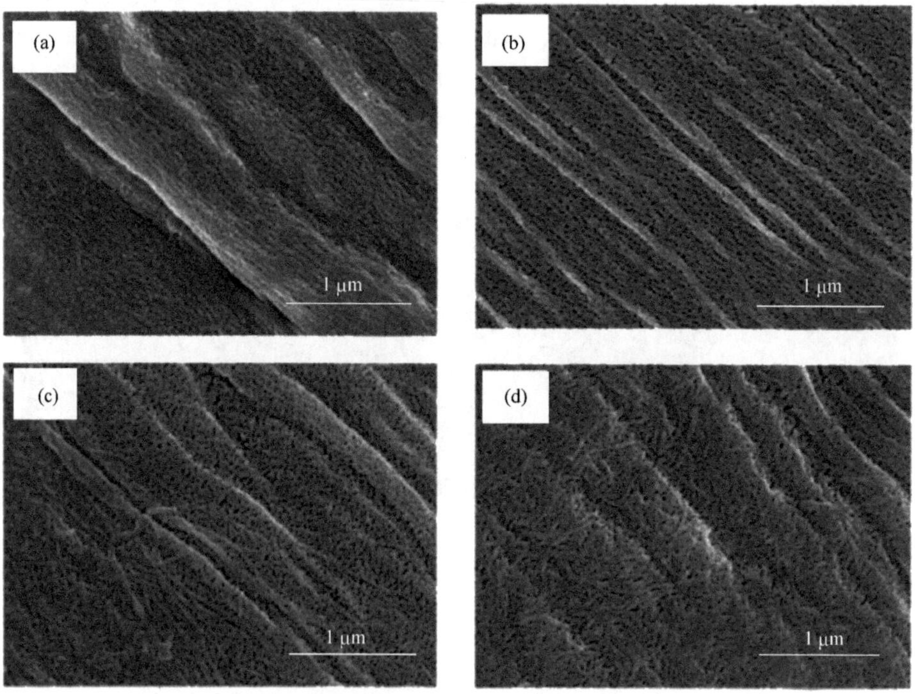

图 8.5　不同预处理条件下棉花纤维的表面形貌：(a) 5%稀硫酸处理；(b) 5%氢氧化钠处理；(c) 酸性亚氯酸钠处理；(d) 微波加热低共熔溶剂处理

图 8.6　微波加热低共熔溶剂预处理棉花纤维和相应的纳米纤维素分散液的数码照片和光学显微镜照片：(a，e) MwDES-70；(b，f) MwDES-80；(c，g) MwDES-90；(d，h)MwDES-100

4. 不同温度下低共熔溶剂预处理的纤维产率和组分分析

对不同温度下低共熔溶剂预处理棉花纤维的产率和组分含量进行分析，如表 8.2 和表 8.3 所示。从表 8.2 可以看出，随着温度的提高，其产率是明显下降的，80℃下预处理棉花纤维的产率为 74.2%，100℃下预处理棉花纤维的产率只有 57.8%。相比于未处理棉花纤维，在不同温度下棉花纤维处理后产物的纤维素含量约为 88%～91%，而低聚糖的含量相应增加，说明部分纤维素在处理过程中解聚为低聚糖。进一步对其聚合度进行测试，如表 8.3 所示，可以发现预处理能够显著降低棉花纤维的聚合度，这与组分含量分析及光学显微镜分析结果一致。

表 8.2　不同处理条件下微波加热低共熔溶剂处理棉花纤维的产率

	温度/℃	功率/W	时间/min	产率/%
MwDES-70 CFs	70	800	5	75.9
MwDES-80 CFs	80	800	3	74.2
MwDES-90 CFs	90	800	3	62.4
MwDES-100 CFs	100	800	3	57.8

表 8.3　棉花纤维和 MwDES 预处理棉花纤维的组分含量和聚合度分析

	纤维素/%	低聚糖/%	酸不溶物/%	聚合度
棉花纤维	94.2	1.6	0.5	1600
MwDES-80 CFs	90.3	5.4	0.5	149
MwDES-90 CFs	89.8	6.0	0.4	125
MwDES-100 CFs	88.4	7.6	0.5	109

5. 制备纳米纤维素的透射电镜观察和尺寸分析

微波加热低共熔溶剂预处理的棉花纤维与水配制成 0.5%的溶液，对其进行超声处理来制备纳米纤维素。70℃下处理的棉花纤维超声后在溶液中仍有一定量的棉花纤维聚集体，说明此温和条件不能够实现对棉花纤维的全部解聚。以 80～100℃预处理均可得到稳定且无任何沉淀的纳米纤维素水分散液，说明制备获得的纳米纤维素能够很好地分散到水溶液中。对纳米纤维素的表面电荷通过电导滴定法测得，结果表明表面电荷密度为 205.7 mmol/kg，说明微波加热酸性低共熔溶剂处理在纳米纤维素表面形成带负电的羧酸基团，Zeta 电位约为–20 mV，电位测试的结果与文献报道的结果类似。

对制备的纳米纤维素的表面形貌和尺寸采用透射电镜进行分析。结果表明，虽然采用相同的超声处理，但得到的纳米纤维素尺寸却并不相同。70℃的预处理条件可以得到直径约为 25 nm 的纤维素纳米晶体，同样也观测到未解聚的微米尺寸片段，说明 70℃只能实现部分纤维素纳米化。80～100℃的预处理条件均可得到均匀尺寸的纤维素纳米晶体，如图 8.7 所示。80℃下得到的纤维素纳米晶体直径在 3～25 nm，长度范围为 100～350 nm。90℃处理得到的纤维素纳米晶体尺寸与 80℃类似。当温度提高到 100℃时，纤维素纳米晶体的尺寸降低到小于 15 nm，长度也变得更短。结果表明：不同预处理温度再结合超声均可制得纤维素纳米晶体，但 80～100℃的处理效果更为明显，预处理纤维能够被完全转化为纤维素纳米晶体。在高的处理温度下，棉花纤维降解明显，产率下降，同时得到的纳米纤维素尺寸也下降。从得率和能耗角度综合考虑，80℃处理条件较为理想。

6. 制备纳米纤维素的化学结构分析

微波加热低共熔溶剂预处理得到的纤维和纳米纤维素的结构分析采用 ^{13}C CP/MAS 核磁光谱分析，如图 8.8 所示。在化学位移 60 ppm 和 120 ppm 处的明显信号归属于纤维素。174 ppm 和 21 ppm 处为半纤维素中的羰基碳和甲基碳，信号相对较弱。从图中可以看出，棉花纤维素中典型的 C1～C6 峰在预处理和超声处

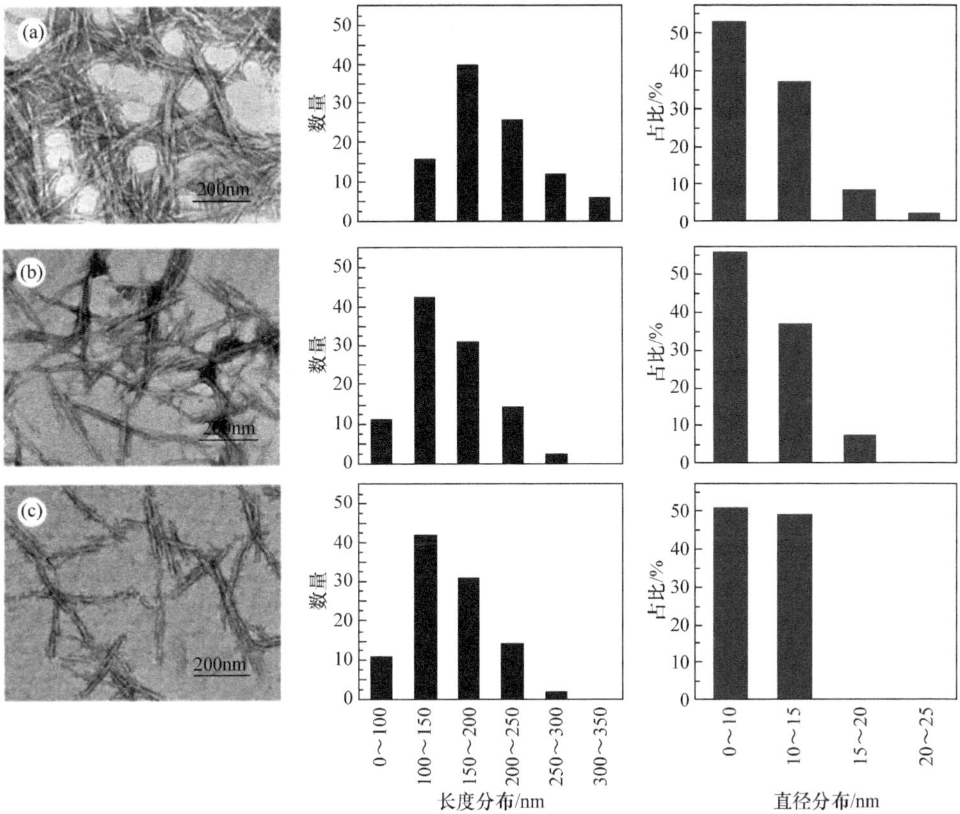

图 8.7　不同制备条件获得的纤维素纳米晶体的透射电镜照片、长度和直径分布图：(a)MwDES-80 CNCs；(b)MwDES-90 CNCs；(c)MwDES-100 CNCs

理前后均保持不变。傅里叶变换红外光谱分析用来检测预处理棉花纤维和纳米纤维素相比于原料表面基团的变化，在 1425 cm^{-1}、1375 cm^{-1}、1160 cm^{-1}、1115 cm^{-1}、1060 cm^{-1} 和 897 cm^{-1} 处为纤维素的特征吸收峰，上述吸收峰与棉花纤维素结构一致。在预处理纤维的红外光谱中，在 1725 cm^{-1} 处出现新的吸收峰，表明在微波低共熔溶剂处理后，预处理纤维表面存在 C═O 键，可能是由于预处理纤维表面的羧基基团或无定型纤维素降解后暴露出来半缩醛结构。纳米纤维素的红外光谱与预处理纤维差别不大，说明它们有类似的化学结构和基团。所制备的纳米纤维素的纯度采用元素分析进行检测，可以看出，预处理纤维和纳米纤维素中 C、H、N、S 的含量与棉花纤维原料类似。此外，对制备的纳米纤维素进行乙醇提取，提取物采用气相色谱-质谱联机分析后没有发现不纯产物，提取后固体质量为原始质量的 99.7%，说明制备的纳米纤维素是高纯度的。

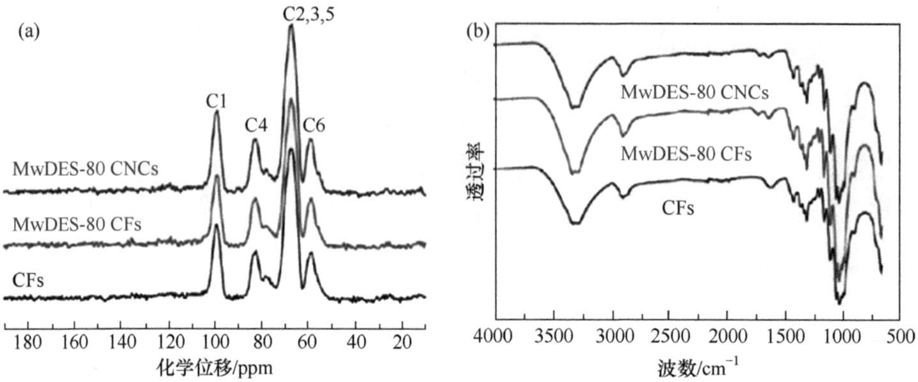

图 8.8　MwDES-80 预处理棉花纤维和 MwDES-80 纤维素纳米晶体的(a)^{13}C CP/MAS 核磁共振谱图和(b)傅里叶变换红外光谱图

7. 制备纳米纤维素的晶型和热稳定性分析

X 射线衍射用来研究预处理纤维和纳米纤维素的晶体结构和相对结晶度，如图 8.9(a，b)所示，棉花原料、预处理棉花纤维和纳米纤维素在 2θ = 14.6°、16.6°和 22.6°处的特征衍射峰说明它们的晶型结构均为纤维素 I 型，说明微波加热低共熔溶剂处理并没有改变纤维素的晶型结构。作为影响纤维素机械性能和热稳定性的重要指数，结晶度采用 Segal 法计算，棉花纤维的结晶度为 64.88%，经过微波加热低共熔溶剂处理后，相比于原料其结晶度值增加了 15～20 个百分点，结晶度的提高显然是由于棉花纤维初生壁的溶解或低聚糖的移除。Segal 法计算的纤维素结晶度也与固体核磁法计算的结晶度进行对比，固体核磁法计算的棉花纤维和纳米纤维素的结晶度分别为 60.68%和 75.87%，结果与 Segal 法预测的结果一致。进一步检测了微波加热低共熔溶剂制备的纳米纤维素的热稳定性，热重曲线和微分热重曲线见图 8.9(c，d)，棉花纤维的初始降解温度约为 300℃，而所制备的纳米纤维素的初始降解温度提高到约为 320℃。最大降解速率温度也有类似的趋势，如 MwDES-80 CNCs 最大降解速率温度为 354℃，棉花纤维的最大降解速率温度为 335℃，这对于纳米纤维素的制备是极好的结果。

8. 制备纳米纤维素的方法和特性对比分析

将本章制备的棉花纳米纤维素与文献报道的棉花纳米纤维素进行对比，具体包括原料、制备方法、产率、直径、长度、结晶度和最大热降解速率温度，见表 8.4。强硫酸水解是制备棉花纤维素纳米晶最广泛的方法；然而采用硫酸水解法制备的纳米纤维素产率均在 12.8%～46.7%，远低于本章所用的方法；其他纤维素纳米晶制备方法，如 TEMPO 氧化、离子液体润胀结合硫酸水解、微生物水解相比于本章方法均展现出低产率或低效率。总的来说，微波辅助低共熔溶剂的方法制备的纳米纤维素形貌、尺寸、结晶度和热稳定性均与传统的方法可比较，并且该方法更加绿色和有效。

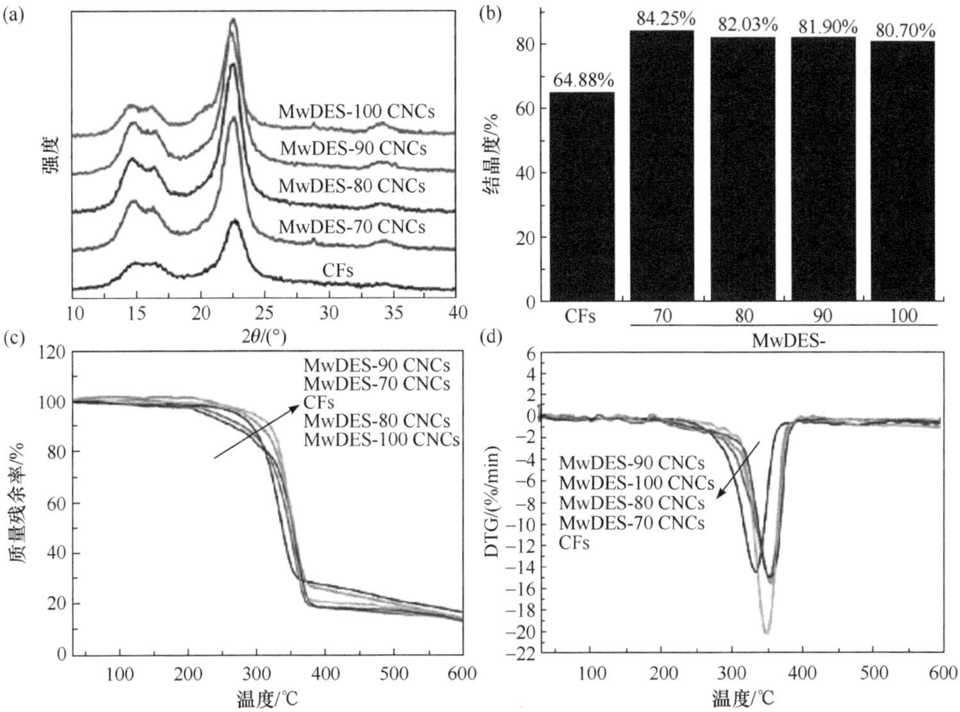

图 8.9　棉花纤维素和纤维素纳米晶的(a)X 射线衍射曲线、(b)相对结晶度、(c)热重曲线和(d)微分热重曲线

表 8.4　微波低共熔溶剂结合超声制备棉花纤维素纳米晶与文献报道的对比

原料	方法	温度/℃	时间/h	产率/%	直径/nm	长度/nm	CrI/%	T_{max}/℃	参考文献
棉花纤维	MwDES+高频超声	80	0.5	74.2	3～25	100～350	82	354	本工作
棉短绒	SA(65%)	45～72	0.5	—	6～70	25～320	—	—	[9]
棉花纸浆	SA(64%)	50	5	62.1	—	248	85	—	[10]
棉花纤维	SA(64%)＋高频超声	45	1	43.5	—	197	—	—	[11]
棉花纤维	SA(63.9%)	50	0.75	41.7	—	<150	88	—	[12]
棉织物	SA(64%)	45	1	30～35	10～20	100～210	79	308	[13]
棉花纤维	SA(65%)＋高频超声	45	1.5	52～65	5～20	85～225	89	280	[14]

续表

原料	方法	温度/℃	时间/h	产率/%	直径/nm	长度/nm	CrI/%	T_{max}/℃	参考文献
棉短绒	SA(60%)	45	1	—	12	177	91	219	[15]
棉短绒	SA(64%)	40	2	12.8	8～20	100～300	73	—	[33]
棉花微晶纤维素	SA(63.5%)+高频超声	44	3	21.5	—	5～100	84	252	[34]
棉织物	混合酸	55	7	46.7	3～35	28～470	48～64	363	[35]
棉短绒	TEMPO 氧化	30	4	45.7	10～20	60～120	65	—	[36]
棉花纤维	离子液体 + SA(1%～4%)	80	3–18	15	15～25	110～350	92	345	[37]
棉花微晶纤维素	酶解	25	120	22	32～48	84～156	78	—	[16]
木材纸浆	DES	60～100	2～6	66～88	9～17	310～410	66～71	350	[23]

注：SA 代表硫酸溶液。

9. 微波加热低共熔溶剂处理棉花纤维降解产物分析

考虑制备纳米纤维素的高产率、高性能和低能耗等因素，微波加热低共熔溶剂处理条件下，棉花纤维在低共熔溶剂中 80℃下反应 3 min 即为相对最优条件。最高产率可以得到 74.2%产率的纳米纤维素，通过对降解产物的分析可以得出，10.9%的羟甲基糠醛通过高效液相色谱检测到(图 8.10)，说明在处理过程中有纤维素降解为羟甲基糠醛。

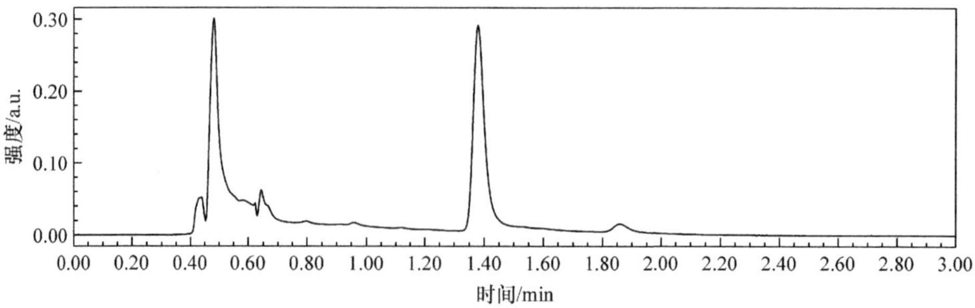

图 8.10　棉花纤维受微波加热低共熔溶剂处理时产生的羟甲基糠醛检测

10. 低共熔溶剂的回收再利用

在分离预处理的纤维后，采用蒸发法处理剩余溶剂，有 94.1%的低共熔溶剂能够被回收。从初始溶剂和回收溶剂的氢谱核磁共振图(图 8.11)比较可以看出，回收的低共熔溶剂与初始的低共熔溶剂类似，当用回收低共熔溶剂进行再利用处理棉花纤维时，其处理效果依然很显著。

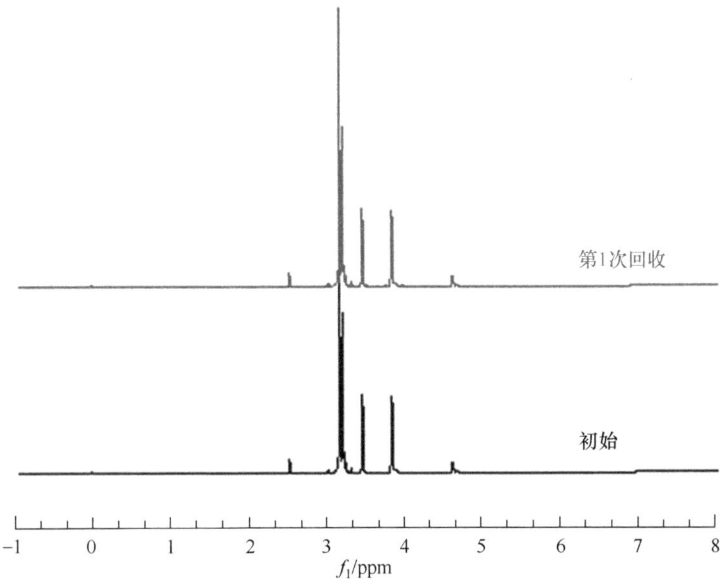

图 8.11　初始低共熔溶剂和第 1 次回收的低共熔溶剂的氢谱核磁共振图比较

8.5　本 章 总 结

本章以生物质为原料，采用微波加热低共熔溶剂结合高频超声的方法快速制备了纳米纤维素。得到的优化反应条件为 80℃，相比于传统方法条件温和，且总反应时间大大缩短，仅为 0.5 h。对其中最难以处理的棉花纤维，通过采用微波加热低共熔溶剂预处理，能够有效地切断棉花纤维的氢键结合并对不溶组分进行润胀，经过超声处理后即可得到产率为 74.2%的纤维素纳米晶体，该产物具有高结晶度、高热稳定性的特征。这种处理方法的环境友好性、便捷性、有效性都显著超过了传统的浓酸法和有机溶剂法，为高效、高得率地制备纳米纤维素提供了一种选择。

参 考 文 献

[1] Himmel M E, Ding S Y, Johnson D K, et al. Biomass recalcitrance: engineering plants and enzymes for biofuels production[J]. Science, 2007, 315(5813): 804-807.

[2] Cosgrove D J. Growth of the plant cell wall[J]. Nature Reviews Molecular Cell Biology, 2005, 6: 850-861.

[3] Iiyama K, Lam T B, Stone B A. Covalent cross-links in the cell wall[J]. Plant Physiology, 1994, 104(2): 315-320.

[4] Himmel M E, Ruth M F, Wyman C E. Cellulase for commodity products from cellulosic biomass[J]. Current Opinion in Biotechnology, 1999, 10(4): 358-364.

[5] Wyman C E, Dale B E, Elander R T, et al. Coordinated development of leading biomass pretreatment technologies[J]. Bioresource Technology, 2005, 96(18): 1959-1966.

[6] Jacquet N, Maniet G, Vanderghem C, et al. Application of steam explosion as pretreatment on lignocellulosic material: a review[J]. Industrial & Engineering Chemistry Research, 2015, 54(10): 2593-2598.

[7] Balan V, Bals B, Chundawat S P S, et al. Lignocellulosic biomass pretreatment using AFEX[J]. Biofuels, 2009, 581: 61-77.

[8] Humbird D, Davis R, Tao L, et al. Process design and economics for biochemical conversion of lignocellulosic biomass to ethanol: dilute-acid pretreatment and enzymatic hydrolysis of corn stover[R]. National Renewable Energy Lab., Golden, CO, United States, 2011.

[9] Kim J S, Lee Y Y, Kim T H. A review on alkaline pretreatment technology for bioconversion of lignocellulosic biomass[J]. Bioresource Technology, 2016, 199: 42-48.

[10] Zhao X, Cheng K, Liu D. Organosolv pretreatment of lignocellulosic biomass for enzymatic hydrolysis[J]. Applied Microbiology and Biotechnology, 2009, 82(5): 815-827.

[11] Shill K, Padmanabhan S, Xin Q, et al. Ionic liquid pretreatment of cellulosic biomass: enzymatic hydrolysis and ionic liquid recycle[J]. Biotechnology and Bioengineering, 2011, 108(3): 511-520.

[12] 张元晶, 魏刚, 张小冬, 等. 木质纤维素生物质预处理技术研究现状[J]. 中国农学通报, 2012, 28(11): 272-277.

[13] Sindhu R, Binod P, Pandey A. Biological pretreatment of lignocellulosic biomass—an overview[J]. Bioresource Technology, 2016, 199: 76-82.

[14] Chen W, Yu H, Lee S Y, et al. Nanocellulose: a promising nanomaterial for advanced electrochemical energy storage[J]. Chemical Society Reviews, 2018, 47(8): 2837-2872.

第 9 章　水合低共熔溶剂预处理结合超声规模化制备纳米纤维素

9.1　背 景 概 述

纳米纤维素作为纤维素的一种新的产品形式，由于其具有优良的特性如纳米级尺寸、高比表面积、良好的亲水性、生物可降解性、高抗拉强度和刚度等而受到广泛关注，应用前景同样十分广阔。以纳米纤维素为基础可衍生出许多附加值产品，如颜料、涂料、黏合剂和其他流体、聚合物(热固性和热塑性)、水凝胶、药品添加剂[1-4]和化妆品等，又如纳米复合材料[5, 6]，包括光学器件[7, 8]、纳米过滤器、高强重比防弹衣、柔性电子显示器、生物燃料等。

目前纳米纤维素的制备主要是通过化学和机械方法处理得到，相比于生物法制备具有成本较低的优势，取材也更加广泛。随着制备工艺的进步，单纯的化学方法或机械方法都具有一定的缺陷，所以绿色化学预处理结合机械方法制备纳米纤维素逐渐成为制备工艺追逐的潮流。当前制约纳米纤维素发展的最重要因素是纤维素提取的规模性，以及所用溶剂的低成本性和绿色性，如果对这一问题加以解决，则一定能够大量地、经济地提供纳米纤维素，保障后续的产业链利用。低共熔溶剂作为一种新的绿色溶剂，有望替代传统的有毒化学溶剂用于纳米纤维素制备[9]。前面的研究结果已经证明低共熔溶剂能够打破生物质 LCC 结构内部的氢键网络，达到去除木质素和提纯纤维素的目的，也可以对纤维素表面基团进行改造，为后续纳米纤维素的快速制备提供基础。对比一些低浓度的水性溶剂，纯的低共熔溶剂的成本依然较高，直接应用于工业领域还存在一些经济上的压力。

制浆造纸过程是当前最成熟，也是供应量最大的纤维素制备体系，如果以成熟的制浆方法来获得纤维素，则无疑可以解决纳米纤维素的原料供应问题。然而，直接使用不经任何处理的纤维素纸浆来制备纳米纤维素的效果并不十分理想，换言之也需要再经过预处理才能更好地制备纳米纤维素，这样就要求用于预处理的溶剂尽量有效和低成本。因此，本章提出以漂白的硫酸盐杨木纸浆为原料，通过氯化胆碱/草酸低共熔溶剂与水的结合形成水性溶剂体系，对杨木纸浆进行预处理，再结合高频超声制备纳米纤维素。低共熔溶剂与水形成的水合，被期望能够有效降低溶剂的成本以及黏度，但不希望影响其对纸浆的处理效果。溶剂处理起到润胀并适度水解纸浆原料、纯化纤维素并破坏组分之间氢键连接的作用，使其后续的高频超声处理能够有效促使纤丝化分离。如果实现以上目标，则这种方法可为纳米纤维素的规模化制备提供解决方案。

9.2 材料和方法

9.2.1 纸浆原料制备

1. 纸浆制备

在实验室中模拟成熟的制浆工艺，称取 1000 g 的杨木，将其裁切成 3 cm × 3 cm × 0.15 cm 的大小，置于蒸煮锅当中，称取 400 g NaOH 和 100 g 硫代硫酸钠溶于 5 L 的蒸馏水中，将配制好的溶液同样倒置于蒸煮锅中。按照亚硫酸法制浆工艺设置蒸煮程序，第一阶段 0.5 h 升温至 90℃，第二阶段 0.5 h 升温至 170℃，第三阶段 170℃下保温 2 h，当温度达到 130℃左右的时候要小阶段放气一下，防止气压过高，待反应结束以后将样品用蒸馏水冲洗，直至样品不呈碱性为止。计算出纸浆的浓度。

2. 纸浆打磨处理

根据纸浆浓度将纸浆按照纸浆干重 200 g 平均分配，将分配好的一份纸浆放入打磨机当中打浆 1 h，待打磨结束取出样品放置到样品桶中，直至所有样品打磨结束，并计算出打磨纸浆的浆浓度。

3. 过氧化氢漂白处理

根据计算好的纸浆的浓度，计算出打磨后纸浆的干重，以干重 300 g 为单位分配好，并将分配好的 300 g 纸浆放入蒸煮锅中，并加入 540 g 过氧化氢溶液、60 g 硫酸镁、120 g 氢氧化钠，密封好蒸煮锅。调试好升温程序，第一阶段 0.5 h 升温到 90℃，第二阶段 90℃下保温 2 h，待反应结束后取出样品，使用蒸馏水漂洗，直至样品不呈碱性为止，同时漂白处理完所有的样品后计算浆浓度，并计算出纸浆的干重。

9.2.2 水合低共熔溶剂处理纸浆原料

将 52.47 g 氯化胆碱与 47.53 g 二水草酸(1∶1，物质的量比)放入 500 mL 烧杯中，密封好烧杯，并将其放入 90℃的油浴锅中加热搅拌 2 h，待液体混合至澄清获得 100%纯度的低共熔溶剂。将前面制备的纸浆取出 3 g 分别加入到低共熔溶剂中，调整配比使低共熔溶剂的质量分别为 10 g、20 g 和 30 g，一并放入 150 mL 的烧杯中，再分别向 3 个烧杯中各加入 90 g、80 g 和 70 g 的蒸馏水。密封好 3 个烧杯后放入 80℃的搅拌水浴锅中加热搅拌 2 h，待反应结束使用 800 mL 蒸馏水漂洗，漂洗结束得到水润状态下的处理后浆料(即纯化纤维素)，将其标记好放入新烧杯中并计算出新浓度。

9.2.3　高频超声法制备纳米纤维素

分别对经处理得到的纯化纤维素，按照质量比配制成浓度为 0.5%的纤维素水溶液，置于超声波植物细胞粉碎机的冰水浴中，设置功率为 800 W，超声 20 min，使纤维素纳米纤丝化。

9.2.4　纳米纤维素中试规模制备

将 1.6 L 低共熔溶剂与 6.4 L 蒸馏水混合，使低共熔溶剂的质量分数为 20%。将干重 800 g 润湿的漂白纸浆与溶液混合后置入蒸煮锅，设置升温程序，第一阶段用时 0.5 h 由室温升至 90℃，第二阶段在 90℃保温 2 h。待反应结束后，使用蒸馏水漂洗样品，得到大量水润状态的纯化纤维素，并计算出浆液浓度。将干重 500 g 水润状态纯化纤维素放置于容积为 105 L 的组合式循环超声装置中，加入蒸馏水至悬浮液平面至少到达 102 L 刻度线。工作前设定 3 组聚能式超声探头超声功率为 1000 W，超声时间 20 min；装置内搅拌速度 500 r/min。搅拌回流状态下，对水润状态的纯化纤维素进行高频超声波处理，从而制备出每批次容积量约为 100 L 的纳米纤维素水悬浮液。

9.3　结构表征分析

9.3.1　水合低共熔溶剂的分子动力学模拟

低共熔溶剂中的分子相互作用影响其物理化学性质，采用分子动力学模拟来揭示氯化胆碱/草酸(ChCl/oxalate)的低共熔溶剂如何在原子水平与水分子相互作用并形成共溶剂系统具有重要意义[10]。氯化胆碱和草酸低共熔溶剂主要是由离子和分子之间通过氢键作用组成，所以它极易溶于水，并且可以与水充分地混溶。水分子间的氢键作用影响了所有分子在水体系中的性质和相互作用，如离子的吸附、脱附以及在电场驱动下的运动等现象。水的引入会破坏氯化胆碱/草酸低共熔溶剂分子之间的平衡，这是由于水中本身含有很多氢键，水进入到低共熔溶剂之后会跟溶质分子形成新的氢键，来破坏原本低共熔溶剂分子之间的氢键。

除了草酸自身外，加入水后，低共熔溶剂中的原有分子间相互作用都会有所减弱(图 9.1)。

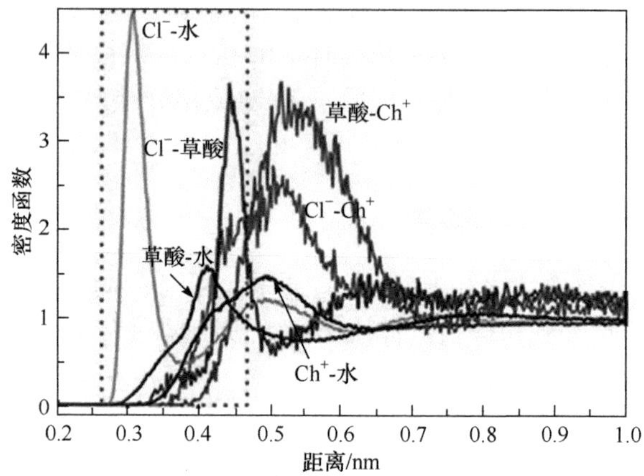

图 9.1 溶质原子/分子中心距离的径向分布函数关系

Cl^-与水分子(Cl^-H_2O)之间的径向分布函数距离最小，其次是草酸盐与水。Cl^-的水合数为 6，大于草酸盐-水、胆碱-水的相互作用(图 9.2)，因此结果显示 Cl^-水合阴离子氢键在调节溶剂性质中起主导作用。同时这些观察结果表明，Cl^-作为富含电子的物质被水通过离子氢键包围，增加了其离域度，但 Cl^-被水强烈屏蔽阻碍了 Cl^-和其他成分之间的相互作用。当中性氢键(草酸盐-水)和水合离子氢键(Cl^-H_2O)共存时，水以分子或质子化的 H_3O^+形式出现，这有利于电离，H^+的丰度改善了共溶剂的电离。

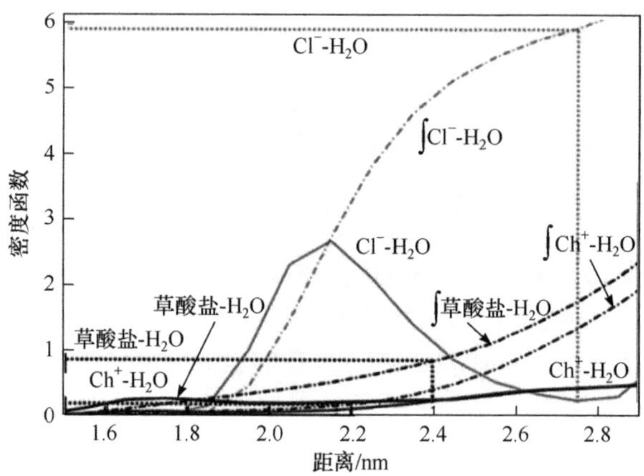

图 9.2 溶质中心距离<5 nm 的氢键配位数

目前学界较为一致的结论是水分子优先与阴离子之间形成氢键作用，水分含量非常少时(水的物质的量比小于 0.2)，水分子之间会迅速聚集，与溶剂、溶质发生团簇效应；水分含量增大时(水的物质的量比大于 0.3)，水分子间会局部聚集成空间网络状结构，使得溶剂中的极性基团倾向于与水分子作用，而疏水性的碳链基团却聚集在一起形成类似于胶束的结构；当水的物质的量比大于 0.7 时，离子对之间的作用会极大地削弱。因此，“水合效应”成为共溶剂中的另一种显著的相互作用(图 9.3)，分子水的促进作用可以归结为类似拯救的效应和水介导的 H^-转移效应[11]。

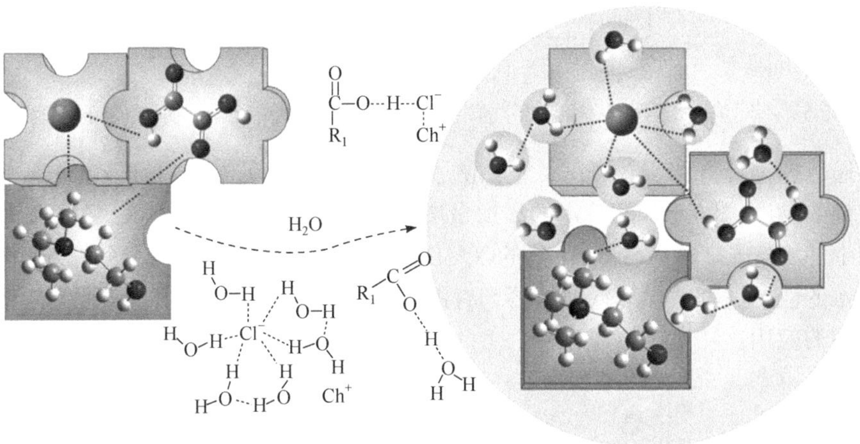

图 9.3　水合低共熔溶剂的溶剂组分“水合效应”示意

如图 9.4 所示，向 ChCl/oxalate 溶剂中加入高倍量的水会显著提高分子的离域距离，因此扩大了可接触的表面积。尤为突出的是，由于 Ch^+的长链和不对称性，水合低共熔溶剂体系中 Ch^+的可及区域面积相对于纯的低共熔溶剂增加了 4 倍(图 9.5)。因此，更多数量的小分子可以容易地接触其内部的 Ch^+。

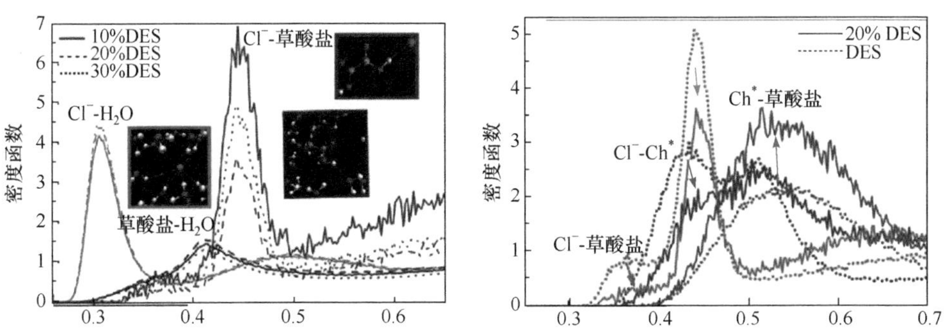

图 9.4　水合低共熔溶剂分别相对于 Cl^-、草酸和水的质心中心半径距离

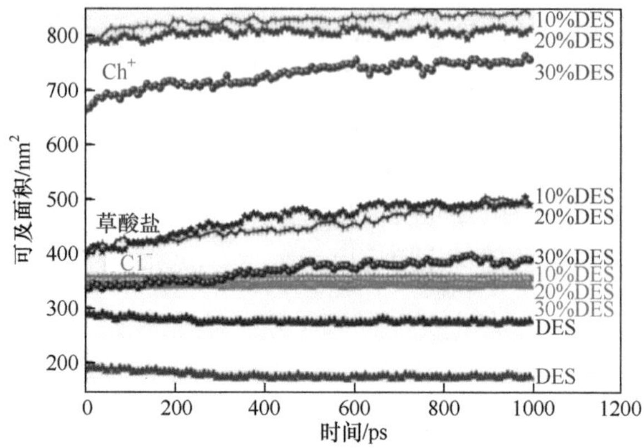

图 9.5　不同浓度水合低共熔溶剂分别相对于各组分的质心中心半径距离的可及面积

通过理论计算和实验测试，也估测了 ChCl/oxalate 低共熔溶剂及其水合低共熔溶剂的黏度(图 9.6)。随着水的添加量增加，黏度显著降低。例如，在向低共熔溶剂中加入 4 倍量的水后，所得到的 20%DES 的黏度从 62 mPa · s 降至 1.8 mPa · s，接近水的值。这种低黏度低共熔溶剂有助于增加离子运动，适用于需要高效纸浆预处理的应用。

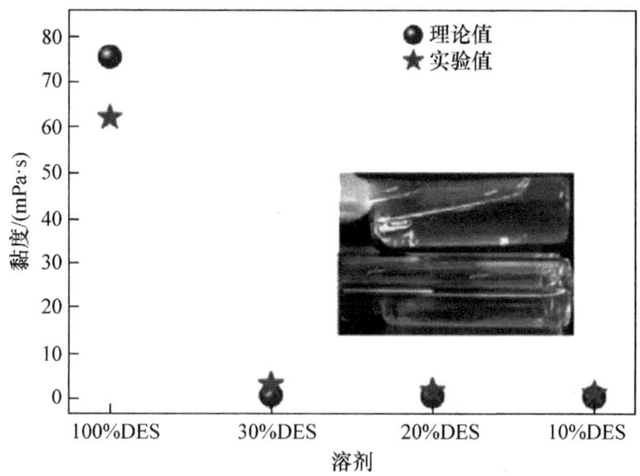

图 9.6　水合低共熔溶剂黏度的理论预测值和实验测试值

9.3.2　低共熔溶剂的溶剂化显色参数

Kamlet-Taft 溶剂化显色参数在此被用于估测含水低共熔溶剂的溶剂化性质变化。Kamlet-Taft 参数的 α 、β 和 π^* 分别代表溶剂的氢键酸性、氢键碱性和溶剂极化率[12]。ChCl/oxalate 低共熔溶剂含有丰富的非对称氯离子和羧酸分子，具有离子液体和有机溶剂的双重特征。虽然草酸是一种可再生的弱酸性有机酸，但 ChCl/oxalate 低共熔溶剂的 α 和 β 值分别达到 1.90 和 0.41(图 9.7)。在向 ChCl/oxalate

低共熔溶剂中加入水后，α 值由 1.90 略微降低至 1.75。而 10%DES、20%DES 和 30%DES 三种水合低共熔溶剂的 α 值之间没有显著差异。通过加水，溶剂的 β 值从 0.41 降低至约 0.20。β 值的降低可以利用阴离子的水合作用来解释，水合低共熔溶剂的成分优先与亲水性的纸浆结合，同时释放隔离的 Cl^-。π^* 值描述了稳定相邻电荷或偶极子的能力，并且由于水合低共熔溶剂的稳定协同作用，它的变化很小。

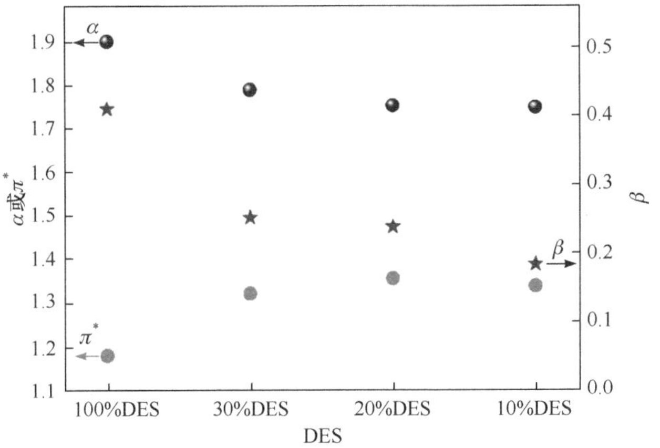

图 9.7　水合低共熔溶剂的溶剂化显色参数变化规律

纯 ChCl/oxalate 低共熔溶剂和水合低共熔溶剂的氢核磁共振谱的化学位移(图 9.8)显示，随着水含量的增多，水在共振中具有场移动的趋势，这种相关性归

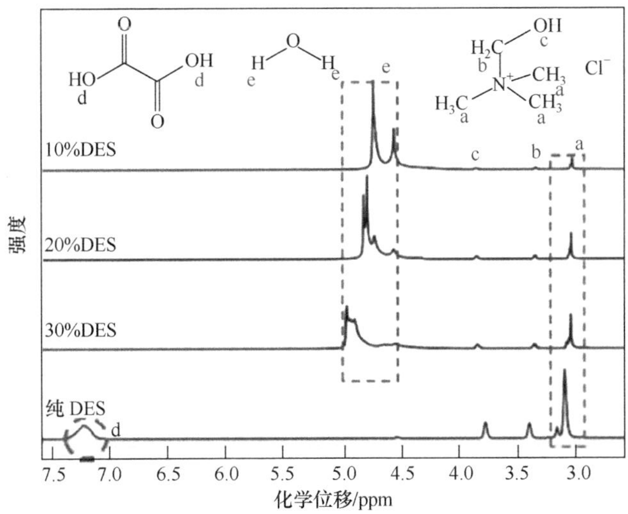

图 9.8　水合低共熔溶剂的氢核磁共振谱化学位移

因于水可以更快地扩散到低共熔溶剂中并通过 H^+与 ChCl/oxalate 分子相互作用(H_2O-Cl、H_2O-ChCl 和 H_2O-草酸盐)。显而易见，随着水的加入，水合低共熔溶剂中峰(约 7 ppm)的消失表明草酸中的 COO—H 基团离域，促进了 H^+的电离。4.5～5.0 ppm 范围内的峰的共振来自于水合氢离子。共振转移到一个较低的领域是由于水可以更快地扩散到 DES 并与氯化物/草酸分子相互作用。根据该结果，水合离子氢键对于溶剂性质产生重要影响[13]。

9.3.3 得率及组分含量

水合低共熔溶剂处理得到纸浆以及利用它们制备出纳米纤维素，处理条件和对应样品名称如表 9.1 所示。

表 9.1 不同浓度低共熔溶剂及对应的处理条件

原料	样品名称	水/DES(体积比)	固液比(质量比)	反应时间/h	反应温度/℃
纸浆	10%DES	90：10	1：100	2	80
	20%DES	80：20	1：100	2	80
	30%DES	70：30	1：100	2	80
批量纸浆	DS1	80：20	1：100	2	80

表 9.2 展示了经过水合低共熔溶剂预处理之后的纸浆材三大组分含量、纤维素得率、黏度和聚合度(DP)。在原始杨木中，纤维素、半纤维素和木质素的组分含量分别为 46.08%、34.67%和 19.09%。通过硫酸盐法制浆工艺处理后，木质素的含量从 19.09%下降至 3.78%，半纤维素含量下降至 13.85%。但在硫酸盐纸浆中仍然有部分的木质素和半纤维素残留，半纤维素的含量较纸浆减少将近一半，这些组分的残留会阻碍纤维素的可及性，使得溶剂很难到达纤维素分子链，阻碍了纤维素的纳米纤丝化。低共熔溶剂的处理效果就是将残余木质素和半纤维素部分去除。当低共熔溶剂组分含量由 10%提升至 30%时，木质素含量仅呈现略微残余，彼此间差异不显著；半纤维素的含量又接近减少一半，原因可能是部分半纤维素水解生成了水溶糖。纤维素含量达到 90%以上，得率保持在 80.81%～88.78%之间，得率小幅降低的原因可能是纤维素无定形区遭溶剂破坏。低共熔溶剂溶液处理后的纤维素聚合度从硫酸盐纸浆的 1452 显著降低到 791、595 和 530，降幅超过了 45%。纤维素的黏度也降低至少 50%，证明了水合低共熔溶剂预处理的显著效果。聚合度和黏度受预处理的影响，使得纸浆更容易在随后的超声等机械处理时被纤丝化分离，从而降低了纳米纤维素制造过程中的比能耗。

表 9.2 原料及处理材的三大组分含量、纤维素得率、黏度和聚合度

样品	木质素/%	半纤维素/%	纤维素/%	得率/%	黏度/(mPa · s)	DP
杨木	19.09±0.45	34.67±0.22	46.08±0.56	—	—	—
纸浆	3.78±0.57	13.85±1.13	82.64±0.66	100	8.25	1452
10%DES 处理浆	1.96±0.23	7.80±0.75	90.24±0.52	88.78±0.2	3.02	791
20%DES 处理浆	1.80±0.31	6.83±0.91	91.37±0.60	85.83±0.3	3.35	595
30%DES 处理浆	1.20±0.25	7.59±0.82	91.21±0.57	80.81±0.2	4.18	530

9.3.4 红外光谱分析

完全脱除木材中的木质素和半纤维素组分一般比较困难，主要是因为存在木质素丙烷单元之间的 C—O—C 和 C—C 连接，以及木质素和半纤维素之间的化学键连接。样品的傅里叶变换红外光谱分析有助于揭示处理过程组分的化学变化。从图 9.9 中可以看出，1595 cm^{-1}、1505 cm^{-1}和 1457 cm^{-1}代表的木质素苯环结构吸收峰[14]，在纸浆的吸收曲线中峰位明显。处理后，代表木质素苯环骨架振动和 C═O 伸缩振动的 1595 cm^{-1}和 1505 cm^{-1}吸收峰消失，与基本完全去除木质素有关。代表半纤维素的乙酰基和糖醛酸酯基团、半纤维素的羧基和酯键的 1732 cm^{-1} 和 1237 cm^{-1} 强峰减弱表明半纤维素的溶解或去除。在 1676 cm^{-1} 处的 C═O 伸缩振动特征峰增强，对应于羧基和半缩醛基的存在[15]。波数在 2900 cm^{-1}、1423 cm^{-1}、1370 cm^{-1}、1160 cm^{-1}、1115 cm^{-1}、1060 cm^{-1} 和 897 cm^{-1} 的吸收峰是纤维素的

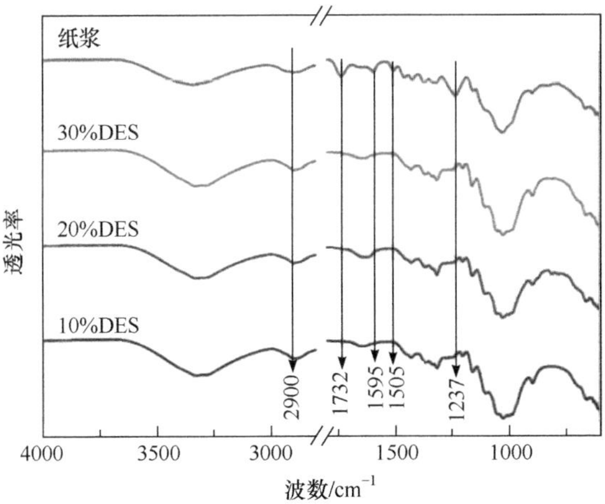

图 9.9 硫酸盐纸浆及低共熔溶剂预处理产物的傅里叶红外光谱图

特征吸收峰。此外，不同水合低共熔溶剂处理纸浆得到产物的红外光谱之间并没有非常明显的差别。

9.4　产物性能检测

9.4.1　晶型和结晶度检测

X 射线衍射主要用于研究纤维素的晶体结构和相对结晶度(图 9.10)。漂白硫酸盐纸浆经由水合低共熔溶剂预处理后所得的纳米纤维素均在 2θ = 16.6°和 22.6°处显示出特征衍射峰，这证实了天然纤维素的 I 型结构[16]。这些结果表明，水合低共熔溶剂预处理不会改变纤维素的晶体结构。相对结晶度是影响材料力学性能和热性能的关键影响因素，利用 Segal 法计算了纸浆及水合低共熔溶剂处理产物的相对结晶度。在水合低共熔溶剂预处理前，硫酸盐漂白纸浆的结晶度值为 65.88%，而处理后产物的结晶度值相对增大至 69.08%～70.01%。结晶度值的增大是由于木质素和大部分半纤维素的去除，以及部分纤维素无定形区域溶解，说明低共熔溶剂会略微影响小部分纤维素非结晶区，但对整体纤维素的晶体结构和结晶度影响不大。

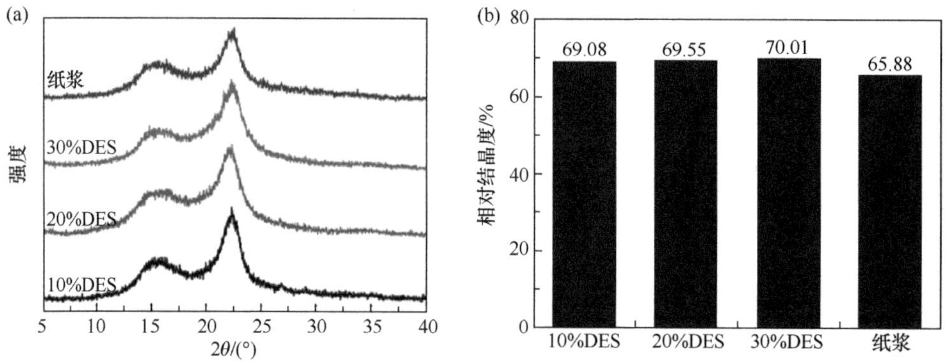

图 9.10　硫酸盐纸浆及处理产物的(a)X 射线衍射谱图和(b)相对结晶度

9.4.2　热稳定性分析

热重分析是通过测试样品在某一个温度阶段质量变化来反映样品的热稳定性能和分解机制，热重曲线和反映质量变化速率的微分热重曲线如图 9.11 所示。将样品的热降解特性与硫酸盐漂白纸浆的热降解特性进行比较，发现 100℃附近热重曲线的样品质量发生轻微的损失，主要原因是样品中含有的少量水分蒸发。在 280℃附近开始初始热分解，10% DES 处理样品的最大降解速率发生温度略低于 20% DES 和 30% DES 处理的样品。分解温度的升高表明纤维素的热稳定性提高，微分热重曲线显示最大热降解速率发生在 340℃附近，在 320～380℃温度范围迅速降解，说明微分热重曲线显示的仅仅是纤维素质量损失，且说明水合低共熔溶剂处理之后木质素和半纤维素已经大部分脱除，剩下的为纯化纤维素。在温度超过 400℃后，木质素和纤维素的残余部分芳环化，因此有固体炭剩余。

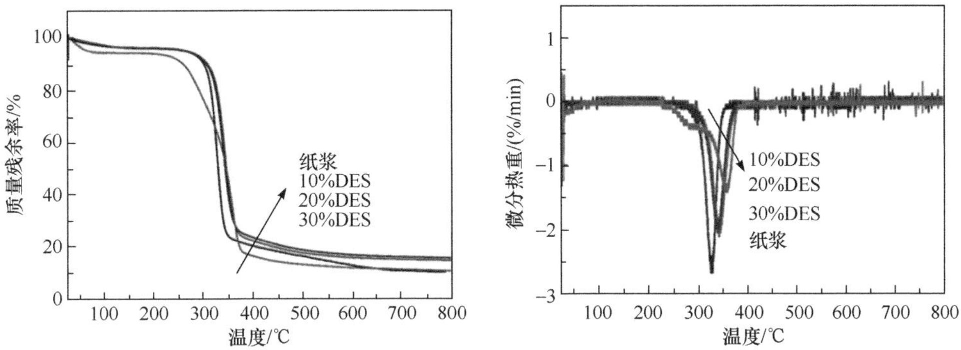

图 9.11　硫酸盐纸浆及处理后产物的热重曲线和微分热重曲线图

9.4.3　纳米纤维素的形貌变化

1. 纳米纤维素的微观形态

超声波处理是在液相和开放状态下经常使用的处理方法，没有压力或气体爆炸的危险。高频超声处理是一种简易有效的制备纳米纤维素的方法，它不需要复杂的设置，也不需要高昂的设备投资，易于扩大规模，也适合工业生产。但当直接进行超声波处理时，由于木质素和半纤维素残余组分的影响，超声波的能量无法均匀传递到硫酸盐纸浆内部和产生足够的断裂氢键作用，虽然有一定的纤丝化效果，但还不够完全和均匀，使得制备出的纳米纤维素溶液出现沉降，以及仍有未被开纤的粗纤维存在(图 9.12)。

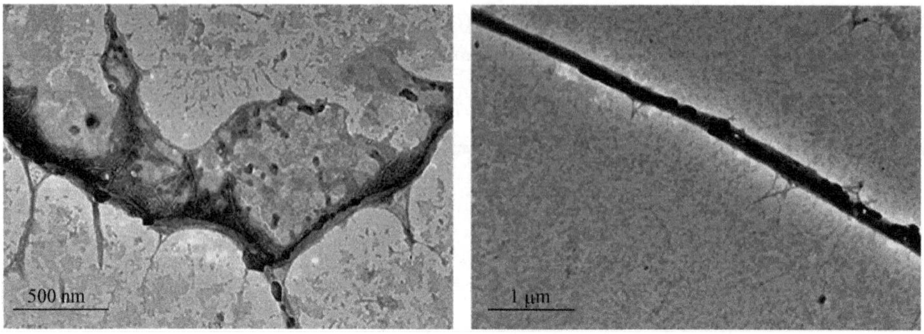

图 9.12　硫酸盐纸浆直接经超声处理所得产物的实物图及透射电镜图

水合低共熔溶剂预处理能够改善纸浆纤维的可及性，并促进超声波对预处理后纸浆的纤丝化分解。0.5%的纤维素和水混合液，在输出功率 800 W 下超声 20 min 后得到的纳米纤维素悬浮液具有一定的稳定性，没有明显的沉淀物出现，这表明纸浆纤维预处理后再经超声即可完成纤维素的纳米纤丝化(图 9.13)。

图 9.13　水合低共熔溶剂(从左到右依次是 10%DES、20% DES 和 30% DES)处理后纸浆经超声后所得纳米纤维素悬浮液的实物图

从图 9.14 的透射电镜照片及利用图像分析软件对纳米纤维素直径分布测量的结果可以看出，所有经 10% DES、20% DED 和 30% DES 预处理结合超声所得的纳米纤维素的 80%的直径都在 20 nm 以内，其中以 2～3 根基元纤丝的聚集体

(约 12 nm)为最多，单根基元纤丝较少。通过纳米纤维素的长径比特征可以看出，10% DES 预处理所得的纳米纤维素直径在 20 nm 内的分布概率接近 90%，而长度在 500～2000 nm 之间，这样的长径比特征表明所得的纳米纤维素是纤维素纳米纤维(CNF)，所以经 10% DES 预处理的适合制备长度较好且较均匀的 CNF。20% DES 和 30% DES 处理导致所得的纳米纤维素拥有更窄的直径分布，但同时长度也明显缩短，其特征符合纤维素纳米晶体(CNC)的定义。20% DES 处理所得的纳米纤维素介于 CNF 与 CNC 之间，而 30% DES 处理所得的纳米纤维素更接近于 CNC。因此可以得出结论，通过不同浓度的水合低共熔溶剂预处理，能够得到分散均匀的 CNF 和 CNC 两种纳米纤维素，这两种类型的纳米纤维素都是当前研究和市场需求的主流。综合考虑成本和 CNF 质量，10% DES 和 20% DES 处理具有更好的性价比。

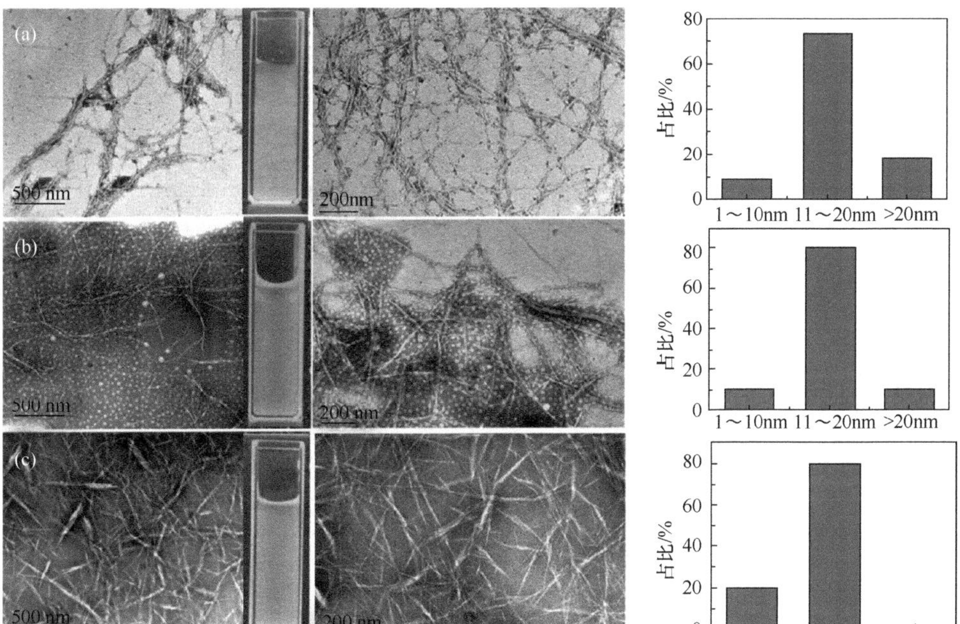

图 9.14　(a)10% DES、(b)20% DES 和(c)30% DES 预处理纸浆经超声处理所得纳米纤维素的透射电镜照片及直径分布统计图

2. Zeta 电位分析

通过上述工艺所制备出的纳米纤维素悬浮液都是很稳定的，放置 3 个月以上没有观察到沉淀物。该结果表明，纳米纤维素的尺寸足够小，可以均匀地分散在水溶液中，此外纳米纤维素表面的电荷特性也产生了一些影响。通过电导滴定法

测定所得纳米纤维素的表面电荷密度，测得羧酸含量为 0.05～0.12 mmol/g，表明水合低共熔溶剂预处理导致纳米纤维素表面产生少量带负电荷的羧基部分。通过这种方法获得的电荷密度远低于由 TEMPO 催化氧化(1.75 mmol/g)和高碘酸盐-亚氯酸盐氧化(1.70 mmol/g)导致的高电荷羧基化。通过 Zeta 电势检测发现，所有制备出的纳米纤维素表面均呈现负的电势，电势值处于 17～20 mV 之间[图 9.15(a)]，基本相当于各种制浆工艺产生小的 Zeta 电势值(15～25 mV)，表明 CNC 纤维之间的静电排斥力很弱。这些值也接近于短时间浓酸水解产生的电势值，但小于长时间浓酸水解产生的电势值。这一结果表明在纤维素表面发生了轻微的低共熔溶剂诱导酸化作用，并在所制备出的 CNF 和 CNC 表面带上静电排斥力[17]。

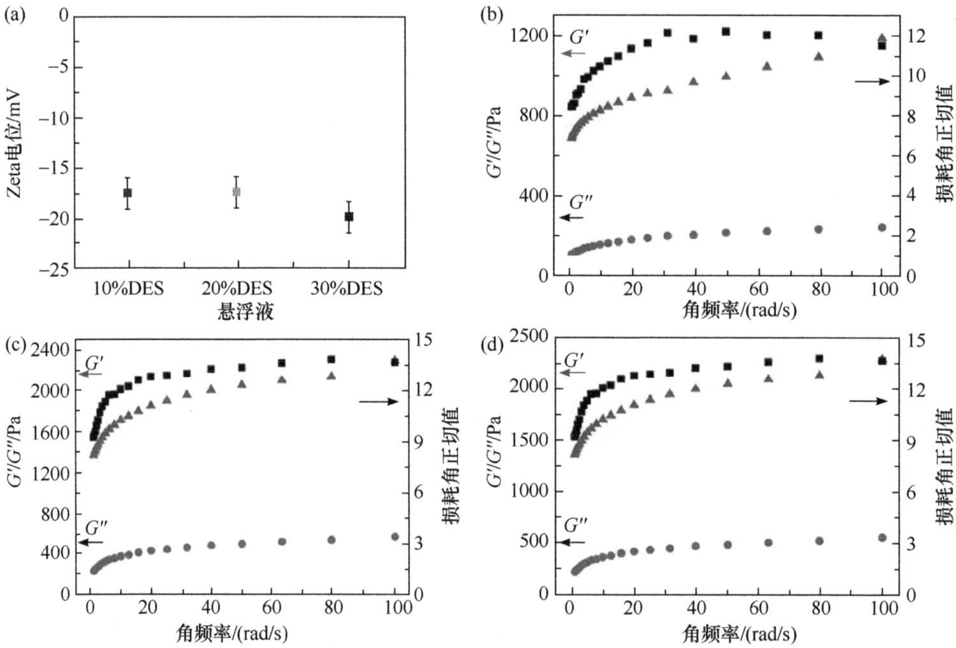

图 9.15 (a) 10% DES、20% DES 和 30% DES 处理制备纳米纤维素分散液的电势值；(b) 10% DES、(c) 20% DES 和(d) 30% DES 处理所得纳米纤维素分散液的流变图

3. 流变检测

不同浓度低共熔溶剂预处理的纳米纤维素分散体的动态流变行为如图 9.15 所示。储能模量(G')和损耗模量(G'')都对剪切频率敏感。它们在 1～100 s^{-1} 的整个角频率范围内都相对较低。此外，G'和 G''值随着频率的上升而增大。动态流变学结果符合在高剪切速率区间具有平台区域的剪切稀化行为，该现象表明 CNF 水分散液具有稳定性，其由 CNF 氢键力与 CNF 之间的相互作用引起的机械力维持。对于 10% DES 预处理的 CNF 分散体，G'高于 G''，导致液体表现出凝胶

状结构[图 9.15(b)]。经 20% DES 预处理的 CNF 和 30% DES 预处理的 CNF 分散体表现出与 10% DES 预处理的 CNF 分散体相似的流变行为[图 9.15(c, d)]。对于 30% DES 预处理的 CNF 分散体[图 9.15(d)]，G'和 G''都增加($G' < G''$)，显示足够量的 CNF 倾向于参与动态平衡，导致增加 G'和 G''。这是由高纳米开纤化程度产生的黏性流体行为所引起的。

9.4.4　扫描电镜分析

图9.16展示了通过抽滤和溶剂蒸发干燥产生的纳米纤维素自组装膜的扫描电镜图像。从图中可以看到较高长径比的纳米纤维素自聚集成纳米纤维并密集地缠

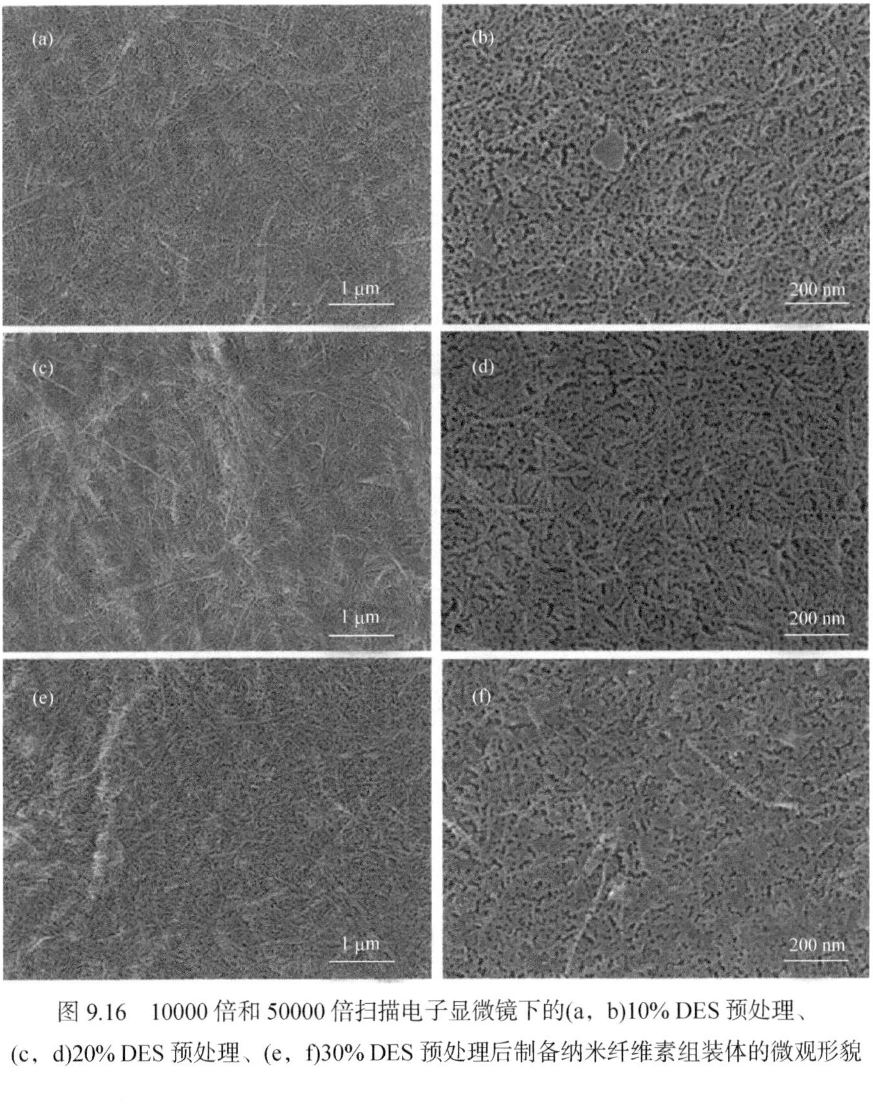

图 9.16　10000 倍和 50000 倍扫描电子显微镜下的(a，b)10% DES 预处理、(c，d)20% DES 预处理、(e，f)30% DES 预处理后制备纳米纤维素组装体的微观形貌

绕在一起，这是经典的纳米纤维素网状结构[18]，并观察到大量纳米尺寸的孔均匀地分布在表面上。从图中也可以看出纳米纤维素的直径大都保持在 10～20 nm。

9.4.5　规模化处理和制备纳米纤维素

基于以上的分析结果，在优化的条件下进行中试规模生产 CNF，并粗略评估整个过程的能耗和成本。在中试规模的循环超声装置中加入 0.5 kg 纯化纸浆至 100 L 水。中试规模的超声装置配备有三个超声波探头。在工作过程中，每个超声波发生器的输出功率设定为 800 W，处理时间为 20 min。因此，该装置每半小时可处理约 100 L 的纳米纤维素悬浮液(浓度：0.5%)。用这种放大工艺制造的纳米纤维素(图 9.17)几乎与实验室规模制造的很相近，在形态或物理性质方面没有观察到显著差异。

图 9.17　水合低共熔溶剂批量处理纳米纤维素的效果及微观形貌图：(a)循环超声提取机；(b)旋转蒸煮锅；(c)0.5% CNC 水分散液照片和(d)透射电镜照片

该中试规模项目每天至少产生 1000 L 纳米纤维素水分散液，这是实验室规模的数百倍。为了估算每 1000L 0.5%纳米纤维素水分散液生产所需的成本，基于实验工艺提出以下假设：

在纸浆蒸煮器中，将 5.5 kg(干重)硫酸盐漂白纸浆加入 100 L 的 10% DES 或

20% DES 中并在 80℃下加热 1 h；该过程产生 5 kg 纯化的纸浆。该预处理消耗了约 10 kg 氯化胆碱、10 kg 草酸和 80 L 水。

采用 105 L 循环超声设备对预处理纸浆进行原纤化。用该装置处理 5 kg 纯化纸浆 10 次，以产生 1000 L CNF 水分散液或 1000 L CNC 水分散液。生产的电力消耗约为每小时水合低共熔溶剂预处理 3 kW · h，10 倍超声处理为 12 kW · h(2.4 kW · h，每次 20 min)。

表 9.3 列出了生产 1000 L 纳米纤维素水分散液的成本估算。5.5 kg 硫酸盐纸浆的成本为 27 元，而 10 kg 低共熔溶剂成分的成本为 150 元，20 kg 低共熔溶剂成分的成本为 260 元。与原料和化学试剂成本相比，制备过程的水和电力成本似乎可以忽略不计。因此，生产 1000 L CNF 悬浮液的总成本约为 200 元人民币(约合 30 美元)，生产 1000 L CNF 悬浮液的总成本约为 300 元人民币(约合 45 美元)，远低于它们的市场商品价格。在这方面，未来的研究应该以减少化学试剂的使用和成本为目标，同时工业生产阶段，水合低共熔溶剂的循环使用将更加成熟，试剂成本也将更显著降低。

表 9.3　水合低共熔溶剂结合超声处理生产 1000 L 纳米纤维素悬浮液的成本统计

	单价	数量	成本	参考
纸浆	5 元/kg	5.5 kg	27 元	工业级
氯化胆碱	22 元/kg	5～10 kg	110～220 元	工业级
二水草酸	3.8 元/kg	10 kg	38 元	工业级
水	4 元/kg	1200 L	5 元	工业级
电能	0.75 元/(kW · h)	15 kW · h	11 元	工业级
总价		200～300 元		

9.5　本 章 总 结

以杨木木质纤维为原材料，根据亚硫酸盐制浆的蒸煮工艺制备出漂白纸浆纤维，再利用水合低共熔溶剂预处理结合高频超声法制备出纤维素纳米晶体或纤维素纳米纤维以及酯化的纳米纤维素。取得的主要结论如下：

(1) 氯化胆碱/草酸低共熔溶剂体系的分子动力学模拟结果显示，低共熔溶剂与水结合具有水合离子和中性键的特征，表现出高质子化、离子域与极性，同时还显现出超低黏度，水的加入也增强溶剂的分散能力，这些特征有利于对纸浆纤维的润胀和解纤作用。

(2) 经过水合低共熔溶剂预处理后，硫酸盐漂白纸浆中的半纤维素和木质素得到了有效去除，同时保留了纯化纤维素的成分，产率保持在初始纸浆的 90%左右。预处理后纤维素仍保持天然的 I 型结构，结晶度保持在 70%左右；低共熔溶剂处理后纤维素的热稳定性增加，初始分解温度也由 260℃上升为 300℃。低共熔溶剂的溶质浓度增高，纤维素的聚合度、黏度和得率也随之降低，说明水合低共熔溶剂对纤维素也存在一定的破坏或转化作用。

(3) 基于水合低共熔溶剂预处理获得的纯化纤维素，再结合 800 W 高频超声处理，可分别获得纤维素纳米纤维和纤维素纳米晶体；其中，经 10%DES 处理的纸浆纤维，超声处理后可以获得长径比高的纤维素纳米纤维；经 30%DES 处理的纸浆纤维，超声处理后可以获得纤维素纳米晶体。总体证实了适当比例的水不但不会损害低共熔溶剂的性能，反而规模化预处理纸浆，并规模化制备主流形式的纳米纤维素，达成更优的成本-效率平衡。

(4) 大量生产高纯度纤维素和具有成本效益的工艺是纳米纤维素需要解决的瓶颈问题，这种处理方案在规模放大后的超声装置中也可以获得相近的效果，可以实现纳米纤维素的规模化制备。低共熔溶剂的预处理使得大批量超声能耗降低，药剂及处理过程总成本降低为 200～300 元人民币/1000 L 浓度为 0.5%纳米纤维素溶液。生产过程不产生有毒气体及强酸强碱的废液，始终保持环境友好。

参 考 文 献

[1] Guo D, Chen F, Inoue K, et al. Downregulation of caffeic acid 3-O-methyltransferase and caffeoyl CoA 3-O-methyltransferase in *Transgenic alfalfa*: impacts on lignin structure and implications for the biosynthesis of G and S lignin[J]. Plant Cell, 2001, 13(1): 73-88.

[2] Zhou C, Shi Q, Guo W, et al. Electrospun bio-nanocomposite scaffolds for bone tissue engineering by cellulose nanocrystals reinforcing maleic anhydride grafted PLA[J]. ACS Applied Materials & Interfaces, 2013, 5(9): 3847-3854.

[3] Li M, Wu Q, Song K, et al. Cellulose nanoparticles as modifiers for rheology and fluid loss in bentonite water-based fluids[J]. ACS Applied Materials & Interfaces, 2015, 7(8): 5006-5016.

[4] Eriksen Ø, Syverud K, Gregersen Ø. The use of microfibrillated cellulose produced from kraft pulp as strength enhancer in TMP paper[J]. Nordic Pulp and Paper Research Journal, 2008, 23(3): 299-304.

[5] Moreau C, Villares A, Capron I, et al. Tuning supramolecular interactions of cellulose nanocrystals to design innovative functional materials[J]. Industrial Crops & Products, 2016, 93: 96-107.

[6] Okaman K, Aitom K Y, Mathew A P, et al. Review of the recent developments in cellulose nanocomposite processing[J]. Composites Part A-Applied Science & Manufacturing, 2016, 83: 2-18.

[7] Zhu H, Luo W, Ciesielski P N, et al. Wood-derived materials for green electronics, biological devices, and energy applications[J]. Chemical Reviews, 2016, 116(16): 9305-9374.

[8] Hoeng F, Denneulin A, Bras J. Use of nanocellulose in printed electronics: a review[J]. Nanoscale, 2016, 8(27): 13131-13154.

[9] Loow Y L, New E K, Ge H Y, et al. Potential use of deep eutectic solvents to facilitate lignocellulosic biomass utilization and conversion[J]. Cellulose, 2017, 24(9): 1-28.

[10] Wagle D V, Deakyne C A, Baker G A. Quantum chemical insight into the interactions and thermodynamics present in choline chloride based deep eutectic solvents[J]. Journal of Physical Chemistry B, 2016, 120(27): 6739-6746.

[11] Chang C, Huang Z, Li J. The promotional role of water in heterogeneous catalysis: mechanism insights from computational modeling[J]. WIREs Computational Molecular Science, 2016, 6(6): 679-693.

[12] Xia Q, Liu Y, Meng J, et al. Multiple hydrogen bond coordination in three-constituent deep eutectic solvent enhances lignin fractionation from biomass[J]. Green Chemistry, 2018, 20(12): 2711-2721.

[13] Xu G, Ding J, Han R, et al. Enhancing cellulose accessibility of corn stover by deep eutectic solvent pretreatment for butanol fermentation[J]. Bioresources Technology, 2016, 203: 364-369.

[14] Scholze B, Meier D. Characterization of the water-insoluble fraction from pyrolysis oil (pyrolytic lignin). Part I. PY-GC/MS, FTIR, and functional groups[J]. Journal of Analytical & Applied Pyrolysis, 1980, 60(1): 41-54.

[15] Lu T, Li Q, Chen W, et al. Composite aerogels based on dialdehyde nanocellulose and collagen for potential applications as wound dressing and tissue engineering scaffold[J]. Composites Science & Technology, 2014, 94(4): 132-138.

[16] Li Q, Chen W, Li Y, et al. Comparative study of the structure, mechanical and thermomechanical properties of cellulose nanopapers with different thickness[J]. Cellulose, 2016, 23(2): 1375-1382.

[17] Sirvi J A. Cationization of lignocellulosic fibers with betaine in deep eutectic solvent: facile route to charge stabilized cellulose and wood nanofibers[J]. Carbohydrate Polymers, 2018, 198: 34-40.

[18] Laitinen O, Ojala J, Sirvi J A, et al. Sustainable stabilization of oil in water emulsions by cellulose nanocrystals synthesized from deep eutectic solvents[J]. Cellulose, 2017, 24(4): 1679-1689.

第 10 章　水合金属盐类低共熔溶剂室温溶解纤维素

10.1　背 景 概 述

对于来源最广泛、资源量也最丰富的纤维素资源[1,2]，溶解也是其最重要的加工形式之一。然而，纤维素丰富的分子内和分子间氢键，赋予其复杂的聚集态结构和结晶结构，导致纤维素不溶于水和大多数有机溶剂，难以进行后续加工[3]。因此，开发新型、高效、环境友好的溶剂实现纤维素的溶解成为纤维素资源高效利用的核心。

现有的纤维素溶剂可以分为衍生化和非衍生化两类体系[4]。相比于衍生化溶剂体系，近年来非衍生化的纤维素溶剂体系得到了广泛的关注，主要包括 *N*-甲基吗啉-*N*-氧化物、离子液体[5,6]、碱/尿素或硫脲水溶液[7]、氯化锂/*N,N*-二甲基乙酰胺、四丁基醋酸铵/二甲基亚砜[8]、四丁基氢氧化铵/尿素、四丁基氢氧化磷/二甲基亚砜[9]、无机熔融盐水合物[10]等体系，作用机理是溶剂体系的阴阳离子或分子基团通过与纤维素的羟基竞争形成氢键,从而打破纤维素分子内和分子间的氢键,实现纤维素的溶解。但是，溶剂合成困难、原料成本高昂、溶解条件苛刻、溶解过程复杂、难以溶解高分子量纤维素、溶剂难以循环利用、有机溶剂易挥发而造成环境污染等问题严重阻碍了纤维素的工业化应用。

因此，本章基于水合金属盐设计第Ⅳ类低共熔溶剂，水合金属盐作为氢键受体，多元酸作为氢键供体，溶剂化显色参数测试表明，这种低共熔溶剂拥有强的氢键供体和受体特性，质子化能力较强等。为了进一步在分子水平揭示溶剂分子与纤维素构效关系，采用密度泛函理论计算溶剂和纤维素模型物纤维二糖之间的作用能以及溶剂的酸解离常数，筛选出合适的低共熔溶剂溶解纤维素。

10.2　材料和方法

10.2.1　纤维素原料

为验证溶剂的广泛适用性，选用 4 种典型的纤维素原料作为试验对象，包括微晶纤维素(MCC，25 μm)，购买于上海阿拉丁生化科技股份有限公司；来源于木材的纤维素，利用亚氯酸钠法从杨木中提取；俄罗斯进口漂白针叶木浆，购买于辽宁嘉力经贸有限公司；商业脱脂棉，购买于山东阳谷景阳冈卫生材料厂。

10.2.2 低共熔溶剂的制备

氯化锌和磷酸(纯度 85%)购买于天津市科密欧化学试剂有限公司。氯化锌、水、磷酸以物质的量比 1∶x∶y(x = 2.5、3、3.5 和 4；y = 0.2、0.4、0.6、0.8 和 1)进行混合，室温下搅拌 5～30 min 即可获得澄清的溶液。

10.2.3 低共熔溶剂溶解纤维素

将一定质量的纤维素(溶解率 5%～17%)与 20 g 低共熔溶剂混合后，加入到 100 mL 圆底烧瓶中，室温下利用上海申胜生物技术有限公司的恒速搅拌器进行搅拌，转速为 600 r/min。每隔 10 min 或 20 min 取一次样品，在重庆奥特光学仪器有限责任公司的偏光显微镜下观察纤维素的形态和尺寸，来确定纤维素是否溶解完全。

10.2.4 密度泛函理论计算

基于低共熔溶剂的氢键供体-受体作用理论，氯化锂水合物、氯化镁水合物、氯化锌水合物被选择作为氢键受体，醋酸、草酸和磷酸作为氢键供体，纤维二糖作为纤维素的理论计算模型物。纤维二糖的糖苷键解离能，纤维二糖和纤维二糖的作用能，低共熔溶剂和纤维二糖的作用能的计算使用 Caussian 16 软件安装包。采用密度泛函理论中 M06-2X 方法，在 6-311+G**基组水平下进行结构优化、频率分析、单点能计算，计算的结果采用 MultiWFN 软件[11]分析。

10.2.5 溶剂的酸解离常数计算

酸解离常数(pK_a)是表征酸在溶液中的强度，pK_a值越小，溶剂的酸性越强[12]。溶剂的 pK_a计算使用 Caussian 16 软件安装包，结构优化、频率分析、零点振动能校正在 B3LYP/6-311+G**水平下进行，单点能在 B2PLYPD3/def2TZVP 水平下获得，溶剂气相和溶剂化吉布斯自由能在 B3LYP/6-311+G**水平下获得，溶剂化模型采用 SMD 模型[13]。

10.2.6 溶剂化显色参数测试

Kamlet-Taft 溶剂化显色参数的α、β和π^*值由 3 种染料(尼罗红、4-硝基苯酚和 4-硝基茴香醚)的峰值确定。染料(60 mg 尼罗红、2.8 mg 4-硝基苯酚、2.8 mg 4-硝基茴香醚)溶解在 8 mL 丙酮中，取 300 μL 染料溶液在试管中，放入 40℃真空干燥箱里 12 h，确保丙酮完全蒸发。3 mL 低共熔溶剂加入到干燥好的染料中，混合均匀，倒入比色皿里(1 cm×1 cm)。三种染料的吸收峰波长使用北京普析通用仪器有限责任公司的 TU-1901 型双光束紫外可见分光光度计在室温下测试，波长范围是 200～800 nm。

10.2.7 高效液相色谱分析

高效液相色谱分析的测试方法是向纤维素溶解液中加入一定量的蒸馏水，然后搅拌 1～2 h 确保纤维素完全沉淀，过滤纤维素获得滤液，滤液用 0.1 mol/L 的氢氧化钠溶液中和，过滤去除产生的氢氧化锌沉淀。随后使用美国安捷伦公司的 LC-1260 型高效液相色谱仪测定滤液中的葡萄糖和果糖含量。该仪器包括 G7162A 示差检测器和 Bio-Rad Aminex HPX-87P 柱(300 mm×7.7 mm)，温度 80℃，进样量 20 mL，流动相为超纯水，流速为 0.6 mL/min。在此条件下，葡萄糖和果糖的滞留时间分别为 11.3 min 和 13.9 min。

10.3 设计氢键分子剪刀溶剂

纤维素的溶解取决于混合体系中自由能的改变，该值由熵变和焓变决定。溶解的驱动力是熵的绝对值的增加。因为自由能是化学变化的驱动力，所以由熵驱动的溶解反应具有重要的理论意义[14]。因此，首先使用密度泛函理论计算纤维二糖之间的作用能，结果表明纤维二糖单元之间的理论作用能为−15.05 kcal/mol，然而糖苷键解离能是 138.08 kcal/mol(图 10.1)。Ishida 计算 25℃纤维素分子间作用能[15]，包括气相条件下还原端基团、内部基团和非还原端基团在水和离子液体中的作用，作用能的范围为−16.8～−25.5 kcal/mol。因此，选择溶剂的标准是溶剂和纤维二糖之间的作用能不能超过糖苷键解离能，避免溶解纤维素的同时会出现水解，同时考虑到纤维素和溶剂作用的复杂性，溶解纤维素的溶剂与纤维素之间的作用能最低限度是−25.5 kcal/mol。

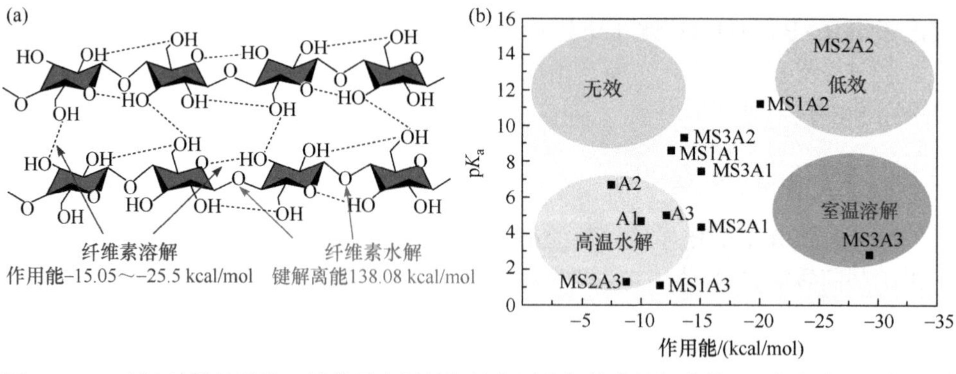

图 10.1 (a)理论计算的纤维二糖单元之间的氢键作用能与糖苷键解离能；(b)水合金属盐与不同的酸形成的低共熔溶剂的 pK_a 值以及与纤维二糖之间的作用能

选取 3 种水合金属盐，包括氯化锂三水合物(缩写为 MS1)、氯化镁三水合物(MS2)和氯化锌三水合物(MS3)，3 种酸包括草酸(A1)、醋酸(A2)和磷酸(A3)，组合成低共熔溶剂的基本组分。通过密度泛函理论计算分析了它们之间的作用能，以及作为溶剂与纤维二糖之间的作用能。计算结果如图 10.1 所示，只有 MS3A3 与纤维二糖的作用能(−29.44 kcal/mol)低于−25.5 kcal/mol，表明它可能是溶解纤维素最高效的溶剂。实验测试纤维素的溶解性能，发现只有 MS3A3 室温下能够形成透明的溶液，结果如图 10.2 所示。此外，MS3A3 的 pK_a 值也显著低于其他低共熔溶剂组合以及纯酸体系，表明它拥有大量的游离氢离子，提升了溶剂破坏纤维素分子内和分子间氢键的能力，而其他的低共熔溶剂组合对溶解纤维素无效或者只能高温下水解纤维素。

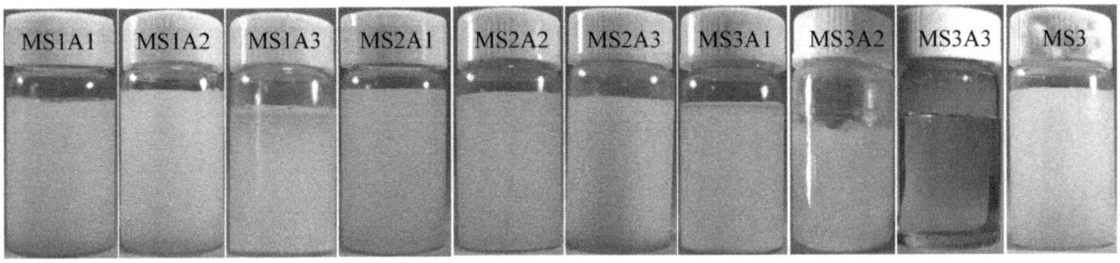

图 10.2　不同组合的低共熔溶剂室温溶解 5%纤维素的实物图

AIM 理论经常应用于定量化研究氢键的强度，主要是考察键临界点包括电子密度(ρ，0.002～0.035 au)和拉普拉斯电子密度($\nabla^2\rho$，0.024～0.139 au)的大小。电子密度值表明键的强度，而拉普拉斯电子密度表明键的类型(氢键、离子键或者范德华力)。在 MS3A3 溶剂中，磷酸分子的羟基氢原子与氯离子形成氢键，促进氯离子从锌离子周围释放，氯离子与锌离子的距离从 2.464Å 增大到 2.801Å，如图 10.3 所示，同时锌离子与磷酸分子的羟基氧原子形成配位作用。

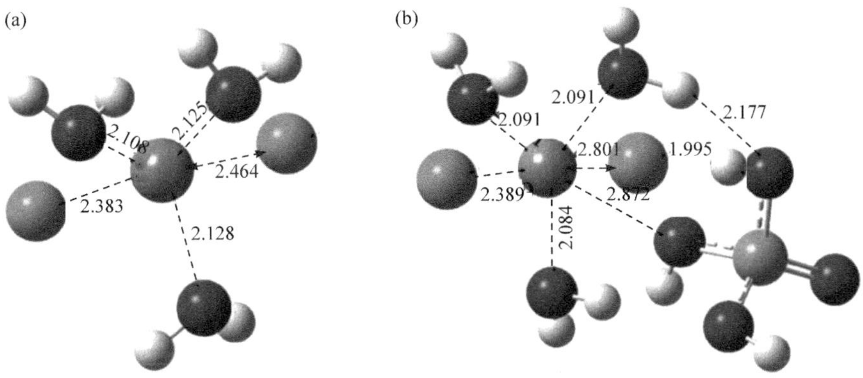

图 10.3　理论描述 MS3 和 MS3A3 原子间距离(Å)

图 10.4 展示了利用 AIM 理论分析 MS3A3 与纤维二糖(cellobiose)相互作用

的拓扑图，表 10.1 总结了键临界点参数电子密度和拉普拉斯电子密度的值。计算结果表明磷酸释放的氢离子与纤维二糖 C6 羟基形成了强的氢键作用(ρ= 0.0811 au，$\nabla^2\rho$= 0.1382 au)，同时氯离子和锌离子的距离增大 3.793Å，表明氯离子与锌离子的作用进一步被削弱，氯离子与纤维二糖的 CH 基团(C1H、C3H、C5H 和 C6H)形成氢键作用，导致有选择性地竞争纤维素本身的氢键，氯离子也能调节溶剂的双亲性，提升对纤维素的溶解能力。除此之外，纤维二糖分子内氢键的电子密度和拉普拉斯电子密度降低，表明 MS3A3 理论上可以作为氢键溶剂溶解纤维素。综上，拓扑分析表明金属阳离子和磷酸释放的质子与纤维素 C6 羟基形成配位作用和强氢键作用，阴离子和水分子与纤维素 CH 基团形成氢键作用，其作用机制类似于“分子剪刀”，主要“裁剪”纤维素分子内和分子间的氢键，以实现室温、低成本、高效溶解纤维素。

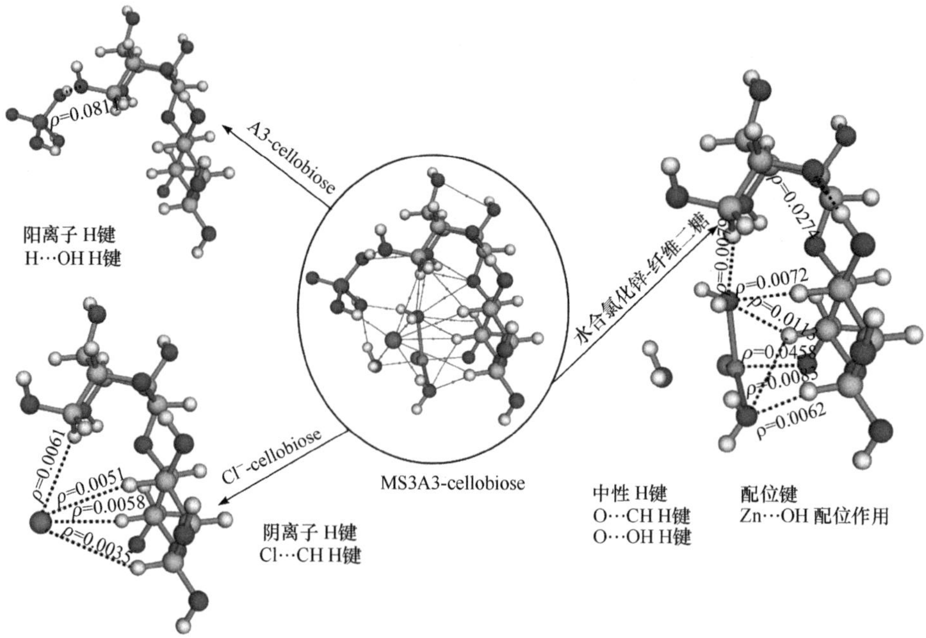

图 10.4　MS3A3 与纤维二糖相互作用的拓扑分析

表 10.1　在 M062X/6-311+G水平计算 MS3A3 与纤维二糖体系的键临界点(电子密度和拉普拉斯电子密度)和键长**

体系	相互作用	类型	键长/Å	ρ (0.002～0.035)	$\nabla^2\rho$ (0.024～0.139)
MS3A3-纤维二糖	Cl12···H43−C25	Cl^-···C6H	3.132	0.0061	0.0194
	Cl12···H53−C27	Cl^-···C3H	3.102	0.0051	0.0149
	Cl12···H49−C32	Cl^-···C1H	3.378	0.0035	0.0094

续表

体系	相互作用	类型	键长/Å	ρ (0.002～0.035)	$\nabla^2\rho$ (0.024～0.139)
MS3A3-纤维二糖	Cl12···H54−C26	Cl^-···C5H	3.095	0.0058	0.0165
	H19···O55−H44	H^+···C6OH	1.458	0.0811	0.1382
	Zn1···O64−H39	Zn^{2+}···C6OH	2.214	0.0458	0.2021
	O4···H49−C32	水···C1H	2.705	0.0062	0.0238
	O4···H54−C26	水···C5H	2.546	0.0083	0.0313
	O6···H43−C25	水···C6H	2.602	0.0079	0.0303
	O6···H54−C26	水···C5H	2.386	0.0113	0.0445
	O6···H33−C30	水···C6H	2.758	0.0072	0.0298
	O63···H_{34}−O56	分子内氢键	1.917	0.0274	0.0867
MS3A3	Cl12···H15−O14	Cl^-···P−OH	1.995	0.0386	0.0752
	Zn1O16−H17	Zn^{2+}···P−OH	2.872	0.0095	0.0454
纤维二糖	O43···H14−O36	分子内氢键	1.906	0.0280	0.0872

10.4　利用设计的低共熔溶剂室温溶解纤维素

设计的 MS3A3 溶剂体系具有很多优势，特别是氯化锌廉价易得，磷酸是弱氧化剂并且能够经济和高效地溶解高分子量纤维素。基于低的氢键作用能、溶剂的酸度、锌离子的配位作用，氯离子能够调节双亲性，证明 MS3A3 体系在室温溶解纤维素方面具有很大的优势。为了进一步证实这一点，调节了溶剂组分的物质的量比，合成了一系列的低共熔溶剂，用于溶解纤维素。选择了 4 种类型的纤维素原料开展溶解试验，相关参数列于表 10.2，微晶纤维素由于尺寸小，α-纤维素含量高，易溶解，作为模型纤维素来确定最优组分的物质的量比和最优的溶解条件，最大溶解率、再生纤维素聚合度、溶解液黏度、溶解时间作为选择的标准。

表 10.2　四种类型的纤维素原料的相关参数

参数	微晶纤维素	杨木纤维素	针叶木浆	脱脂棉
聚合度	183	717	1539	2243
分子量	2.96×10^4	1.16×10^5	2.49×10^5	3.63×10^5
α-纤维素含量	98.31%	95.75%	93.90%	99.97%

续表

参数	微晶纤维素	杨木纤维素	针叶木浆	脱脂棉
半纤维素含量	1.73%	3.89%	5.90%	—
木质素含量	—	0.36%	0.20%	0.03%
结晶度	62.12%	62.41%	53.58%	60.72%

图 10.5(a)表明纤维素溶解率很大程度上受到溶剂中水分含量的影响，水分含量低可以提升纤维素的溶解率，但是水分含量太少(如物质的量比为 2.5)，使得溶剂体系酸性过强，导致再生纤维素的聚合度严重降低，见图 10.5(b)。使用高效液相色谱能够检测到单糖如葡萄糖和果糖，表明部分微晶纤维素水解成糖(表 10.3)。因此为了避免纤维素水解，应该将溶剂的水分物质的量比选定为 3。同时，随着磷酸物质的量比的增加，微晶纤维素的溶解率变化幅度很小，然而溶解时间和溶解液的黏度大幅度下降，见图 10.5，磷酸的物质的量比为 0.6 时达到了最优平衡的拐点。基于以上分析，最优的 MS3A3 低共熔溶剂物质的量比确定为氯化锌：

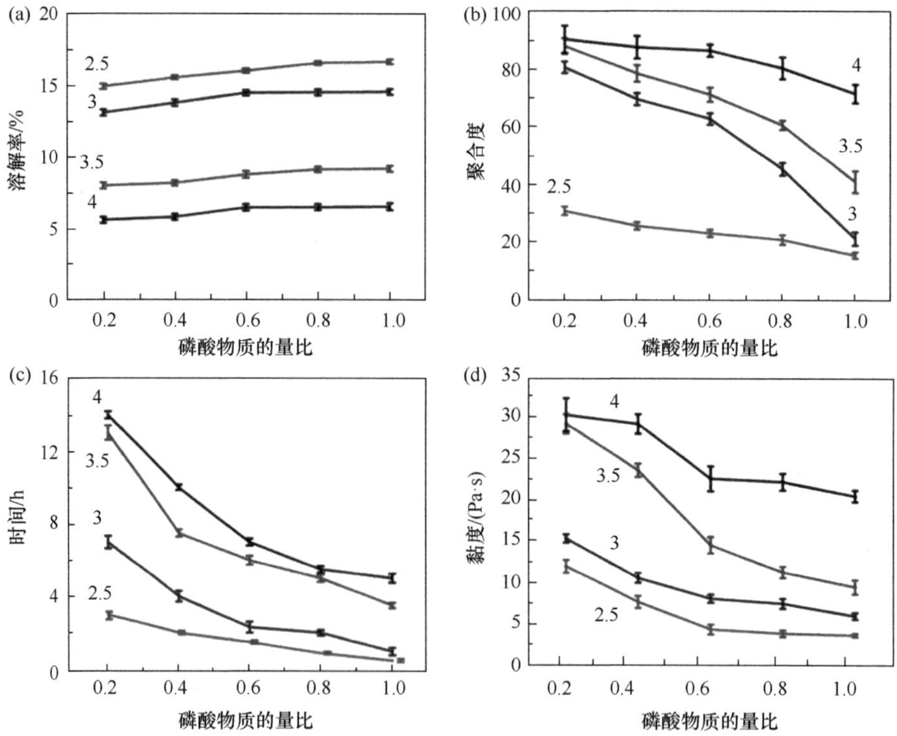

图 10.5 利用不同物质的量比的 MS3A3 室温溶解微晶纤维素：(a)溶解率；(b)再生纤维素的聚合度；(c)溶解时间；(d)溶解液黏度

水：磷酸=1：3：0.6，命名为 MSA-3-0.6。此配比的溶剂的黏度约为 40 mPa · s，室温溶解微晶纤维素的最大溶解率为 15%。

表 10.3　不同物质的量比的 MS3A3 溶剂室温溶解纤维素的糖类产物分析

纤维素	MS3A3	糖含量/mg	
		葡萄糖	果糖
微晶纤维素	MSA-2.5-0.6	40.85	19.54
微晶纤维素	MSA-3-0.6	0	0
微晶纤维素	MSA-3.5-0.6	0	0
微晶纤维素	MSA-4-0.6	0	0
微晶纤维素	MSA-3-0.2	0	0
微晶纤维素	MSA-3-0.4	0	0
微晶纤维素	MSA-3-0.8	5.89	7.95
微晶纤维素	MSA-3-1.0	14.36	10.29
杨木纤维素	MSA-3-0.6	0	0
针叶纸浆	MSA-3-0.6	0	0
脱脂棉	MSA-3-0.6	0	0

溶剂化显色参数用于测试溶剂的性能，揭示其与溶解纤维素的关系。α 值一般表示溶剂的氢键酸性，β 值表示溶剂的氢键碱性，π^* 值表示偶极/极性作用。磷酸和 MS3A3 的 α 值分别是 2.69 和 2.91，这表明水合金属盐的增加能够促进磷酸释放游离的氢离子，这一结果与密度泛函理论计算结果分析一致。磷酸和氯化锌三水合物的 β 值分别是 0.40 和 0.52，而 MS3A3 的 β 值为 0.78，可能是由于引入的锌离子和氯离子提升了溶剂的氢键受体能力，促进了对纤维素的溶解。同时，图 10.6 表明水分的物质的量比对溶剂的 α 值和 β 值影响也很大，不同溶剂组分能

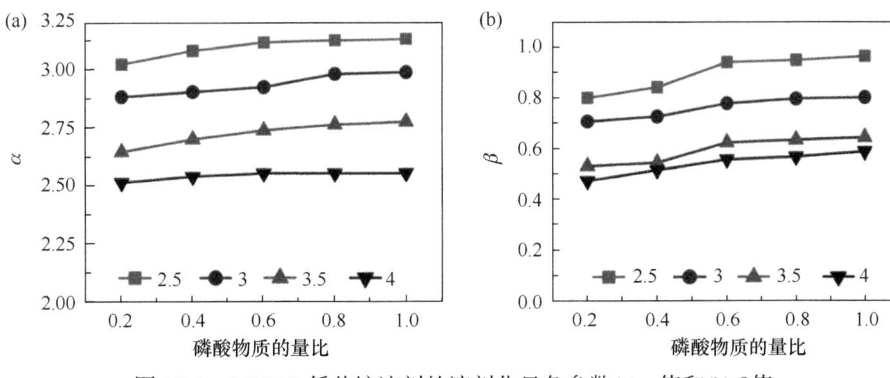

图 10.6　MS3A3 低共熔溶剂的溶剂化显色参数(a) α 值和(b) β 值

够溶解的最大纤维素量的变化趋势与α值和β值变化趋势一致。

10.5 再生纤维素结构表征

通过对初始和再生的微晶纤维素进行表征，考察了该溶剂对纤维素性能的影响。利用X射线衍射仪分析微晶纤维素及其再生纤维素的晶体结构，如图10.7(a)所示，$2\theta = 15.5°$和22.6°处的衍射峰对应于纤维素Ⅰ型结晶结构，再生纤维素的衍射峰出现在$2\theta = 20.2°$和22.2°处，属于纤维素Ⅱ型结晶结构，表明溶解后纤维素的晶型发生了转变。^{13}C 固体核磁光谱用于表征溶解后纤维素中碳原子化学位移的变化[7]，如图10.7(b)所示，再生后的纤维素的结构发生变化，由疏松的粉末转变为密实的结晶结构，导致C2,3,5和C6的信号强度增加。此外，C6的化学位移最大，表明MS3A3主要与纤维素的C6羟基作用，这与理论计算的结果一致。

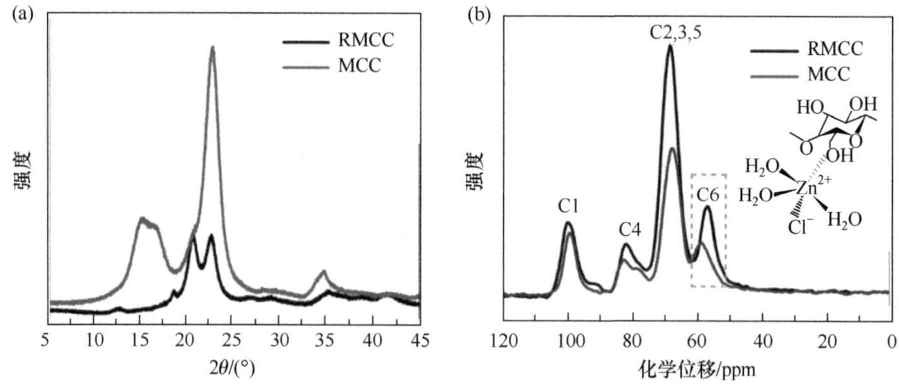

图 10.7 微晶纤维素(MCC)和再生纤维素(RMCC)的(a)X射线衍射图和(b)^{13}C固体核磁谱图

傅里叶变换红外光谱用于分析溶解过程中纤维素的官能团的变化，再生纤维素的红外光谱特征峰3327 cm^{-1}处为羟基振动峰，1020 cm^{-1}处是葡萄糖环非对称伸缩振动峰，895 cm^{-1}属于β-糖苷键(C_1—O—C_4)振动峰，表明溶解后纤维素的主要官能团未发生变化[16]。另外，红外光谱在829 cm^{-1}(属于P—O—C基团)和927 cm^{-1} (属于P—OH)处没有出现峰，说明磷酸未接枝到纤维素上。电导滴定测试微晶纤维素和再生纤维素的电荷密度几乎相同，XPS的C 1s数据分析表明它们具有相同的典型碳键：C—C结合能是284.5 eV，C—O结合能是286.1 eV，C—O—C结合能是287.5 eV，证实了纤维素溶解后保留着完整的结构，以上分析说明纤维素未发生磷酸衍生化，相关检测分析如图10.8所示。因此，设计的低共熔溶剂大体上是一种非衍生化的纤维素溶剂。

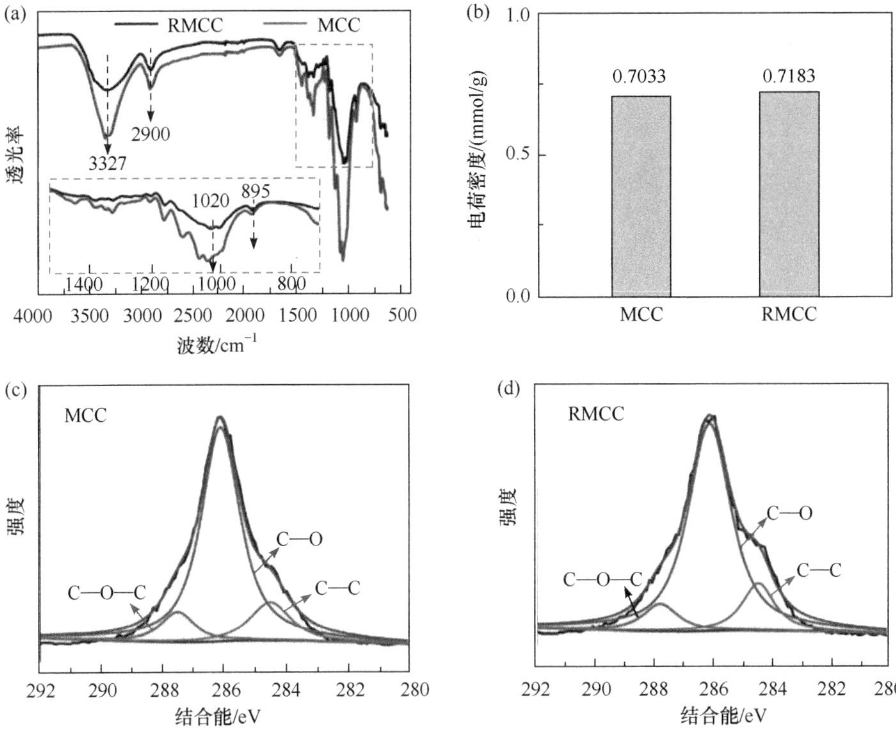

图 10.8　微晶纤维素(MCC)和再生纤维素(RMCC)的(a)红外谱图、(b)电导滴定测试；(c)微晶纤维素和(d)再生纤维素的 X 射线光电子能谱图

如图 10.9 所示，热失重曲线表明再生纤维素(310℃)的热稳定性略低于微晶纤维素(340℃)，可能是由于纤维素的聚合度降低，但是对于 800℃的残碳量，

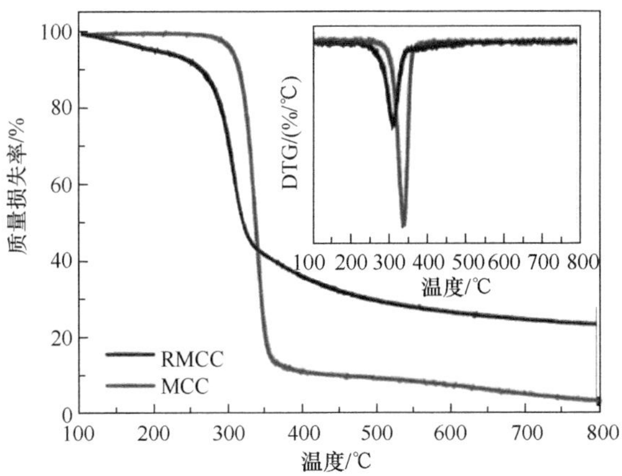

图 10.9　微晶纤维素(MCC)和再生纤维素(RMCC)的热重曲线和微分热重曲线

再生纤维素显著高于微晶纤维素。如图 10.10 所示，微晶纤维素和再生纤维素的扫描电镜照片对比表明溶解再生后纤维素的结构更加平整，微观形貌更加精细。

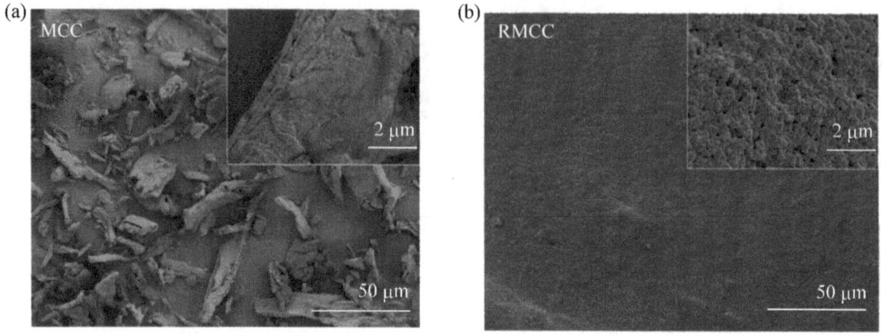

图 10.10 (a)微晶纤维素(MCC)和(b)再生纤维素(RMCC)的扫描电镜照片

10.6 溶剂的普适性与循环使用性检验

在工业化的过程中，溶解纤维素的溶剂必须满足广泛的适用性、大批量生产可行性、高效率、低成本以及可循环使用。在本研究设计的纤维素溶剂体系中，MS3A3 具有良好的循环性，见图 10.11(a)，循环一次后，纤维素的溶解性能没有丝毫下降，即使循环 5 次后，纤维素的溶解率也能保持在 5%，这表明在使用和回收后，MS3A3 仍保持着氢键分子剪刀的特性。对不同分子量的纤维素最大溶解率也做了探究[图 10.11(b)]，即使纤维素原料的聚合度从微晶纤维素的 183 增加到脱脂棉的 2243，溶解时间和溶解液的黏度没有很大的变化，相应的结果列在表 10.4 中，这表明 MS3A3 溶解纤维素具有广泛的应用性。图 10.11(c)展现了 MS3A3

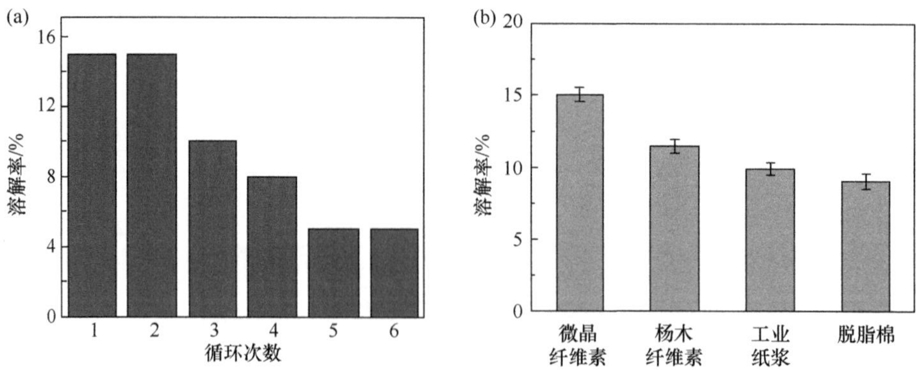

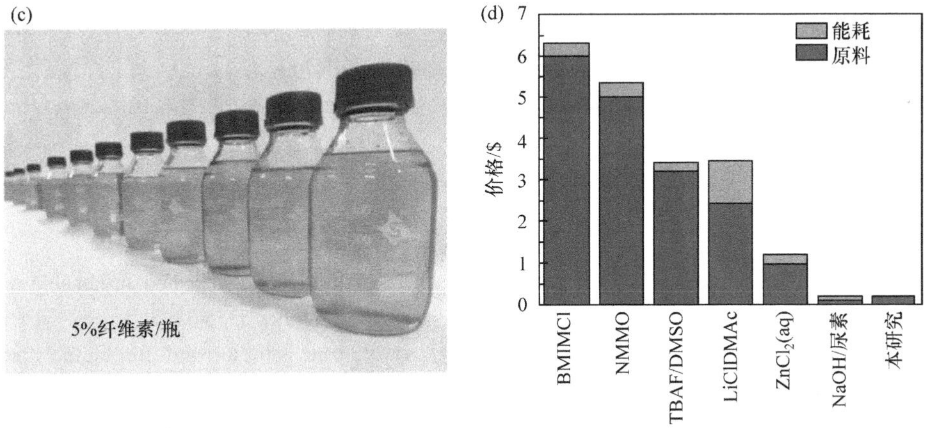

图 10.11　(a)MSA-3-0.6溶剂的循环使用能力测试结果；(b)溶解不同类型纤维素的最大溶解率；(c)MSA-3-0.6 溶解 5%纤维素的放大规模试验结果照片；(d)不同类型溶剂溶解纤维素所需要的溶剂成本和能量消耗比较

室温溶解 550 g 微晶纤维素的放大试验结果，证实了溶剂不但适用于实验室使用，而且也能适用规模化生产。溶剂原料的低成本特点和溶解过程的最低能量消耗计算结果[图 10.11(d)]表明，设计的溶剂体系可媲美于 NaOH/尿素水溶液体系，优于大多数溶剂。以上结果均证明这个新溶剂体系具有十分广阔的应用前景。

表 10.4　室温溶解四种类型纤维素的溶解时间、溶解液黏度及再生纤维素的聚合度

参数	微晶纤维素	杨木纤维素	针叶木浆	脱脂棉
时间/h	2	2.5	2.5	3
黏度/(mPa · s)	7300	7600	7800	9200
聚合度	59.19	55.69	90.64	172.04

10.7　本 章 总 结

本章利用密度泛函理论计算设计了一种新型低共熔溶剂，其构成包括氯化锌、水和磷酸，三者的最佳物质的量比为 1 ∶ 3 ∶ 0.6。这三种组分很容易形成混合溶剂，氯化锌三水合物与磷酸具有强的氢键供体-受体特性，水作为媒介提供了极性的溶剂环境并且抑制纤维素发生水解，溶剂具有质子化特性、强的氢键酸性和氢键碱性，从而能够在室温下高效溶解微晶纤维素，溶解率达到 15%。溶解过程中纤维素未发生磷酸衍生化，纤维素的结晶结构由 Ⅰ 型转变为 Ⅱ 型。这种溶剂具有优异的适用性，能够溶解各种类型的纤维素如微晶纤维素、杨木纤维素、针叶纸浆、脱脂棉等。溶剂具有良好的可循环使用性，循环多次也依然保留较好的室温溶解纤维素的能力。总的来说，这种新型低共熔溶剂具有很奇特的性质以及广阔的应用前景。

参考文献

[1] Klemm D, Heublein B, Fink H P, et al. Cellulose: fascinating biopolymer and sustainable raw material[J]. Angewandte Chemie International Edition, 2005, 44(22): 3358-3393.

[2] Ragauskas A J, Williams C K, Davison B H, et al. The path forward for biofuels and biomaterials[J]. Science, 2006, 311(5760): 484-489.

[3] Martinez A T. How to break down crystalline cellulose[J]. Science, 2016, 352(6289): 1050-1051.

[4] Yang Y, Lu Y, Zeng K, et al. Recent progress on cellulose-based ionic compounds for biomaterials[J]. Advanced Materials, 2021, 33(28): 2000717.

[5] de Oliveira H F N, Rinaldi R. Understanding cellulose dissolution: energetics of interactions of ionic liquids and cellobiose revealed by solution microcalorimetry[J]. ChemSusChem, 2015, 8(9): 1577-1584.

[6] Swatloski R P, Spear S K, Holbrey J D, et al. Dissolution of cellulose with ionic liquids[J]. Journal of the American Chemical Society, 2002, 124(18): 4974-4975.

[7] Cai J, Zhang L. Rapid dissolution of cellulose in LiOH/urea and NaOH/urea aqueous solutions[J]. Macromolecular Bioscience, 2005, 5(6): 539-548.

[8] Huang Y, Xin P, Li J, et al. Room-temperature dissolution and mechanistic investigation of cellulose in a tetra-butylammonium acetate/dimethyl sulfoxide system[J]. ACS Sustainable Chemistry & Engineering, 2016, 4(4): 2286-2294.

[9] Chen X, Chen X, Cai X, et al. Cellulose dissolution in a mixed solvent of tetra(*n*-butyl)ammonium hydroxide/dimethyl sulfoxide via radical reactions[J]. ACS Sustainable Chemistry & Engineering, 2018, 6(3): 2898-2904.

[10] Sen S, Martin J D, Argyropoulos D S. Review of cellulose non-derivatizing solvent interactions with emphasis on activity in inorganic molten salt hydrates[J]. ACS Sustainable Chemistry & Engineering, 2013, 1(8): 858-870.

[11] Lu T, Chen F. Multiwfn: a multifunctional wavefunction analyzer[J]. Journal of Computational Chemistry, 2012, 33(5): 580-592.

[12] Shokri A, Wang X, Kass S R. Electron-withdrawing trifluoromethyl groups in combination with hydrogen bonds in polyols: Brønsted acids, hydrogen-bond catalysts, and anion receptors[J]. Journal of the American Chemical Society, 2013, 135(25): 9525-9530.

[13] Roitzsch M, Lippert B. Metal coordination and imine-amine hydrogen bonding as the source of strongly shifted adenine pKa values[J]. Journal of the American Chemical Society, 2004, 126(8): 2421-2424.

[14] Zhang Y, He H, Liu Y, et al. Recent progress in theoretical and computational studies on the utilization of lignocellulosic materials[J]. Green Chemistry, 2019, 21(1): 9-35.

[15] Ishida T. Theoretical investigation of dissolution and decomposition mechanisms of a cellulose fiber in ionic liquids[J]. Journal of Physical Chemistry B, 2020, 124(15): 3090-3102.

[16] Wang J, Wang Y, Ma Z, et al. Dissolution of highly molecular weight cellulose isolated from wheat straw in deep eutectic solvent of choline/L-lysine hydrochloride[J]. Green Energy & Environment, 2020, 5(2): 232-239.

需关注的问题

当前低共熔溶剂用于生物质精炼研究发展迅速，也是该研究领域的热点之一，但当前研究主要集中在实验室级小规模，笔者认为未来低共熔溶剂研究和用于实际生产中还需关注和着力解决下面的问题。

(1) 新型体系开发：低共熔溶剂具有独特的离子、分子灵活可调特性，溶剂的性质和功能性具有很大的调控空间；对于当前的低共熔溶剂生物质精炼研究，均会不可避免地在处理过程中损失部分组分，使得整体精炼的效率和经济性仍未达到最佳；另外当前精炼策略多数采用两步法，即组分解离和组分下游高值转化；因此笔者认为开发新型的低共熔溶剂体系，实现一步炼制促进全组分高值转化利用具有重要意义。

(2) 理论模拟计算：林木生物质本身由多异质组分构成，结构和化学键合复杂，在炼制过程中很难解析炼制过程中溶剂体系与各组分间的作用关系，传统多以处理前后组分变化或一些简单的模型物质反应，间接推测炼制转化机制；当前随着超级计算机技术的发展，采用相关分子动力学模拟能够较为清晰地解析复杂体系中大分子、离子、溶剂分子间的作用关系；若是能够建立相应的生物质跨尺度模型，探究低共熔溶剂生物精炼过程中复杂体系下溶剂与原料的作用演变关系，与相关实验研究相辅相成，则能够拿到生物质高效精炼的“关键之匙”，从根本上促进生物质精炼向更高层次迈进。

(3) 成本：低共熔溶剂是一种绿色溶剂，其构成的氢键供受体多数可来源于生物基产品，但当前其成本依然高于传统水相体系；已有研究表明将水加入到低共熔溶剂中后，既能保留低共熔溶剂的特性，也能够降低黏度和成本，是一种简单的降低成本的思路之一；低共熔溶剂的回收和再利用也是间接降低溶剂体系成本的思路之一，但当前精炼体系中多采用大量的水作为反溶剂，通过蒸发水来回收低共熔溶剂相对具有较高的能耗；最大限度提高精炼产物或产品的价值也能够间接降低成本，间接推动低共熔溶剂精炼的产业化。